民 航 概 论

Introduction to Civil Aviation

主　编　吴巧洋　丁小伟

副主编　钟　科　宋素珍　王福荣

参　编　陈　卓　覃章权　周　涛

　　　　　臧　婧　李金龙

北京理工大学出版社
BEIJING INSTITUTE OF TECHNOLOGY PRESS

内 容 提 要

本书根据高等院校民航运输类相关专业人才培养目标及专业教学改革要求编写。全书共分为8个模块，即绪论、飞机的构造与系统、飞行基本原理、空中交通管理、机场、民航运输、客舱设备、民航法律基础知识。

本书可作为高等院校空中乘务、航空服务、民航运输等相关专业的教材，也可作为民航从业人员工作时的参考用书。

图书在版编目（CIP）数据

民航概论 / 吴巧洋，丁小伟主编.--北京：北京
理工大学出版社，2021.7
ISBN 978-7-5682-9498-0

Ⅰ.①民…　Ⅱ.①吴…　②丁…　Ⅲ.①民用航空－概
论　Ⅳ.①V2

中国版本图书馆CIP数据核字（2021）第158006号

出版发行 / 北京理工大学出版社有限责任公司		
社　　址 / 北京市海淀区中关村南大街5号		
邮　　编 / 100081		
电　　话 / （010）68914775（总编室）		
（010）82562903（教材售后服务热线）		
（010）68944723（其他图书服务热线）		
网　　址 / http://www.bitpress.com.cn		
经　　销 / 全国各地新华书店		
印　　刷 / 河北鑫彩博图印刷有限公司		
开　　本 / 787毫米×1092毫米　1/16		
印　　张 / 15	责任编辑 / 封　雪	
字　　数 / 322千字	文案编辑 / 毛慧佳	
版　　次 / 2021年7月第1版　2021年7月第1次印刷	责任校对 / 刘亚男	
定　　价 / 72.00元	责任印制 / 边心超	

前言

PREFACE

民用航空是指使用航空器从事除了国防、警察和海关等国家航空活动以外的航空活动。近年来，我国民用航空业发展迅速，在航空运输、机场建设等方面都取得了举世瞩目的成就，在促进国民经济增长和社会发展方面也发挥了重要的作用。现阶段，我国正从"航空大国"向"航空强国"飞速发展，这对民航人力资源提出了更高的要求。对于民航从业人员及民航运输类专业的学生来说，了解民用航空业的发展历史和现状是十分必要的。

本书的编者针对民航运输专业学生的特点，在编写过程中注重科普性、专业性与实用性的紧密结合，坚持"必需、够用"的原则，选取从事民航运输行业工作所应知应会的相关基础理论知识，以期为民航运输专业的学生提供一个能够提升专业能力及了解民用航空业的平台。编者在编写本书时依据民用航空业的最新发展状况，根据学生的认知规律和知识体系的内在逻辑关系设计章节体例并组织内容，以使本书能更好地满足学生学习的需要。

本书特色主要体现在以下方面：

1. 由校企合作共同编写，体现"产教融合、双元育人"理念，在保持学科知识系统性和完整性的同时，融入课程思政内容和民航从业人员的岗位知识、技能，注重学生综合能力的培养。

2. 采用模块单元制体例进行编写，注重目标导向，由典型案例导入单元内容，穿插"职场小贴士""拓展阅读"等栏目，配有模块小结、思考与练习，理论学习与能力训练有机结合。

3．教材内容对接岗位任职要求、职业资格证书考试、乘务技能大赛等，以在线答题的形式，考察学习效果，推动岗课赛证融通。

4．配套国家级专业教学资源库资源，通过扫码即可在线观看微课及相关视频，实现课堂内外互动学习，满足信息化教学需要。

本书长沙航空职业技术学院吴巧洋、陕西财经职业技术学院丁小伟担任主编，长沙航空职业技术学院钟科、河北旅游职业学院宋素珍、陕西财经职业技术学院王福荣担任副主编，长沙航空职业技术学院陈卓、覃章权、周涛、臧婧，湖南航空股份有限公司李金龙参与编写。

编者在本书的编写过程中参阅了许多相关书籍、文献资料和相关案例，并借鉴了许多著作和研究成果，在此对相关作者表示衷心的感谢！

由于编者水平有限，加之时间仓促，书中难免存在不妥之处，敬请广大读者批评指正。

编　者

为了给相关专业的院校师生提供更多增值服务，我们还特意开通了"建艺通"微信公众号，负责对教材配套资源进行统一管理，并为读者提供行业资讯及配套资源下载服务。如果您在使用本教材过程中，有任何建议或疑问，可通过"建艺通"微信公众号向我们反馈。

"建艺通"
微信公众号

PREFACE

目　录

**模块三
飞行基本原理**

053

模块四
空中交通管理

083

模块五
机　场

105

✈

模块七
客舱设备

177

✈

模块八
民航法律基础知识

193

模块一

绪 论

1. 了解民用航空的概念；熟悉民用航空的分类；了解民用航空系统的组成部分。

2. 了解飞机的诞生过程，第一次世界大战前后萌芽时期的民航运输业，第二次世界大战后成长时期的民航运输业，现代腾飞时期的民航运输业。

3. 了解中国民用航空发展的历程。

通过本模块的学习，结合所学知识，比较民用航空的不同类别及其应用，通过了解民航运输业的发展历史及中国民用航空发展历史，具有运用所学知识分析问题的能力。

1. 会查阅并整理相关资料。

2. 具有良好的团队合作、沟通交流和语言表达能力。

3. 能聆听指令，理解不同的观点。

单元一 民用航空的概念与分类

一、民用航空的概念

民用航空是指使用航空器从事除国防、警察和海关等国家航空活动外的航空活动。民用航空活动是航空活动的一部分，同时，用"使用"航空器划定了它和航空制造业的界限，用"非军事等性质"表明了它和军事航空等国家航空活动的区别。

二、民用航空的分类

民用航空可分为两大类，即公共航空运输和通用航空运输。

1. 公共航空运输

公共航空运输又称为商业航空，是指以航空器进行经营性的客货运输的航空活动。其经营性表明这是一种商业活动，以盈利为目的。同时，它也是运输活动，是交通运输的一个组成部门，与铁路、公路、水路和管道运输共同组成了国家的交通运输系统。

微课：民用航空分类

2. 通用航空运输

通用航空运输是指除公共航空运输外的所有民用航空活动。也可以说，通用航空是除军用航空和民用商业航线飞行外的所有飞行活动。其包括从事工业、农业、渔业和建筑业的作业飞行，以及医疗卫生、抢险救灾、气象探测、海洋监测、科学实验、教育培训、文化体育等方面的飞行活动，以及公务航空和私人航空。通用航空业是以通用航空飞行活动为核心，涵盖通用航空器研发制造、市场运营、综合保障及延伸服务等全产业链的战略性新兴产业体系。

三、民用航空系统的组成部分

民用航空系统由政府部门、民航企业、民航机场三大部分组成。

1. 政府部门

民用航空业对安全的要求高，涉及国家主权和交往的事务多，同时在处理相关事务时往往要求迅速的协调和统一的调度，因此，几乎每个国家都设有独立的政府机构来管理民航事务，如我国是由中国民用航空局来负责管理的。政府部门管理的内容主要是制定民用航空各项法规、条例，并监督其执行过程；对航空企业和民航机场进行规划、审批和管理；对航路进行规划和管理，并对日常的空中交通实行管理，保障空中飞行安全、有效、迅速地实行；对民用航空器及相关技术装备的制造、使用制定技术标准并进行审核、发证，监督安全，调查处理民用飞机的飞行事故；代表国家管理

国际民航的交往、谈判，参加国际组织的活动，维护国家的利益；制定民航的各类专业人员工作标准，培训民航工作人员，并进行考核，颁发执照。

2. 民航企业

民航企业是指从事和民航业有关的各类企业，其中最主要的是航空运输企业，即航空公司。它们掌握航空器并从事生产运输，是民航业生产收入的主要来源。其他类型的航空企业（如油料、航材、销售企业等）都是围绕运输企业来开展活动的。航空公司的业务主要包括航空器的使用（飞行）、维修、管理及销售经营。

3. 民航机场

民航机场是指供民用航空器起飞、降落、滑行、停放及进行其他活动使用的划定区域。其包括附属的建筑物、装置和设施。民航机场是民用航空和整个社会的结合点，也是一个地区的公众服务设施。其既带有营利的企业性质，也带有为地区公众服务的事业性质，因此，世界上大多数民航机场是地方政府管辖下的半企业性质的机构，其中主要为航空运输服务的机场称为"航空港"或简称"空港"，使用空港的一般是较大的运输飞机，空港应有为旅客服务的地区（候机楼）和相应设施。

拓展阅读

其他通用航空

（1）公务航空。由于企业规模的扩大、跨国企业的出现及航空器的普及，越来越多的大型企业、事业单位或政府部门自备航空器为其自身业务服务或出租，这使公务航空逐渐成为通用航空的一个重要组成部分。

（2）私人航空。随着社会经济的发展，私人拥有航空器作为交通或娱乐工具已向普及化和多种形式的服务化方向发展。

（3）飞行训练。飞行训练是指培养各类飞行人员（军事航空飞行人员除外）的学校和俱乐部进行的飞行活动。

（4）航空体育运动。航空体育运动包括利用各类航空器进行的体育和娱乐活动，如跳伞、滑翔运动、热气球飞行及航空模型运动等。

单元二　民航运输业的发展历史

一、飞机的诞生

人类自古以来就梦想着能像鸟一样在天空中飞翔。在遥远的古代，我们的祖先首

先想到了要制造像鸟一样飞翔的机器，当时使用的"机翼"是用地道的鸟禽羽毛做的，而"机身"却是活生生的人。不难想象，这种将羽毛或轻质木材贴在手臂上尝试飞行的结果肯定是失败的。

在经历了许多失败之后，20 世纪初，美国的莱特兄弟（图 1-1）在世界的飞机发展史上做出了重大的贡献。在 1903 年制造出了第一架依靠自身动力进行载人飞行的飞机——"飞行者 1 号"（图 1-2），并且获得

图 1-1 莱特兄弟

试飞成功。因此，他们于 1909 年获得美国国会荣誉奖。同年，他们创办了"莱特飞机公司"。飞机成为现代文明不可缺少的交通工具。它改变了人们的生活，开启了人们征服蓝天的篇章。

图 1-2 "飞行者 1 号"飞机

二、第一次世界大战前后萌芽时期的民航运输业

莱特兄弟发明飞机后的最初几年，各国的军方是航空发明的资助者。第一次世界大战后，大量剩余飞机被欧美各国政府以低价抛售求现，数以千计的飞行或技术人员迫切需要谋求其他出路，造就了第一次"军转民"的浪潮。

自 20 世纪 30 年代起，民航运输业开始从萌芽时期逐渐走向成熟，同时崛起了一批优秀的飞机公司（如波音公司、道格拉斯公司、洛克希德公司等），生产出一系列经典的飞机型号。与此同时，与航空相关的组织机构、法律法规等也开始萌生。

微课：民用航空的历史

波音公司成立于 1916 年 7 月 15 日，由南威廉·爱德华·波音创建，并因此得名。1930 年，波音公司开始了全金属客机的研制，最终成就了航空史上著名的波音 247 客机，如图 1-3 所示。它具有全金属结构和流线型外形，起落装置可以收放，采用下单翼结构，巡航速度 248 千米/小时，最大航程为 766 千米，额定载客量为 10 人，并可装载质量达 181 千克的邮件，机上座位舒适，设有洗手间，还有一名空中

小姐。波音 247 飞机的乘机条件比其他飞机大大改善，速度较一般客机也有很大程度的提高，所以，很受各航空公司的欢迎，成为民航运输史上的功臣，开辟了民航旅客运输的全新时代。

图 1-3　波音 247 客机

美国的另外两家飞机公司——道格拉斯公司（麦道前身）、洛克希德·马丁空间系统公司也致力于新型民用客机的开发，此举更加夯实了民航运输快速发展的基础。道格托斯公司为与波音 247 竞争，推出了加长型的 14 座 DC-2。从此掀开了两家公司长达数十年的竞争，直到 1996 年年底，波音公司将麦道公司吞并为止。

1919 年，巴黎和会上 38 国签订航空公约——《巴黎公约》，这是世界上第一部国家间的航空法。同年，德国开通了柏林至魏玛的每日定期航班，法国开辟了巴黎至布鲁塞尔每周一次的定期航班，英国开辟了伦敦至巴黎的每日定期航班。《巴黎公约》和定期空中客运的开通标志着民用航空的正式诞生。国际航空运输协会也在不久后成立。

三、第二次世界大战后成长时期的民航运输业

第二次世界大战的结束带来民用航空运输的兴旺发达。1946 年，全球空运旅客达 1 800 万人次，其中 2/3 是美国国内航空公司运送的。第二次世界大战时期遍布世界各地的大型机场为以后民航的迅速发展创造了条件，特别是喷气发动机的出现和应用，其为民航客机喷气化奠定了基础。

喷气飞机早在 1939 年便诞生了。第二次世界大战末期和第二次世界大战后不久，英、美、苏联等国就将喷气战斗机和喷气轰炸机推向了实用化。英国德·哈维兰公司研制出的"彗星"式喷气客机表明，喷气发动机不仅可以用在客机上，而且还能带来革命性的变化，即飞行速度更快，飞行高度更高，乘坐更加舒适，航程更远，载客量更大。喷气式民航客机投入使用是民航技术的一次飞越，不仅使民航飞机的速度提高了一倍，而且使飞行高度提高到约 11 千米的平流层，增加了安全性和舒适性。

1949 年 7 月 27 日，英国试飞成功第一架喷气式民航客机"彗星"号（图 1-4），但是，1953 年 5 月 2 日至 1954 年 4 月 8 日，投入使用的"彗星"客机接连发生事故：其中一架在印度加尔各答起飞后坠毁，另两架在地中海上空飞行时神秘失踪。后来的

调查发现，在飞行高度变化时，喷气式客机的密封机舱由于不断受到增压和减压的冲击而产生金属材料疲劳效应，并最终导致飞机在空中解体。几次重大事故虽然没有葬送喷气式客机的命运，但却彻底毁掉了德·哈维兰公司。到 20 世纪 50 年代末，德·哈维兰公司因缺少订单而难以为继，1959 年 12 月 17 日，其与霍克·希德利公司达成了合并协议。从此，德·哈维兰公司的名字在英国消失了。

在线答题

图 1-4　第一架喷气式民航客机"彗星"号

苏联制造出的第一架喷气式客机是著名的图波列夫设计局研制的"图 -104"客机，它是在中程轰炸机"图 -16"的基础上改进而成的。该机从 1954 年开始制造，1955 年 6 月 17 日第一次试飞成功，1956 年 9 月投入使用，成为 20 世纪 50 年代末 60 年代初苏联民航的主力干线客机。"图 -104"客机装有两台涡轮喷气发动机，可以搭载旅客 50 人。与"彗星"号相比，"图 -104"客机有许多不足，如耗油率高、机内装修差、起降性能不好等。

使喷气式客机真正得到全世界的承认，并且被公认为商业上最为成功的干线喷气式客机的是波音公司生产的波音 707 客机（图 1-5），这并非由于其在技术上与"彗星"号和"图 -104"有本质区别，而是由于其每个技术细节上都处理得相当成功，从而形成了综合优势。

图 1-5　波音 707 客机

1958 年，波音 707 客机和 DC-8 客机进入航线，喷气航空的新时代开始了。作为喷气航空的代表机种，波音 707 客机的巡航速度为 900 ～ 1 000 千米 / 小时，最大航程可达 12 000 千米，最大载客量为 158 人。这就使民用航空由一个国家或一个大陆内的少量人使用的运输手段晋升为一个全球性的大众化运输行业，在很大程度上促进了全球的交通发展，也使航空运输成为国际运输的主要部分和国内运输的重要组成部分。

四、现代腾飞时期的民航运输业

喷气式飞机技术已经趋于成熟，而国际航空法规也开始日渐完善，民航运输业开始进入快速发展、高速腾飞的时代。在世界范围内，飞机设计制造技术比较领先的生产厂商也逐渐演变成了波音与空客双雄争霸竞争局面。

20世纪60年代末，波音公司在美国空军的主导下又推出大型商用宽体客／货运输机波音747客机，波音747客机也是世界上第一款宽体民用飞机，在1970年投入运营后，到空客A380投入运营之前，波音747客机保持全世界载客量最高的飞机纪录长达37年。

波音747客机是波音公司生产的四发动机远程宽机身运输机，客座数在全经济客舱布局的情况下能够容纳约550人，是当时最大的一款民航飞机，双层客舱及独特的外形设计也成为它区别于波音其他型号的重要标志。波音747-300的客舱平面布局如图1-6所示。

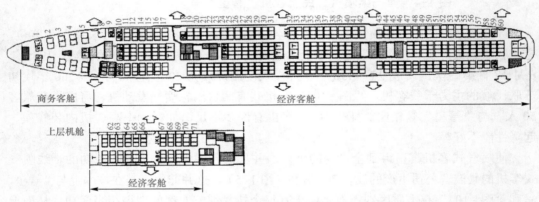

图 1-6　波音 747-300 的客舱平面布局

与此同时，欧洲的空中客车公司也在茁壮成长。空中客车公司（Airbus）是欧洲一家飞机制造和研发公司，1970年12月于法国成立。空中客车公司的股份由欧洲宇航防务集团公司（EADS）100％持有。空中客车公司作为一个欧洲航空公司的联合企业，其创建的初衷是为了同波音和麦道那样的美国公司竞争。20世纪60年代，欧洲飞机制造商之间的竞争和美国一样激烈，于是在20世纪60年代中期关于欧洲合作方法的试验性谈判便开始了。1967年9月，英国、法国和德国政府签署了一个谅解备忘录，开始进行空中客车A300的研制工作，而后又推出了空客A320系列客机、A330/340客机。空客A320系列客机对美国波音公司的737运输市场冲击很大。2000年12月，空中客车公司开始实行A380计划，2001年年初正式定型，2005年4月27日首航，2007年10月25日进行第一次商业飞行。

空中客车A380是四引擎、555座级超大型远程宽体客机，空中客车A380是目前世界上载客量最大的客机，有空中巨无霸之称。空客A380的投入使用标志着奢华航空时代的来临。

一闪即逝的"彗星"

1950 年，在英国举行的范保罗航展上，"彗星"号客机以贴着屋顶的高度在会场上空呼啸而过，引起来宾阵阵惊呼。在蔚蓝的天空中，"彗星"号客机划过一道长长的白色航迹。这样的速度，这样的高度，以前只有在科幻小说中才可能见到。航空界被震动了，"彗星"号客机成为第二次世界大战后欧洲航空工业第一颗闪亮的明星。

"彗星"号客机在首航后经过近三年的改进，于 1952 年 5 月 2 日开始投入航线运营，由伦敦飞往南非约翰内斯堡，途经罗马、贝鲁特等 5 个城市，这是世界上第一条喷气客机航线。

"彗星"号客机的机身细长而光滑，给人以速度快、形体美的印象。每次可载 44 名旅客，可在 10 000 米高空以 800 千米 / 时的速度飞行。另外，飞机上还安装了机载雷达、防冰和防火设备、新型导航设备等，乘客坐在增压密封舱里的感觉和低空时一样舒服。英国从此将世界航空运输业带进了喷气时代。当时，世界上还没有任何对手能与它竞争，"彗星"号一枝独秀，喷气式飞机运输时代也被称为"彗星"时代。

正当英国准备将"彗星"号大力推广之际，噩梦却开始了。

1952 年 10 月到 1954 年 4 月，"彗星"Ⅱ还没正式交付使用，"彗星"Ⅲ原型机尚未试飞，在交付给 4 家航空公司的 17 架"彗星"Ⅰ中，就有 6 架相继发生事故，总共 99 名旅客和机组人员遇难。

1953 年 5 月 2 日，一架"彗星"号客机从印度加尔各答机场起飞后不久突然坠毁，机上 42 人全部遇难。调查人员把事故原因归咎于遇到了加尔各答上空的强季风，因此并没有引起人们的特别关注。1954 年 1 月 10 日，又一架"彗星"号客机从罗马起飞前往埃及开罗，在地中海上空约 1 万米处突然爆炸解体，机上旅客、机组人员与客机碎片全部葬身大海。英国皇家海军从地中海打捞到了这架客机的残片，在打捞中还首次使用了水下电视探测技术。

1954 年 4 月 1 日，又一架"彗星"号客机从罗马起飞后不久在地中海上空爆炸解体。连续发生的空难，令全世界震动。随即英国首相丘吉尔下令，要不惜一切代价调查清楚飞机爆炸的原因。

"彗星"号客机采用了当时最好的制造材料与技术，在制造中经过了严格的测试和检验，质量比所有当时使用的客机都好，而且失事的三架客机都已经过两三千小时的飞行检验，没有发现任何事故迹象，系统和部件也都处于最佳使用状态。调查人员一一排除了炸弹爆炸、客机在空中突遇强烈气流和客机设

计出现偏差等原因后发现，"元凶"居然是制造客机机体结构的金属材料产生疲劳。金属机体表面存在细小的裂纹，客机增压舱内方形舷窗处的机身蒙皮，在反复的增压和减压冲击下，不断弯曲变形，使裂纹逐步扩展，反复数次，最终招致金属疲劳断裂。在高空中，由于机体金属材料疲劳断裂导致座舱内外瞬间的压差强度过大而引发爆炸，使飞机顷刻解体。这就是人们后来才明白的"疲劳破坏"。从此，飞机设计学中专门增加了一个新学科——疲劳学。

波音 747 的诞生

波音 747 客机的首位客户是泛美航空公司（以下简称"泛美"），其在 1966 年向波音公司提交了 25 架客机的订单，约定 1970 年交货。当时发生了一个著名的小故事。由于波音 747 实在太大了，令人怀疑它到底能否飞起来。当时泛美总裁胡安·特里普担心波音 747 计划夭折，因此希望波音首先落实 747 计划，然后再下订单；同一原因，波音有感于 747 计划牵涉庞大资金，而且与洛克希德·马丁公司争取美军大型运输机计划失败，波音总裁比尔艾伦也不甘示弱，要求泛美先下订单才会落实生产。当时，泛美董事长特里普对波音总裁艾伦说："只要你造，我就买。"艾伦的回答是："只要你买，我就造。"波音的厂房并没有足够空间生产波音 747，在考察了若干地点后，于 1966 年在华盛顿州西雅图北部购买了 780 英亩（约 3.16 平方千米）土地，用作建造全新的厂房，是当时全球最大的工厂。普拉特·惠特尼集团公司（以下简称"普惠"公司）也为波音 747 开发了全新的发动机，当时波音 747 配备 4 台 JT9D-3 涡轮风扇发动机。波音 747 由接受订单至交付使用只有 4 年时间，该项目成为波音公司的一次商业豪赌，波音公司为了投资波音 747，几乎陷入破产边缘。当时的主要竞争对手的产品为三发动机的道格拉斯 DC-10 和洛克希德 L-1011 三星客机。不少航空公司初期对波音 747 抱观望态度，担心如此大的飞机能否适应各地的机场，还担心四引擎客机的耗油量会否大为高于三发动机方案的客机。结果则证明波音 747 是十分成功的设计。

空客 A380 的诞生

空中客车公司虽然有许多与波音公司竞争的机型，但只有在大型远程民用运输机市场上一直是一个空白，虽然空客 A340 最初的设计目的是与波音 747 竞争，但由于运载人数与波音 747 相比还有一定差距，因此，仍然不能撼动波音 747 的绝对优势地位。

很快，空中客车公司开始开发 500～800 座级大型民航运输机，意在抢夺由波音 747 把持的大型客机市场。空中客车公司提出了对未来民用航空发展的推断：未来世界，民航运输机发展将继续向大型化发展，并以此提出了"枢纽／辐射"的理念，即旅客通过支线航班汇聚到枢纽机场，再搭乘大型运输机到达另一枢纽机场，最后再乘坐支线客机到达目的地。空中客车公司认为，改善 21 世纪空中交通拥挤的最好办法是增加运力。空中客车公司推出超大型运输机计划项目曾引起不少人担忧，空中客车公司则认为大型客机的市场前景十分乐观，同时为了完善空中客车的客机系列，占据更有利的地位与波音公司竞争，值得承担巨大的商业风险。1994 年 6 月，空中客车公司宣布了其超大型运输机计划，最初该计划被称为"A3××"。2000 年 12 月，欧洲空中客车集团的主要持股者——欧洲航天国防集团与英国航天集团共同宣布通过投资 88 亿欧元（1 欧元约合 7.67 元）的"A3××"计划，并将名称改为 A380。当时已经有 6 家航空公司预订共 55 架 A380。A380 于 2001 年初正式定型，第一架 A380 出厂时计划的开发成本已升至 110 亿欧元。

空客 A380 于 2005 年 4 月 27 日首航，2007 年 10 月 25 日第一次商业飞行，2009 年 7 月 9 日，新加坡航空有限公司（以下简称"新航"）开通首班新加坡至香港 A380 航班。2011 年 10 月 17 日，A380 飞机正式执行中国大陆第一个载客飞行任务，首飞北京到广州航线，2012 年 3 月 1 日，中国南方航空集团有限公司（以下简称"南航"）第三架 A380 平稳降落在北京首都国际机场，并于 3 月 2 日正式投入北京—香港航线的运营。

单元三　中国民用航空发展历程

中华人民共和国成立后，民航经历了从无到有，由小到大，由弱到强的不平凡的发展历程。特别是 1978 年党的十一届三中全会以来，民航事业在航空运输、通用航空、机群更新、机场建设、航线布局、航行保障、飞行安全、人才培训等方面都持续快速发展，取得了令人瞩目的成就。这一历史过程主要经历了以下几个发展阶段。

一、初步探索时期（1909—1949 年）

1909 年，冯如制造了中国第一架飞机并试飞成功；同年 10 月，广东飞行器公司正式成立，冯如担任总设计师，开启了中国民航事业的初步探索。不幸的是，冯如在 1912 年的一次飞行表演中不幸遇难，英年早逝。

1918 年，北洋政府设立航空事务处，这是中国第一个主管民航事务的正式管理机构；1920 年，中国建立第一条航线：北京—天津，由此拉开了中国民航的序幕。到抗日战争前夕，已经初步建立了除东北外的国内主要城市间的航空线；到中华人民共和国成立前夕，已经设置国内外航线 52 条，连接 40 多个城市，从业人员达 6 000 余人。

二、计划经济时期（1949—1978 年）

1949 年 11 月 2 日，中共中央政治局会议决定，在人民革命军事委员会下设民用航空局，受空军领导。11 月 9 日，中国航空公司、中央航空公司总经理刘敬宜、陈卓林率两公司员工在中国香港地区光荣起义，并率领 12 架飞机回到北京、天津，为中国民航建设提供了一定的物质和技术力量。1950 年，中国民航初创时仅有 30 多架小型飞机，年旅客运输量仅 1 万人次，运输总周转量仅 157 万吨千米。

1958 年 2 月 27 日，国务院通知：中国民用航空局自本日起划归交通运输部领导。1958 年 3 月 19 日，国务院通知：全国人大常委会议批准国务院将中国民用航空局改为交通运输部的部属局。

计划经济时期的民用航空是军事航空的从属，民用航空的首要任务是保障政府和军事人员的交通、国际交往及处理紧急事件，客货运输任务居第 2 位。

三、稳定发展时期（1978—1987 年）

1980 年 3 月 5 日，民用航空局改为隶属国务院直属机构，实行企业化管理。中国民航的航线网络又得到了完善。到 1987 年年底，西安西关机场与国内 26 个城市已有 36 条国内航线通达，构建了以西安为中心的西北地区辐射航线网络。另外，中国还注重对外贸易和旅游的发展。1978 年 10 月，广州至香港地区有了包机飞行，1980 年，正式开辟了从北京、上海、广州、杭州至香港地区的航线。1981 年以后，又增开了天津、昆明到香港的航线。到 1987 年，每周共有 59 个定期航班往返于内地与香港地区。

国际方面，截至 1987 年，中国民航共开辟了至缅甸、日本、法国、罗马尼亚、埃塞俄比亚、南斯拉夫、瑞士、菲律宾、泰国、美国、英国、澳大利亚、新加坡、科威特、意大利、土耳其、加拿大等 24 个国家的 39 条国际航线，通航里程达到 14.9 万公里。同时，有 21 个国家的航空企业的班机通航到中国。

四、改革开放时期（1987—2002 年）

从 1987 年起，中国民航局决定把航空公司、机场和行政管理当局按照其自身性质分离，分别进行经营和管理，把航空公司、机场和行政管理政企分开，这一改革措施大大加快了航空公司和机场等民航相关单位的发展进程，到 1997 年，中国运输总周转量居世界第 6 位，运营的航线数量、机场及通航的城市数量显著增长，航空运输企业如中国航空集团公司、中国东方航空集团公司、中国南方航空集团公司等也颇具规模。

1980—1983 年，中国民航通过各种途径相组合的方式购置了一批当时国际先进水平的飞机，如波音 -747SP 型宽体客机、波音和麦道等多种型号的先进水平飞机，并同时淘汰大批老型号的飞机，以加快机型更新速度。到 1990 年年底，中国民航已拥有各型飞机 421 架，其中运输飞机 206 架，通用航空和教学校验飞机 215 架。随着大、中型客机的引进，在客观上提出了要建设具有与之相适应的发展水平和配套设施的机场的要求，致使民航机场出现了前所未有的兴旺局面。截至 1990 年年底，有民航航班运营的机场总数达到 110 个，其中可起降波音 747 型飞机的机场有 7 个。至 2002 年，我国民航运输总周转量 165 亿吨公里，旅客运输量 8 594 万人，货物运输量 2 002 万吨。20 年间，年均增长分别达 18%、16% 和 16%，高出世界平均水平两倍多，国际排位进一步上升，成为令人瞩目的民航大国。

五、高速发展时期（2002 年至今）

2002 年，中国民航进行了一次重大的改革重组，对中国民航局直属的 9 家航空公司进行联合重组，实行政企分开，形成了中国航空集团公司、中国东方航空集团公司和中国南方航空集团有限公司三大航空运输集团，并成立了中国民航信息集团公司、中国航空油料集团公司和中国航空器材进出口集团公司三大航务保障集团公司。

改革开放后的中国成为全球增长速度最快、最重要的民航市场之一，民航的运输生产、基础设施建设都取得了新进展，同时，也出色地完成了各项重大运输保障任务。近年来，随着我国经济的迅速发展，航空运输需求量也呈爆炸式增长。在这样的背景下，体制改革后的民航事业取得了巨大的成就和突破性的发展。

民用航空局发布的《2018 年民航行业发展统计公报》显示，2018 年，全行业完成运输总周转量 1 206.53 亿吨千米，旅客周转量 10 712.32 亿人千米，货邮周转量 262.50 亿吨千米，分别比上年增长 11.4%、12.6%、7.80%。客运市场方面，完成旅客运输量 61 173 万人次，比上年增长 10.9%；货运方面，完成货邮运输量 738 万吨，比上年增长 4.6%。全行业运输航空公司完成运输飞行小时 1 153 万小时、运输起飞架次 469 万架次，分别比上年增长 8.9%、7.6%。

截至 2018 年年底，我国共有运输航空公司 60 家，运输飞机 3 639 架，定期航班航线 4 945 条，定期航班国内通航城市 230 个（不含港澳台地区），通航 65 个国家的 165 个城市。2018 年，全国颁证运输机场数量达到 235 个，完成旅客吞吐量 12.65 亿人次，比上年增长 10.2%；完成起降架次 1 108.83 万，比上年增长 8.2%。全行业在册运输飞机平均日利用率为 9.36 小时，正班客座率平均为 83.2%，累计实现营业收入 10 142.5 亿元，比上年增长 18.5%。

在通用航空领域，2018 年，422 家通用航空企业、2 495 架在册航空器共完成通用航空生产飞行 93.71 万小时，比上年增长 11.9%。无人机发展脚步加快，截至 2018 年年底，全行业无人机有效驾驶员执照 44 573 本，无人机共 28.7 万架，无人机经营性飞行活动达 37 万小时。

在航班量不断增加的同时，民航安全管理水平和运行效率不断提升。截至 2018 年年底，运输航空实现连续安全飞行 100 个月，累计安全飞行 6 836 万小时；实现 16 年零 8 个月的空防安全零责任事故纪录。2018 年，全国客运航空公司平均航班正常率为

80.13%，平均延误时间为 15 分钟，同比减少 9 分钟。

我国民用航空在行业规模扩大的同时，其服务质量不断提升，旅客获得感增强。截至 2018 年年底，全国 229 家机场全面开通"航信通"，32 家机场实现国内航班旅客乘机全流程电子化，全年"无纸化"乘机的旅客达 2.25 亿人次。已有 12 家航空公司在 301 架航空器上开通客舱网络服务。2018 年共受理航空消费者投诉 20 761 件，比上年下降 16.2%。

拓展阅读

在世界航空业起步阶段，中国曾是唯一与西方相提并论的亚洲国家。1903 年，美国莱特兄弟开创了人类航空新纪元。而在 1911 年，中国就拥有自制的飞机，比俄、德等国都早，仅在美、英、法三国之后。

1909 年 9 月 21 日傍晚时分，在美国旧金山附近的奥克兰市派得蒙特山附近的一块平坦的场地上，25 岁的旅美华侨冯如驾驶自己设计制造的一架双翼飞机，迎着强风起飞了。只见这架飞机离开地面升空约 4 米多，然后开始绕着小山丘飞了 804 米。但是这次飞行未能完全获得成功，由于螺旋桨机轴突然断裂，导致失速而坠落，冯如被抛出飞机，飞机受损，所幸冯如并未受伤。

尽管如此，这次飞行仍然在美国引起很大轰动。因为这次飞行距莱特兄弟的世界上首次飞行还不到 6 年，而飞行距离 804 米，大大超过莱特兄弟首次飞行的 36.6 米。特别是这架飞机比莱特兄弟的"飞行者 1 号"有所改进，下面装有 4 轮起落装置，不必靠滑车滑行起飞。更引人注目的是，这架飞机竟是由中国人自己设计制造并试飞的。

1909 年 9 月 23 日，美国《旧金山观察者报》在头版显著位置刊登了冯如的照片和飞行经过，该报把冯如誉为"东方的莱特"。同日，《加利福尼亚美国人民报》发表了《中国人民的航空技术超过了西方》的文章，也对冯如的试飞成果给予了高度评价。冯如既是中国第一位飞机设计师，又是第一位飞行家，因此被尊称为"中国创始飞行大家"。

中华人民共和国成立不久，就把建设航空工业提到重要议事日程。

2017 年 5 月 5 日下午 2 点，中国国产 C919 大型客机在浦东国际机场正式首飞成功。C919 是中国按照最新国际适航标准研制的，具有完全自主产权的大型商用干线飞机。其历经 10 年后终于破茧成蝶，实现了国产客机领域的突破。

中国民航迎着共和国的朝阳起飞，经过几代民航人励精图治、团结奋斗，从无到有、由小到大、由弱到强，经历了不平凡的发展历程，为祖国的蓝天事业书写了壮丽的篇章。

模块小结

飞行是人类有史以来就不断追求的一个凤愿，航空技术是人类在认识自然和改造自的过程中最活跃，发展最迅速、对人类社会生活影响最大的科学技术之一。本章主要介绍民用航空的概念与分类、民航运输业的发展历史、中国民用航空发展历程。

民用航空，是指使用航空器从事除国防、警察和海关等国家航空活动外的航空活动。民用航空分为两大类，即公共航空运输和通用航空。

民航运输业的发展经历第一次世界大战前后的萌芽时期、第二次世界大战后的成长时期、现代腾飞时期。

中国民航事业在航空运输、通用航空、机群更新、机场建设、航线布局、航行保障、飞行安全、人才培训等方面都持续快速发展，取得了令人瞩目的成就。

思考与练习

一、填空题

1. _____是指除公共航空运输外的所有民用航空活动。

2. 波音公司成立于 1916 年 7 月 15 日，_____创建，并由此得名。

3. 1949 年 7 月 27 日，英国成功试飞第一架喷气式民航客机_____号。

二、选择题

1. （   ）是指以航空器进行经营性的客货运输的航空活动。

    A．军事航空　　B．民用航空　　　　C．公共航空运输 D．航空设计

2. （   ）负责民航安全、国家主权和交往任务。

    A．政府部门　　B．民航企业　　　　C．民航机场　　　D．航空公司

3. 在 1903 年，（   ）制造了第一架依靠自身动力进行载人飞行的飞机"飞机者 1 号"，并且获得了成功。

    A．莱特兄弟　　B．法国蒙哥尔菲　　C．凯利　　　　　D．李林塔尔

4. 下列不属于通用航空的是（   ）。

    A．空中警务巡逻　　　　　　　　　B．喷洒农药

    C．飞行训练　　　　　　　　　　　D．运输旅客

5. 1909 年，在飞机出现后不久，旅美华侨（   ）就研制成一架飞机，并试飞成功。

    A．莱特兄弟　　B．法国蒙哥尔菲　　C．凯利　　　　　D．冯如

三、简答题

1. 什么是民用航空？

2. 民用航空可分为哪两大类？

3. 民用航空系统由哪几部分组成？

4. 简述第一次世界大战前后萌芽时期的民航运输业。

5. 简述中国民用航空的发展历程。

模块二
飞机的构造与系统

1. 熟悉机身按结构元件的受力特点的分类，机翼的主要功能及组成部分，尾翼的分类及起落装置的基本组成。

2. 熟悉活塞式发动机、空气喷气发动机、涡轮风扇发动机、涡轮螺旋桨发动机和涡轮轴发动机的性能、工作原理等。

3. 熟悉飞行仪表系统、导航系统、导航系统的概念及种类。

4. 掌握液压系统的功能、组成，燃油系统的分类及组成，供电系统的分类，飞机灯光照明的分类及飞机座舱烟气系统的组成。

通过本模块的学习，能熟练运用飞机的结构、导航系统、液压系统、燃油系统、供电系统、照明系统、防火系统、飞机座舱环境控制系统等知识。

1. 能够独立制订学习计划，并按计划实施学习和撰写学习体会。

2. 具有良好的团队合作、沟通交流和语言表达能力。

3. 具备独立思考能力，能深刻理解所学知识，并灵活运用到工作、生活之中。

案例
导入

　　2019 年 3 月 10 日，埃塞俄比亚航空公司的一架 B737MAX 飞机执行的自亚的斯亚贝巴至肯尼亚内罗毕的航班，飞机起飞后 6 分钟坠毁，机上 149 名旅客和 8 名机组成员无一生还。2019 年 2 月 23 日，阿特拉斯航空的一架 B767 货机在美国休斯敦机场进近过程中"失去控制"，最终导致机毁人亡。

　　案例分析：事故的初步原因是飞机离地后由于左右迎角读数不一致（左侧迎角读数错误），左侧驾驶杆出现失速抖杆警告。在人工飞行情况下，襟翼收上之后，飞机特有的机动特性增强系统指令飞机自动下俯，机组人员通过驾驶杆人工俯仰配平操作的升降舵不足以克服飞机机动特性增强系统操作的水平安定面的下俯，以致飞机最终坠落。飞机设计缺陷、机务维护质量、机组人员对于熟记项目的应用、航空公司的信息传递等问题引发人们思考。

单元一　飞机的结构

飞机由机身、机翼、尾翼、起落装置、动力装置和仪表设备等组成。飞机机体是指构成飞机外部形状的部分和承受飞机重量的主要受力结构。大多数飞机都由机身、机翼、尾翼、起落装置、动力装置五个主要部分组成（图2-1）。

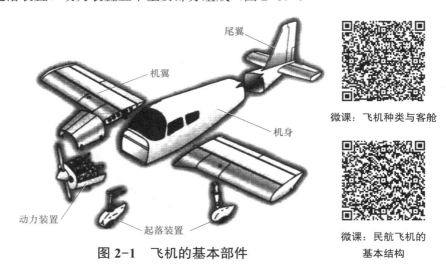

微课：飞机种类与客舱

微课：民航飞机的
基本结构

图2-1　飞机的基本部件

一、机身

机身主要是用来装载人员、货物、燃油、武器和记载设备，并且通过它将机翼、尾翼、起落装置等部件连成一个整体。机身主要包括机头、前机身、中部机身和尾部机身。机头装置着驾驶舱，用来控制飞机；前机身、中部机身是客舱或货舱，用来装载旅客、货物、燃油和设备；尾部机身和尾翼相连，同时安装辅助动力装置。机身的主要结构如图2-2所示。

按照机身的功用，首先在使用方面，应要求它具有尽可能大的空间，使它的单位体积利用率

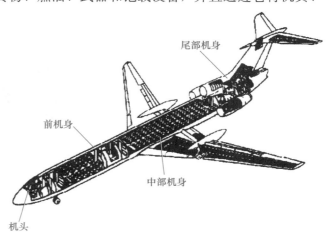

图2-2　机身的主要结构

达到最高，以便能装载更多的人和物资，同时连接必须安全可靠，应有良好的通风加温和隔声设备，视界必须广阔，以利于飞机的起落。其次在气动方面，它的迎风面积应减到最小，表面应光滑，形状应流线化而没有凸角和缝隙，以便尽可能地减小飞行中的阻力。另外，在保证有足够的强度、刚度和抗疲劳能力的情况下，应使它的质量最轻，对于具有气密座舱的机身，抗疲劳的能力尤为重要。机身按结构元件的受力特点可分为以下三种形式。

1. 梁式机身

梁式机身结构由 4 根桁梁承受机身的全部或大部分弯曲正应力。蒙皮较薄，只承受扭矩和横向剪切力。桁条较少，用于支持蒙皮或承受少量轴向力。这种结构形式多用于机身口盖较多的部位。如歼击机的前机身因有较多的大开口（座舱盖、前起落装置舱盖、电子设备舱和武器舱口盖等），蒙皮不能受力，宜使用梁式结构，如图 2-3 所示。

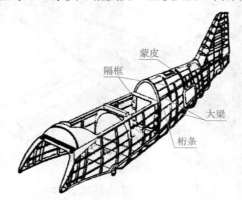

图 2-3　梁式机身

2. 半硬壳式机身

半硬壳式机身结构没有强大的桁梁，密布的桁条与蒙皮一起承受弯曲正应力。这种结构的飞机质量较轻，机身上凡是开口较少的部位大多采用这种结构形式，如图 2-4 所示。

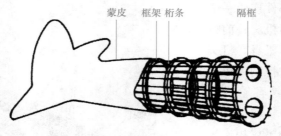

图 2-4　半硬壳式机身

3. 硬壳式机身

硬壳式机身结构没有桁梁和桁条，为了改善蒙皮的支持情况，沿机身长度方向布置有较密的普通框，有时也称密框结构。一般应用在弯矩很小而又无大开口的部位。有些轻型飞机为便于制造而采用硬壳式机身，如图 2-5 所示。

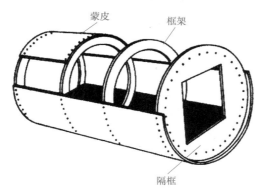

在线答题

图 2-5 硬壳式机身

二、机翼

（一）机翼的结构

机翼的主要功用是产生升力，以支持飞机在空中飞行，同时也起到一定的稳定和操纵飞机的作用。机翼主要由翼梁、翼肋、桁条和蒙皮组成。翼梁承担着机翼上主要的作用力，翼梁可分为前梁和后梁。其承受空气动力通过蒙皮传递给桁条，桁条嵌在翼肋上以支持蒙皮，翼肋保持着机翼的翼型，翼肋受力通过接头传递给翼梁。起落装置及发动机吊架也连接在翼梁上。机翼根部和机身的接合处，发动机吊架和机翼的接合处，起落装置和机翼的接合处，均承受着巨大的应力，设计、制造、使用时需要特别注意。

翼梁和桁条是纵向骨架，翼肋是横向骨架，蒙皮包覆在整个骨架上（图 2-6）。

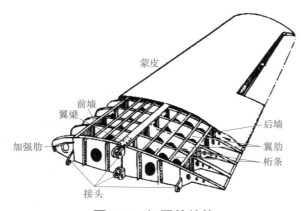

图 2-6 机翼的结构

（二）机翼的分类

（1）按照机翼数量和位置不同，飞机可分为单翼机和双翼机。

1）单翼机。单翼机是指飞机只安装有一副机翼。按照机翼的安装位置不同可分为上单翼、中单翼和下单翼飞机，如图 2-7 所示。

①上单翼飞机是机翼置于机身顶部的机翼布局形式。这种布局形式干扰阻力小，有广阔的向下视野，机身距离地面近，便于货物的装运，发动机可以安装得距离地面较高，免受地面飞起的沙石损害。因此，大部分军事运输机和使用螺旋桨动力装置的运输机都采用这种布局。

②中单翼飞机是机翼置于机身中部的机翼布局形式。这种布局形式气动外形是最好的，但因为大型飞机的翼梁要从机身内部穿过，使客舱容积受到严重影响，因此在民航飞机中不会采用这种布局形式。

③下单翼飞机是机翼置于机身底部的机翼布局形式。民航运输机大部分为下单翼飞机，机翼距离地面近，起落装置可以做得短些，两个主起落装置距离较宽，增加了飞机降落的稳定性，起落装置很容易在翼下的起落装置舱收放，从而减轻飞机质量。另外，发动机和机翼距离地面较近，便于维修。目前，多数民航客机采用下单翼安装形式。

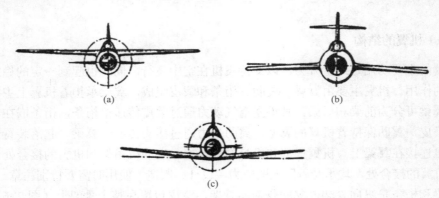

图 2-7　上单翼、中单翼和下单翼飞机

（a）上单翼；（b）中单翼；（c）下单翼

2）双翼机。双翼机是有上下并列配置两副机翼的飞机（两副机翼前后配置的飞机称为串翼机）。双翼机的上下机翼采用支柱和张线连成一个承力的整体，组成一个空间桁架结构，如图 2-8 所示。

在飞机诞生的初期，为了能够解决其离开地表的问题，飞机在构造上多采用双翼机甚至多翼机。但是后来在成功解决离开地表的问题后，人们对飞机的性能提出了更快、更大方面的要求，而双机翼的飞行阻力较大，尤其是在高速飞行

图 2-8　双翼机

时，很难使飞机加速；同时与单翼机相比，双翼机制造需要的材料多、质量大，因此，除对载重量和低速性能有特殊要求的小型飞机外，目前双翼机已不多见。

（2）按照机翼平面形状不同，飞机又可分为平直翼、后掠翼和三角翼，如图 2-9 所示。

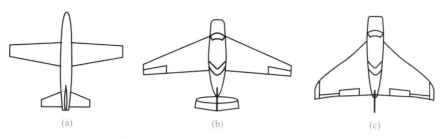

图 2-9　平直翼、后掠翼和三角翼

（a）平直翼；（b）后掠翼；（c）三角翼

1）平直翼。平直翼飞机是指机翼无明显后掠角。一般是指后掠角小于 20°、平面形状呈矩形、梯形或半椭圆形的机翼，常用在亚音速飞机上。具有机翼结构简单、制造容易、产生升力的效率较高的优点，但是阻力较大。

2）后掠翼。飞机的机翼各剖面沿展向后移，这种机翼的外形特点是其前缘和后缘均向后掠，机翼后掠的程度用后掠角的大小来表示。这种机翼与平直翼相比，后掠翼的气动特点是可增大机翼的临界马赫数，并可减小超音速飞行时的阻力。其次飞机在飞行过程中，当垂直于机翼前缘的气流流速接近音速时，机翼上表面局部区域的气流受凸起的翼面的影响，其速度将会超过音速，出现局部激波，从而使飞行阻力急剧增加。后掠翼由于可使垂直于机翼前缘的气流速度低于飞行速度，因此与平直翼飞机相比，只有在更高的飞行速度情况下才会出现激波（即提高了临界马赫数），从而推迟了机翼面上激波的产生，即使出现激波，也有助于减弱激波强度，降低飞行阻力。

3）三角翼。三角翼飞机的机翼平面形状为三角形，与之相近的有双三角翼和切角三角翼。三角翼飞机的优点主要表现在大后掠角三角翼具有超音速阻力小、焦点随 M 数变化小、结构刚度好等方面，适用于超音速飞行和机动飞行；三角翼的缺点主要是在亚音速飞行状态，机翼的升力线斜率较低、诱导阻力较大、升阻比较小，从而影响飞机的航程和起降性能。

（三）机翼上的舵面

机翼的前缘和后缘加装了很多改善或控制飞机气动力性能的装置，这些装置包括副翼、襟翼、缝翼和扰流板。

1. 副翼

副翼是指安装在机翼后缘外侧的一小块可动的翼面，飞行员利用左右副翼差动偏转所产生的滚转力矩进行滚转操纵，如飞行员向左压杆时，左机翼上的副翼向上偏转，左机翼升力下降，右机翼上的副翼向下偏转，右机翼升力增加，在两个机翼升力差的作用下飞机向左滚转。

2. 襟翼

襟翼是为了使飞机在起飞和降落时因速度太慢而又要保持高升力，从而在机翼上

增加的活动面。襟翼安装在机翼后缘、副翼内侧，它可以绕轴向后下方转动一定角度，从而增大机翼的弯度，提高机翼的升力；有的襟翼向下弯曲后还可向后方伸出一段距离，这样既增大了机翼的弯度，又增加了机翼面积，使得机翼升力增加。襟翼的形式多种多样（图 2-10），飞机起飞和降落时都要打开襟翼。飞机起飞时要增加升力，同时又要避免增加太大的阻力，因此，襟翼通常打开到中小位置状态，当飞机在空中的速度提高到一定程度则要收起襟翼，以减小阻力；而在飞机降落时，升力和阻力都要求要尽量大，以便飞机能在迅速降低速度的同时保持下降和着陆平稳，这时一般把襟翼打开到最大位置状态（图 2-11）。

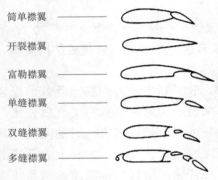

图 2-10　襟翼的形式

图 2-11　飞机降落时襟翼打开

3. 缝翼

缝翼，又称前缘缝翼，是指安装在机翼前缘的一段或几段狭长小翼，是一种提高飞机临界迎角的增升装置（图 2-12）。当前缘缝翼打开时，它与基本机翼前缘表面形成一道缝隙，下翼面压强较高的气流通过这道缝隙得到加速而流向上翼面，增大了上翼面附面（边界）层中气流的附着能量，降低了机翼上下的压强差，增大了飞机的临界失速迎角，避免了大迎角下的失速，使得最大升力系数提高。前缘缝翼一般在飞机的起飞、降落阶段打开。

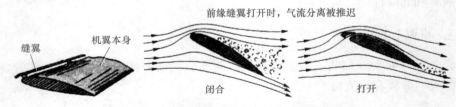

图 2-12　前缘缝翼的位置及工作原理

4. 扰流板

扰流板是铰接在两侧机翼上表面的板。它只能向上打开，以空气动力制动飞机，当它打开时，可以增加机翼的阻力，同时减小升力，使飞机能在空中迅速降低速度。当只有一侧的翼面上的扰流板打开时，它的作用和副翼相似，通过提高一侧的阻力，使飞机倾侧，所以，扰流板属于增阻装置，如图 2-13 所示。

图 2-13 打开的扰流板

三、尾翼

尾翼是飞机尾部的水平尾翼和垂直尾翼的统称。其作用是保证飞机在三个轴方向的稳定性和操纵性。

（1）水平尾翼。水平尾翼由水平安定面和升降舵组成。水平安定面是固定的；而升降舵可以上、下转动。水平安定面的作用是保持飞机飞行过程中的纵向的稳定；升降舵的运动则可以控制飞机向上抬头或向下低头运动。现代高速客机的水平尾翼被制作成可以整体运动的，称为全动式尾翼，这样可提高纵向操纵的效率。水平尾翼一般安装在机身上（图 2-14），但有些飞机为了避免发动机的喷气或延缓激波的产生，水平尾翼安装在垂直尾翼上。

图 2-14 飞机的水平尾翼

（2）垂直尾翼。垂直尾翼由固定的垂直安定面和活动的方向舵组成。方向舵可以左右转动，控制飞机飞行的航向。垂直安定面的作用是当飞机飞行受到干扰偏离航向时，它就会利用迎面气流的作用力，使飞机恢复到原来的航向，保证飞机的侧向和横向稳定性。垂直尾翼有单垂尾、双垂尾、多垂尾等多种形式，但现在的旅客机和小型飞机都采用单垂尾，一个垂尾直立于机身中线上方。这种形式结构简单、质量轻。垂直尾翼的作用是防止飞行的飞机向左右转弯或滚动。

尾翼的水平部分称为水平尾翼，防止飞行中的飞机向上或向下翻滚。垂直尾翼上装有可以控制方向的方向舵；水平尾翼上装有可以控制俯仰的升降舵，驾驶员可以通过方向舵和升降舵控制飞机。

四、起落装置

起落装置的主要功用是承受和吸收飞机着陆时由于垂直速度带来的撞击能量，以减少着陆接地时引起的过载和滑行时因地面不平引起的震动；同时，使飞机能够承受在起飞滑跑、停放和滑行的过程中的重力，操纵飞机在地面行走、转向和制动。除使用滑橇在雪地起降的飞机和使用浮筒的水上飞机外，飞机都使用轮式起落装置。

（一）起落装置基本组成

1. 减振器

飞机在着陆接地的瞬间或在不平整的跑道上高速滑跑时，与地面发生剧烈的撞击，除充气轮胎可起小部分缓冲作用外，大部分撞击能量要靠减振器吸收。现代飞机上应用最广的是油液空气减振器。当减振器受撞击压缩时，空气的作用相当于弹簧，储存能量。而油液以极快的速度穿过小孔，吸收大量撞击能量，把它们转变为热能，使飞机撞击后很快恢复平稳，不致颠簸不止。

2. 收放系统

收放系统一般以液压作为正常收放动力源，以冷气、电力作为备用动力源。一般前起落装置向前收入前机身，而某些重型运输机的前起落装置是侧向收起的。主起落装置收放形式大致可分为沿翼展方向收放和翼弦方向收放两种。收放位置锁把起落装置锁定在收上和放下位置，以防止起落装置在飞机飞行过程中自动放下和受到撞击时自动收起。对于收放系统，一般都有位置指示和警告系统。

图 2-15 所示为起落装置的各种收放形式。

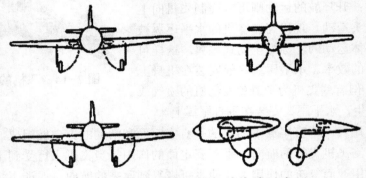

图 2-15　起落装置的各种收放形式

目前，大型飞机起落装置系统多沿翼展方向收放，且向机身内侧；翼弦方向收放会改变飞机重心位置，对飞机载重平衡配置不利。

3. 起落装置机轮和刹车系统

机轮的主要作用是在地面支持飞机的重量，减小飞机地面运动的阻力，吸收飞机着陆和地面运动时的一部分撞击动能。主起落装置上装有刹车装置，可用来缩短飞机着陆的滑跑距离，并使飞机在地面上具有良好的机动性。

机轮主要由轮毂和轮胎组成。轮毂一般由镁铝合金或钢制成，起支撑作用；轮胎起到吸收一部分振动能量，以及与道面间产生摩擦力使飞机减速的作用，按照其内部充压大小可分为低压、中压、高压和超高压四种类型，如图 2-16 所示。低压轮胎减震效果最好，对跑道要求低，可吸收振动能量的 30% 以上，但体积大，一般适用于支线飞机及低标准机场飞行的飞机，高压轮胎应用于高速飞机上，适合在比较硬的机场地面上起降。

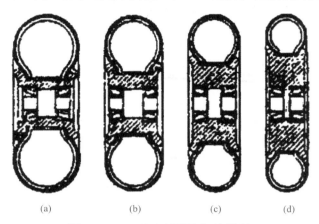

图 2-16　飞机不同压力的轮胎

（a）低压；（b）中压；（c）高压；（d）超高压

刹车装置主要有弯块式、胶囊式和圆盘式三种。应用最广泛的是圆盘式，其主要特点是摩擦面积大，热容量大，容易维护。

4. 起落装置转弯系统

操纵飞机在地面转弯有两种方式：一种是通过主轮单侧刹车或调整左右发动机的推力（拉力）使飞机转弯；另一种方式是通过前轮转弯机构操纵前轮偏转使飞机转弯。轻型飞机一般采用前一种方式；而中型及以上的飞机因转弯困难，大多装有前轮转弯机构。另外，有些重型飞机在进行转弯操纵时，主轮也会配合前轮偏转，提高飞机的转弯性能。

（二）配置形式

飞机起落装置的配置形式是指飞机的起落装置支柱数量及其位置关系，起落装置配置形式有前三点式、后三点式和多点式，如图 2-17 所示。

1. 前三点式

前三点式起落装置的两个支点（主轮）对称地安置在飞机重心后面，第三个支点（前轮）位于机身前部，就是正三角形的样子，一轮前，两轮后。这种布局降落的稳定性好，降落时抬起机头，主轮先落地，并逐渐减速，然后飞机低头，恢复成水平状态，前轮落地。所以，现代民航飞机一般都采用前三点式起落装置。

2. 后三点式

后三点式起落装置的两个支点（主轮）对称地安置在飞机重心前面，第三个支点（尾轮）位于飞机尾部，就是倒三角形的样子，两轮前，一轮后。这种形式常见于早期的活塞螺旋桨飞机，现代民用小型机也有采用。这种布局的起落装置地面转向机动能力好，但由于重心在主轮后面，所以降落时不稳定，容易发生侧滑，甚至翻滚。这种布局的飞机降落时一般机身保持水平，主轮先落地，并逐渐减速，然后飞机抬头，较短

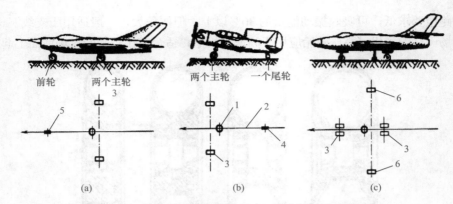

图 2-17　起落装置机轮在飞机上的基本安排形式

（a）前三点式；（b）后三点式；（c）多点式

1—飞机重心；2—飞机纵轴；3—起落架主轮；4—起落架尾轮；5—起落架前轮；6—起落架辅轮

的尾轮落地。

3．多点式

多点式起落装置常用于重型飞机，它由一个前起落装置，两个机身起落装置和两个大翼起落装置组成。此种布局可以将飞机的质量分散在一个较大的面积上，有的飞机有两个前起落装置。

（三）结构形式

根据承受和传递载荷的方式，即结构受力形式，可将起落装置分为桁架式、梁式及混合式等。

1．桁架式起落装置

桁架式起落装置由空间杆系构成的桁架结构和机轮组成。桁架式起落装置的主要特点是：它通过承力构架将机轮与机翼或机身相连。承力构架中的杆件及减振支柱都是相互铰接的，它们只承受轴向力（沿各自的轴线方向）而不承受弯矩。因此，这种结构的起落装置构造简单，质量也较小，但由于难以收放，通常只用在速度不大的轻型飞机或直升机上，如图 2-18 所示。

2．梁式起落装置

梁式起落装置通常由受力支柱、减振器、扭力臂、支撑杆系、机轮和刹车系统等组成。其主要承力构件是梁（支柱或减振支柱），根据支柱梁的支撑形式不同，可分为支柱式起落装置、撑杆支柱式起落装置、摇臂式起落装置等多种形式。

（1）支柱式起落装置。支柱式起落装置（图 2-19）的主要特点是减振器与承力支柱合二为一，机轮直接固定在减振器的活塞杆上。减振支柱上端与机翼的连接形式取决于收放要求。对收放式起落装置，撑杆可兼作收放作动筒。扭矩可以通过扭力臂传递，也可以通过活塞杆与减振支柱的圆筒内壁采用花键连接来传递。这种形式的起落装置构造简单紧凑，易于收放，而且质量较小，是现代飞机上广泛采用的形式之一。

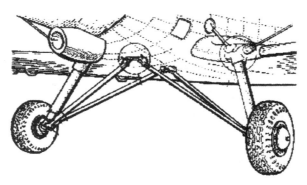

图 2-18　桁架式起落装置

支柱式起落装置的缺点是：活塞杆不但承受轴向力，还要承受弯矩力，因此，容易导致磨损及出现卡滞现象，使减振器的密封性能变差，不能采用较大的初压力。

（2）撑杆支柱式起落装置。撑杆支柱式起落装置的主要构件是减振支柱、扭力臂、机轮、收放作动筒和斜撑杆，与支柱式不同的是多了一个或几个斜撑杆。在收放时，撑杆可以作为起落装置的收放连杆，有时撑杆本身就是收放作动筒。当受到来自正面的水平撞击时，减振支柱仍不能很好地发挥其减振作用，在着陆时支柱必须承受弯矩，减振支柱的密封装置易受到磨损。

（3）摇臂式起落装置。摇臂式起落装置（图 2-20）的主要特点是机轮通过可转动的摇臂与减振器的活塞杆相连。减振器也可以兼作承力支柱。这种形式的活塞只承受轴向力，不承受弯矩力，因此密封性能好，可增大减振器的初压力以减小减振器的尺寸，克服了支柱式起落装置的缺点，在现代飞机上得到了广泛的应用。摇臂式起落装置的缺点是构造较复杂，接头受力较大，因此，它在使用过程中的磨损也较大。

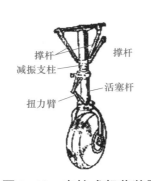

图 2-19　支柱式起落装置结构

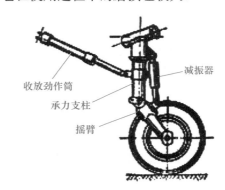

图 2-20　摇臂式起落装置结构

3．混合式起落装置

混合式起落装置由支柱、多根斜撑杆和横梁等构件组成，撑杆铰接在机体结构上，是桁架式和梁架式的混合结构。支柱承受剪切、压缩、弯矩和扭矩等多种载荷，撑杆只承受轴向载荷，撑杆两端固定在支柱和横梁上，既能承受轴向力，又能承受弯矩，因此大大提高了支柱的刚度，避免了摆振现象的发生。

拓展阅读

前三点式、后三点式起落装置配置形式的优点、缺点

（1）前三点式起落装置具备以下几个方面的优点：

1）滑跑方向具有稳定性。当机身轴线偏离滑跑方向时，主轮摩擦力的合力将产生恢复力矩，使飞机回到原来的运动方向。侧风着陆时较安全。地面滑行时，操纵转弯较灵活。

2）当飞机以较大速度小迎角着陆时，主轮着陆撞击力对飞机质心产生低头力矩，减小迎角，使飞机继续沿地面滑行而不致产生"跳跃"现象，因此着陆操纵比较容易。

3）由于前起落装置远离质心，因此，着陆时可以大力刹车而不致引起飞机"翻倒"，从而大大缩短了着陆滑跑距离。

4）由于飞机轴线接近水平，因此起飞滑跑阻力小，加速快，起飞距离短，而且驾驶员向前视界好，乘坐舒适。

5）喷气发动机的喷流不会直接喷向跑道，因而对跑道的影响较小。

但是也存在以下几个方面的缺点：

1）前起落装置的安排较困难，尤其是对单发动机的飞机，机身前部剩余的空间很小。

2）前起落装置承受的载荷大、尺寸大、构造复杂，因此质量大。

3）着陆滑跑时处于小迎角状态，因而不能充分利用空气阻力进行制动。在不平坦的跑道上滑行时，超越障碍（沟渠、土堆等）的能力也比较差。

4）前轮会产生摆振现象，因此需要有防止摆振的设备和措施，这再次增加了前轮的复杂程度和质量。

尽管如此，由于现代飞机的着陆速度较快，并且着陆时的安全成为考虑确定起落装置配置形式的首要决定因素，在这方面前三点式与后三点式相比有着明显的优势，因此得到最广泛的应用。

（2）后三点式起落装置具备以下几个方面的优点：

1）后三点式起落装置整体构造比较简单，质量也较轻。

2）在螺旋桨飞机上容易配置。螺旋桨飞机要产生大的推力桨叶就很大，这不得不迫使飞机设计安装时提高螺旋桨发动机的离地高度，而正好装有后三点式起落装置的飞机停留在地面时机头抬起很高，迎角很大。

3）在飞机上易于装置尾轮。与前轮相比，尾轮结构简单，尺寸、质量都较小。

但同样也存在以下一些缺点：

1）在快速度滑跑时，遇到前方撞击或强烈制动，容易发生倒立现象。为了防止飞机倒立，后三点式起落装置不允许强烈制动，因此，其着陆后的滑跑距离有所增加。

2）着陆速度要求高。若着陆速度过快，主轮接地的冲击力会使飞机抬头迎角增加，会引起飞机升力增大而重新离地产生"跳跃"现象，甚至会跳起后失速，发生事故。升力增大也会使飞机在着陆时产生拉飘。

3）地面滑跑时方向稳定性差。如果飞机在滑跑过程中，某些干扰（如侧风或路面不平，使两边机轮的阻力不相等）使飞机相对其轴线转过一定角度，这时在支柱上形成的摩擦力将产生相对于飞机质心的力矩，它使飞机转向更大的角度。

4）在停机、起、落、滑跑时，飞机前机身仰起，因而向下的视界不佳。

基于以上缺点，后三点式起落装置的主导地位便逐渐被前三点式起落装置所替代，只有一小部分小型和低速飞机仍然采用后三点式起落装置。

单元二 飞机的动力装置

飞机性能的提高在很大程度上取决于其动力装置的性能，因此，发动机被称为飞机的心脏。世界上能够制造飞机的国家很多，但可以独立研发制造发动机的国家目前只有中、美、俄、英、法、加六国，而当前民用航空发动机市场基本为通用、普惠和罗尔斯·罗伊斯三家公司所垄断。航空发动机可分为活塞式发动机和喷气式发动机，如图 2-21 所示。

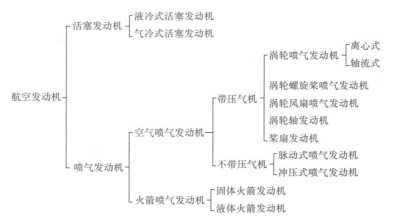

图 2-21 发动机的分类

一、活塞发动机

活塞发动机也称往复式发动机，是一种利用一个或多个活塞将压力转换成旋转动能的发动机。活塞发动机是热机的一种，靠汽油、柴油等燃料提供动力，是早期在飞机或直升机上应用的航空发动机，用于带动螺旋桨或旋翼，大型活塞航空发动机的功率可达 2 500 千瓦。后来被功率大、高速性能好的燃气涡轮发动机所代替。但小功率的活塞航空发动机仍广泛用于轻型飞机、直升机及超轻型飞机。

发动机按活塞的运动方式可分为往复式活塞发动机和转子活塞发动机；按汽缸的排列形式可分为直立形、对立形、星形、X 形和 Y 形（图 2-22）；按喷油的形式可分为汽化器式和直喷式；按冷却方式的不同可分为液冷式和气冷式两种。

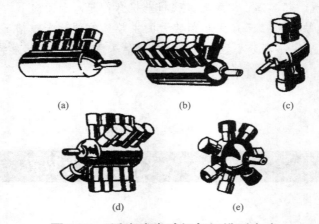

(a)　　　　　　(b)　　　　　　(c)

(d)　　　　　　(e)

图 2-22　活塞式发动机气缸排列方式

（a）直立形；（b）Y 形；（c）对立形；（d）X 形；（e）星形

活塞式发动机主要由气缸、活塞、连杆、曲轴、气门机构、螺旋桨减速器、机匣等组成。气缸是混合气（汽油和空气）进行燃烧的地方。气缸头上装有点燃混合气的电火花塞（俗称电嘴），以及进气门、排气门。发动机工作时气缸温度很高，所以，气缸外壁上有许多散热片，用以扩大散热面积。其工作原理如图 2-23 所示。活塞在气缸中上、下往复运动两次，完成四个行程，分别为进

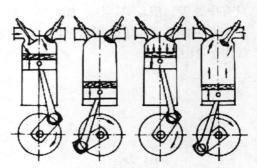

图 2-23　活塞式发动机工作原理

气行程、压缩行程、膨胀行程与排气行程，即发动机的一个热力循环。循环包括进气过程、压缩过程、膨胀过程、排气过程四个过程。

（1）进气行程：从活塞在上死点时开始，当活塞到下死点时结束。活塞从上死点走到下死点，进气门开放而排气门关闭，汽缸内进入新鲜混合气。

（2）压缩行程：活塞从下死点走向上死点，进气门和排气门都关闭，燃料混合气

在气缸内被压缩，在上死点附近进行点火及燃烧。

（3）膨胀行程：具有高温高压的燃气进行膨胀，使活塞从上死点向下死点运动。在此行程提供转动曲轴连杆机构所需的有效功，所以膨胀行程也叫作工作行程。

（4）排气行程：开始于下死点，终于上死点。活塞从下死点走向上死点，排气门开放而进气门关闭，燃烧后的废气被活塞排出气缸。

活塞距离曲轴轴线最远的位置称为上死点，距离曲轴轴线最近的位置称为下死点。上死点和下死点间的距离称为活塞行程（功冲程），以 S 表示。曲柄半径以 R 表示，则 $S=2R$。

活塞式发动机与喷气式发动机相比，具有经济性好、寿命长等优点。目前，其在通航农业飞机、短途运输机和超轻型飞机上被广泛使用。

二、空气喷气发动机

空气喷气发动机同活塞发动机的不同之处在于，空气喷气发动机既是热机又是推进器。作为热机工作时燃料燃烧释放的热能转化为发动机气流的动能；作为推进器，其进出口速度的变化产生动能差，直接产生反作用推力。

空气喷气发动机有同活塞发动机类似的工作冲程：首先空气经进气道进入压气机，压气机通过叶片对空气做功，提高了空气的压力，为压缩冲程；接着高压空气在燃烧室内和雾状燃油混合，燃烧形成高温高压的燃气，膨胀气体对涡轮做功，涡轮的转动带动压气机工作，为工作冲程；最后气体从尾喷管中喷出，为排气冲程。

带压气机的空气喷气发动机由进气管、压气机、燃烧室、涡轮和尾喷管组成。

1. 进气管

进气管的主要功用是整理进入发动机的气流，将足够的空气量以最小的损失引入压气机进行压缩。

2. 压气机

压气机是通过高速旋转的叶片向气体做功，完成发动机热力循环中气体压缩过程，以提高气体压力的机械装置。其是涡轮喷气发动机的一个重要部件。压气机的主要作用是将进入发动机的空气压力提高，为燃烧室提供高压空气，以提高发动机热力循环的效率。

3. 燃烧室

燃烧室是将压气机流出的高压空气和燃料混合并进行燃烧的装置。燃烧室位于压缩机和涡轮之间，在燃烧室里燃料（如航空煤油）中的化学能经燃烧转化为热能，使气体温度大大提高。由燃烧室流出的高温、高压燃气，具有很高的能量（热能与势能），用以燃烧室后的涡轮和尾喷管中膨胀做功。

4. 涡轮

燃气和空气由燃烧室喷出后吹向涡轮，使其高速旋转，它的作用如同一个风车，在气流作用下转动做功。涡轮转动带动压气机转动，涡轮的构造和压气机相似，也是在转

动的轮盘上分级安装上叶片，每级的转动叶片前面，在静止的外壳上装有导向叶片（图 2-24）。气流通过导向叶片时加大速度、降低压强和温度，以适当的角度冲击工作叶片使它转动，涡轮可以从 1 级到很多级。前面级承受的温度高，速度快；后面级承受的温度低，速度也低。涡轮转速高，材料要承受极大的离心力。涡轮前温度越高则发动机的热效率越高，但这个温度受到材料强度和耐热性能的限制，随着耐热材料的发展，采用新型的耐热合金材料的涡轮前温度已经提高到 2 000 ℃。

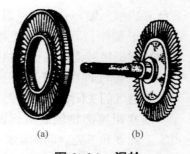

图 2-24　涡轮
（a）导向器；（b）工作叶轮

5. 尾喷管

尾喷管的作用是将流经涡轮的气体从这里膨胀加速排出发动机。喷口处面积缩小使排出气体的流速增加，从而提高发动机推力，尾喷管中装有整流锥，使由燃烧室流出来的环状气流平顺地变为柱形。

三、涡轮风扇喷气发动机

涡轮风扇发动机又称涡扇发动机，是飞机发动机的一种，由涡轮喷气式发动机发展而成。涡扇引擎最适合飞行速度 400 ～ 1 000 千米时使用，因此，现在多数的飞机引擎都采用涡扇作为动力来源。涡扇发动机具有推力大、推进效率高、噪声低、燃油消耗率低、飞机航程远的优点，但由于其风扇直径大，迎风面积大，因此阻力大，发动机结构复杂，设计难度大，其工作原理如图 2-25 所示。

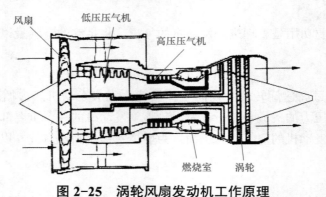

图 2-25　涡轮风扇发动机工作原理

四、涡轮螺旋桨喷气发动机和涡轮轴发动机

（1）涡轮螺旋桨发动机相当于用螺旋桨代替了风扇，只是去掉了外涵道，涡轮螺旋桨发动机的工作能量绝大部分通过涡轮，经减速器驱动螺旋桨，螺旋桨作推进功，喷口燃气产生的推力不到 10%。

大型涡轮螺旋桨发动机采用轴流式压气机，而中小型发动机多采用双级离心或轴流和离心组合式的压气机。涡轮螺旋桨发动机采用两套涡轮，一套工作涡轮和压气机相连，以高转速工作；另一套独立涡轮在工作涡轮之后，转速较低，叫作自由涡轮。

（2）涡轮轴发动机的特点是发动机所有可用的燃气能量几乎全部转化为涡轮轴功，带动旋翼和尾桨。从结构上来看，涡轮轴发动机和涡轮螺旋桨发动机除减速器外其余部件往往是通用的。若作为直升机的动力装置，涡轮轴发动机要比活塞式发动机优越得多，主要表现为质量轻、功率大、振动小及构造简单等特点，特别是随着飞行高度的增加，它的性能比活塞式发动机更为优越。但是，小型的活塞式发动机在成本、耗油率方面仍占优势。

拓展阅读

发动机的安装及布置

发动机布置方式现在最常用的就是翼吊装置，它的优点如下：

（1）由于机翼受向上的力，而发动机的重力向下与之抵消，使机翼受力减小，因而减小了机翼结构重量。

（2）发动机进气不受干扰。

（3）飞行阻力在巡航时很小。

（4）噪声小。

缺点是：由于发动机远离机身轴线，如果有一台发动机失效，它的偏航力矩大，飞机的航向控制就比较困难；发动机离地近，容易吸入异物。

还有一种使用较多的方式是把发动机装在尾部外侧的挂舱内，称为尾吊布局。其优点如下：

（1）客舱内的噪声小。

（2）单发失效时偏航力矩小。

（3）机翼设计简单容易。

（4）可以安装奇数个发动机。

其缺点如下：

（1）和翼吊布局相比，结构重量较大。

（2）由于机身的一部分被占用，因而机身长度长。

（3）尾翼受发动机排气的影响，需要仔细安排，通常都是高平尾形式，把水平尾翼装在垂直尾翼顶部。

（4）飞机的重心靠后，因而导致机翼后移，装载时要注意配平，否则飞机会尾部接地。

这两种布置都在大量使用。还有的飞机，如 MD-11，尾部安装一台发动机，翼下安装两台，称为混合布局。从趋势看，翼吊布局优越性较大。

单元三 飞机的仪表和电子装置

一、飞行仪表系统

1. 驾驶舱内的 T 形仪表

地平仪（飞行姿态仪）、航道罗盘、高度表、空速表（图 2-26）是驾驶员飞行中最重要的 4 块仪表。这 4 块仪表安置在驾驶员座位的正前方，使驾驶员很容易看到它们显示的数据：地平仪是核心仪表，控制飞机的飞行姿态，飞行姿态的变化将会引起航向、高度、速度等的变化，是各种飞行参数变化的源头，因此，安装在驾驶员座位的正前方；地平仪下方是航道罗盘（飞行指引仪），其作用是控制飞机的飞行方向；地平仪的两侧分别安装空速表和高度表，高度表控制飞机的飞行高度，空速表控制飞机的飞行速度。这 4 块仪表排列成 T 形，这种 T 形布局被大多数飞机采用。

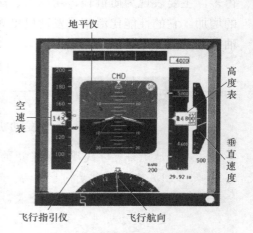

图 2-26 驾驶舱的 T 形仪表

2. 飞行控制仪表系统

飞行控制仪表系统的基本功能是控制飞机气动操纵面、改变飞机的布局、增加飞机的稳定性、改善操纵品质、优化飞行性能。其具体表现在保持飞机姿态和航向；控制空速及飞行轨迹；自动导航和自动着陆。该系统的使用可以减轻飞行员工作负担，做到安全飞行，提高完成任务的效率和经济性。

飞行控制系统一般由传感器、计算机、伺服作动器、控制显示装置、检测装置及能源部分组成。

飞机的控制仪表系统通过提供飞机飞行中的各种信息和数据，使驾驶员及时了解飞行情况，从而对飞机进行控制以顺利完成飞行任务。早期的飞机飞行又低又慢，只装有温度计和气压计等简单仪表，其他信息主要是靠飞行员的感觉和经验获得。现在的飞机则装备了大量仪表，并由计算机统一管理，利用先进的显示技术直接显示出来，大大方便了驾驶员的工作。

二、导航系统

飞机导航系统可以确定飞机的位置并引导飞机按预定航线飞行，是包括飞机上和地面上的整套设备。飞机导航系统按照工作原理的不同可分为以下 5 种。

1. 仪表导航系统

利用飞机上简单仪表所提供的数据通过人工计算得出各种导航参数，这些仪表是空速表、磁罗盘、航向陀螺仪和高度表等，后来由人工计算发展为自动计算而有了自动领航仪，各种简单仪表也逐渐发展成为航向姿态系统和大气数据计算机等。

2. 无线电导航系统

利用地面无线电导航台和飞机上的无线电导航设备对飞机进行定位和引导。无线电导航系统按所测定的导航参数可分为五类，即测角系统，如无线电罗盘和伏尔导航系统；测距系统，如无线电高度表和测距器（DME）；测距差系统，如罗兰 C 导航系统和欧米伽导航系统；测角测距系统，如塔康导航系统和伏尔–DME 系统；测速系统，如多普勒导航系统。作用距离在 400 千米以内的为近程无线电导航系统，达到数千千米的为远程无线电导航系统，一万千米以上的为超远程无线电导航系统和全球定位导航系统。全球定位导航则借助于导航卫星。

另外，利用定向和下滑无线电信标可组成仪表着陆系统。无线电导航又有陆基导航和星基导航两种。陆基导航依靠的是台站与台站之间的相对位置，由一个台站到另一个台站，如 NDB 到 NDB、由 VOR 到 VOR 或 NDB 与 VOR 之间；星基导航依赖的是一系列航路点的精确位置，它的主要特征是任一点的坐标化，它所使用的导航设施有 DME–DME、VOR–DME、GPS、GLONASS 等。

全球卫星导航系统（GNSS）是星基导航系统的核心。其主要包括美国国防部掌握的 GPS 和由俄罗斯空间局管理的 GLONASS，以及由西欧欧洲空间局正在建设的 NAVSAT 系统。GPS 是目前应用最广泛的卫星导航系统，但在航空应用方面却受到了技术和政策的干扰，在纯民用的 NAVSAT 系统投入使用前，用户还没有自主选择的空间，所以，使用的还是 INS/GPS 这种组合，这也是当今最主要和最常用的导航方式。所以，平常所说的 GPS 位置，对飞机而言，其实就是 GPIRS，即 INS/GPS 的混合位置。

3. 惯性导航系统

利用安装在惯性平台上的三个加速度计测出飞机沿互相垂直的三个方向上的加速度，由计算机将加速度信号对时间进行一次积分和二次积分，得出飞机沿三个方向的速度和位移，从而能连续地给出飞机的空间位置。测量加速度也可不采用惯性平台，而把加速度计直接安装在机体上，再把航向系统和姿态系统提供的信号一并输入计算机，计算出飞机的速度和位移，这就是捷联式惯性导航系统。

4. 天文导航系统

以天体（如星体）为基准，利用星体跟踪器测定水平面与此星体视线间的夹角（称为星体高度角）。高度角相等点构成的位置线是地球上的一个大圆。测定两个星体的高度角可得到两个大圆，它们的交点就是飞机的位置。

5. 组合导航系统

由以上几种导航系统组合起来所构成的性能更为完善的导航系统，就是组合导航系统。

组合导航设备包括机场终端区域导航设备和航路导航设备。机场终端区域导航设

备包括航台着陆引导设施、全向信标、测距台、仪表着陆系统等；航路导航设备包括中长波导航台（NDB）、罗兰系统（LORAN）远距导航系统、伏尔塔康系统、欧米伽（OMEGA）导航系统等。

三、通信系统

通信系统是指完成通信过程的全部设备和传媒媒介。其作用是实现飞机与飞机之间、飞机与地面（水上）之间信息的传输。机载通信系统主要由机载通信设备、机内通话设备、通信终端设备和数据传输引导等设备组成。其中，机载通信设备主要包括高频（HF）、甚高频（VHF）、超高频（UHF）和甚高频（VHF）/超高频（UHF）通信设备，卫星通信设备及救生通信电台等。

1. 甚高频（VHF）通信系统、高频（HF）通信系统

VHF/HF 语音和数据通信在目前的民用航空的空中交通管制中占有非常重要的位置，应用于机场终端区和航路的空中管制。管制员通过 VHF/HF 语音和数据通信与飞机联络，向飞机提供可靠、安全的飞行管制信号，如飞行位置和高度、飞行航线等。实现 VHF/HF 语音和数据通信的地面设备主要有设于远端、本地的 VHF/HF 收发信机，语音交换和控制系统，VHF/HF 地空数据链系统。

甚高频（VHF）通信系统供飞机与地面台站、飞机与飞机之间进行双向话音和数据通信联络。甚高频传播方式的特点是：由于频率很高，其表面波衰减很快，传播距离很近，以空间波传播方式为主；电波受对流层的影响大；受地形、地物的影响也很大。其传输特性使得甚高频的发射和接收基本上是在视线范围内。甚高频对空台发射功率按航站区和航路划分为 10 W、25 W、50 W 几个级别。为保证与甚高频通信的高度可靠，一般采取主备频率，同时，飞机上装有一套以上的备用系统，地面一般有多套系统主备，三大管制中心实现了同一频率的多址多重覆盖。

对于航空运行，单独的甚高频对空台是远远不够的，必须根据主要的飞行区域，在条件允许的地方作出合理布局，并设置许多甚高频话音电台并组网使用。组网使用方式有两种，一种是空管部门常用的在连续的飞行区域分别设置管制席位，以满足空中交通管制的要求；另一种是通过硬件设备联网，在远距离遥控使用收/发信机，使用微波或用电缆线与空中交通管制有关的装置连接起来。三大区域管制中心使用地面 2M 光纤路由，以及空中卫星无线路由（或微波路由）接入管制中心的语音交换和控制系统。

高频（HF）通信系统又称短波通信系统。工作于高频频段，高频电波传播主要靠电离层反射，只需要一部电台就可以覆盖几千千米的范围，不受海洋和纬度的限制，设备的投入和使用费用也很低廉。但由于电离层随昼夜和季节的变化，会受太阳黑子、天气、地形等影响而产生波动，加上高频信道的拥挤和高频传播的衰落现象，都限制了高频话音通信的发展。对于要求通话质量很高的空中交通管制来说，高频话音通信只用于越洋和极地等甚高频通信无法覆盖的地区，以及边远陆地和远程航线飞行通信上。为了达到更高的通信质量和更远的覆盖范围，传统的高频话音地面通信设备

多采用增大发射功率（可达几千瓦）和建立大规模天线阵的方法，以满足与机载高频通信设备的配合要求（机载高频通信设备功率一般为 125 W）。

2．选择呼叫系统（SELCAL）

当地面呼叫一架飞行中的飞机时，飞机上的选择呼叫系统以灯光和音响通知机组有人呼叫，从而进行联络，避免了驾驶员长时间等候呼叫或是由于疏漏而不能接通联系。每架飞机上的选择呼叫必须有一个特定的四位字母代码，机上的通信系统都调在指定的频率上。当地面的高频或甚高频系统发出呼叫包含着四字代码的脉冲，飞机收到这个呼叫信号后便会输入译码器，如果呼叫的代码与飞机代码相符，则译码器把驾驶舱信号灯和音响器接通，通知驾驶员进行通话。

3．音频综合系统（AIS）

音频综合系统包括飞机内部的通话系统，如机组人员之间的通话系统，对旅客的广播和电视等娱乐设施及飞机在地面时机组人员和地面维护人员之间的通话系统。其可分为飞行内话系统、勤务内话系统、客舱广播及娱乐系统。

（1）飞行内话系统。飞行内话系统的主要功能是使驾驶员使用音频选择盒，把话筒连接到所选择的通信系统，向外发射信号，同时，使这个系统的音频信号输入驾驶员的耳机或扬声器中，也可以用这个系统选择收听从各种导航设备发来的音频信号或利用相连的线路进行机组成员之间的通话。

（2）勤务内话系统。勤务内话系统是指在飞机上各个服务站位，包括驾驶舱、客舱、乘务员、地面服务维修人员站位上安装的话筒或插孔组成的通话系统，机组人员之间和机组与地面服务人员之间利用它进行联络，如地面维护服务站位一般是安装在前起落装置上方，地面人员将话筒接头插入插孔就可与机内人员进行通话。

（3）客舱广播及娱乐系统。客舱广播及娱乐系统是机内向旅客广播通知和放送音乐的系统，各种客机的旅客娱乐系统区别较大。旅客广播系统（PA）用来供驾驶员或空服人员通过客舱喇叭向旅客进行广播、播放预录音频或音乐。客舱服务员面板用于乘务人员向旅客广播，上面装有手提话筒。磁带放音机用于播放登机音乐和预录的广播，具有紧急情况下自动播放的功能，如客舱失压时，压力传感器接通电路发出紧急播放请求，磁带放音机可自动播放紧急信息。广播的优先权通过逻辑电路进行控制，分别为驾驶舱广播、乘务员广播、自动信息广播、登机音乐广播。旅客娱乐系统用于向旅客放映录像、电视及音乐等。

拓展阅读 ///

1．导航台选址与场地

（1）导航台的选址应符合飞行程序设计的要求，并应满足导航设备的工作环境、地方规划、投资规模等要求，同时，考虑供电、维护、维修及值班人员的生活需要。

（2）导航台台址应符合《航空无线电导航台（站）电磁环境要求》（GB 6364—2013）及《民用航空通信导航监视台（站）设置场地规范 第1部分：导航》（MH/T 4003.1—2014）和《民用航空通信导航监视台（站）设置场地规范 第1部分：监视》（MH/T 4003.2—2014）中的相关要求。

（3）导航台的选址应考虑土壤的电阻率、当地雷电统计资料，避免选择雷电多发地区及接地电阻难以达到要求的地区。

（4）导航台的选址应考虑地质条件，避开断层、滑坡、塌方的位置，避开易燃、易爆的仓库，同时考虑洪水防范及有害气体、粉尘的影响。

（5）导航台选址应考虑对维护人员的辐射保护，应符合相关国家标准的要求。

（6）导航台在规划选址阶段，应考虑导航台保护区环境的变化情况，做好保护区的长期保护规划。

（7）导航台台址及其场地保护区，应根据《民用机场管理条例》（国务院令第 553 号）要求，向地方政府备案。

2．导航台规划与设计

（1）导航台的占地面积应考虑场地保护、电磁环境保护及电磁辐射保护等有关标准及规定的要求，既要满足设备正常使用的环境条件，也应满足对人员和环境保护的安全等要求，还应考虑导航设备工作地网和防雷地网敷设范围的需求。建在地震活跃区域的导航台，应符合国家有关抗震设计标准规范要求。

（2）场内导航台机房及天线塔等设施建设，应符合《民用机场飞行区技术标准》（MH 5001—2013）要求。

（3）导航台及保护区范围内应建设通畅的排水系统，避免水浸。

（4）导航台应配套建设环境绿化工程，绿化应符合场地规范的要求。

（5）导航台的机动车通行道路宽度不小于 3.5 m，围墙高不低于 2.5 m。

（6）有人值守导航台，机房与生活区可分离建设，但应满足导航设备实时监控及导航台安保的要求。

（7）有人值守导航台，可按4人配备生活用房，配置室内活动（图书）室。有条件的导航台可配套建设室外运动场所，配套工作用车及生活用车车库。

（8）导航台应根据实际需要，配套建设供配电设施、发电机及其用房。配套用房及变配电设施的设计，应符合国家及相关行业规范与标准。当市电中断时，配套的发电机应能承担导航台的全部用电负荷。

（9）导航设备机房（以下简称机房）按使用功能划分为导航设备区、弱电区、配电区及电池区。其中，导航设备区是指安装导航设备的机房内区域；弱电区是指安装传输设备或信号电缆的机房内区域；配电区是指安装主要供电、配电设备的机房内区域；电池区是指安放设备用蓄电池的区域，包括设备后备电池及不间断电源（UPS）电池。

（10）导航设备区可与弱电区合并，配电区应远离主设备区，电池区可为独立区间。

（11）机房设计应包含防鼠害和防虫害措施。机房地面、墙面除满足防潮要求外，应能满足设备的承重要求。

（12）生活区、变电配电机房、发电机机房的消防设备，应符合国家相关标准的要求。

（13）设备机房、配电房、发电机机房应设置安全警示标识。

（14）仪表着陆系统下滑台保护区的 A 区范围，可适度硬化处理，以降低场地变化影响辐射导航信号的稳定，其边界应设置容易识别的保护区范围标识。

（15）4 E 以上（含）机场的场内供电线路及信号电缆线路，可按双向线路路由设置。

单元四　飞机系统

一、液压系统

液压系统是指用液压泵来提高液压油的压力，用高压油液来推动飞机某一部件工作的系统。液压传动与机械传动相比，在输出功率相同时质量较轻、结构紧凑、易于安装，而且操作效率较高、传动稳定、易于控制，因此，现代飞机许多部件都采用了液压传动。飞机液压系统主要用于飞机操作。如副翼、方向舵、水平尾翼和扰流片的操作，也用于起落装置、襟翼和减速板的收放、反推操作等。液压系统是飞机的关键系统，必须保证其可靠性，因此，飞机上有多个液压系统独立工作，如果有一个系统失效，余下的系统也能维持液压系统的功能，保证飞行安全。

1. 液压系统的功能

液压系统按功能可分为以下两大部分：

（1）液压源系统。液压源系统包括液压增压泵、油箱、油滤、冷却装置、压力调节装置及蓄压器等。除每台发动机带动一个液压泵外，还有电动液压泵、辅助动力装置带动的液压泵及空气冲压涡轮带动的液压泵。液压系统工作压力越高设备质量越轻，占用空间越少。

（2）工作系统。工作系统是利用液压源提供的液压能量实现工作任务的系统。其包括动作执行机构和控制调节元件，能够完成不同形式和顺序的运动，如起落装置的收放。

液压油是系统的工作介质，其作用是传递压力能量、润滑、冷却和防治锈蚀。液压油要求润滑性好、黏度适中、不易燃、不可压缩。小型飞机一般使用被染成红色的矿物油，又称红油，大型飞机上使用染成淡紫色的合成油，称为柴油。

2. 液压系统的组成

液压系统通常由以下部分组成：

（1）供压部分：包括主油泵、应急油泵和蓄能器等，主油泵安装在飞机发动机的传动机匣上，由发动机带动。蓄能器用于保持整个系统工作平稳。

（2）执行部分：包括作动筒、液压马达和助力器等。通过它们将油液的压力能转化为机械能。

（3）控制部分：用于控制系统中的油液流量、压力和执行元件的运动方向，包括压力阀、流量阀、方向阀和伺服阀等。

（4）辅助部分：保证系统正常工作的环境条件，指示工作状态所需的元件，包括油箱、导管、油滤、压力表和散热器等。

二、燃油系统

飞机燃油系统是飞机上用来储存和向发动机连续供给燃油的整套装置，又称外燃油系统。

1. 燃油系统的分类

燃油系统主要有重力供油式和油泵供油式两种形式。前者是最简单的燃油系统，多用于活塞式发动机的轻型飞机。这种系统的油箱必须高于发动机，在正常情况下燃油靠重力流进发动机汽化器。现代喷气飞机都采用油泵供油式燃油系统。油箱内的燃油被增压油泵压向发动机主油泵。为了提高系统的可靠性和保证安全，燃油系统大都采用"余度设计"的原则，即系统中的关键元件和通路，如油泵和供油管路至少配置两套，一旦系统中某一元件出现故障时，备用元件或通路会自动接通。

2. 燃油系统的组成

（1）燃油箱：轻型低速飞机多采用铝合金焊接油箱。喷气飞机多使用尼龙薄膜油箱或整体油箱。整体油箱直接利用机身和机翼结构内部的一部分空间作为油箱。为了保证油箱处于密封状态，其结构缝隙均用弹性的密封胶堵塞。在每个油箱的最低点都装有汲油泵，用以向发动机或其他油箱供油。在歼击机上，为了使飞机在倒飞时供油不致中断，通常在主油箱的底部还设有倒飞油箱或倒飞装置。

（2）压力加油系统：喷气飞机载油多，油箱数量也多，由于用注入的方式逐个油箱加油太费时间，为此在飞机上较低的部位设置一个压力加油口，使用较粗的管子和各个油箱连通，由地面压力加油车迅速把全部油箱加满。

（3）通气增压系统：飞机由高空急速俯冲到海平面时，油箱如没有通气增压管道与大气相通，其便会在强大的外界压力下被压瘪。通气增压管道可使油箱内部始终保持比外界大气压略高的压力。

（4）紧急放油系统：大型旅客机和轰炸机起飞时载油量很大（有的达总重的一半）。为了在紧急情况下（特别是在起飞后不久燃油尚未消耗时）安全着陆，油箱内的燃油应能尽快地排放掉。紧急放油管道应足够粗大，排放口的位置要适当，不使放出的燃油喷洒在飞机机体上。

（5）输油控制系统：飞机上众多的油箱分散布置在机身和机翼内。如果对各油箱的用油顺序不加控制，飞机的重心便会发生很大变化，进而影响飞机的平衡。控制系统根据各油箱内油量传感器提供的信息，按照规定（保证重心变化为最小）的要求自动安排用油顺序。

飞机加油过程中要特别注意安全，避免加油时静电引起的失火和爆炸，加油结束后，应先将加油管内的燃油抽回，再拆下加油接头。

重力供油仅限在小型上单翼飞机上使用，因为油箱安装比发动机高而且距离较近，依靠重力就能把油箱中的燃油输送到发动机。现代客机采用压力供油方式，利用机翼内的增压泵把燃油加压送到发动机处。供油系统包括增压泵、引射泵、供油总管、旁通活门、交输活门等。增压泵为电动离心式泵，为了吸尽油箱底部的剩油，飞机上还采用引射泵，引射泵简单可靠，没有运动部件，安全性良好。

飞机飞行时为了保持平衡，可以通过油箱之间的管路和活门输送燃油来改变飞机的重心。例如，左右机翼油箱通过燃油交输活门连接，燃油可以在左翼与右翼之间输送，如图 2-27 所示。

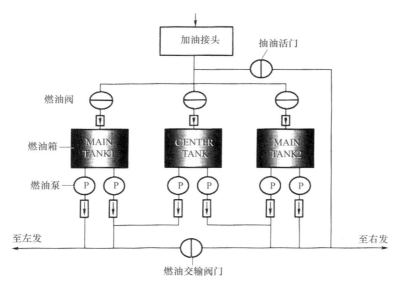

图 2-27　加油系统、供油系统、抽油系统、交输系统

三、供电系统

飞机上电能的产生、调节、控制、变换和传输分配系统总称为飞机供电系统。其

包括从电能产生到用电设备端的全部设备、控制元件和线路。其又可分为飞机电源系统和飞机输配电系统两部分。

1. 飞机电源系统

飞机电源系统由主电源、辅助电源、应急电源、二次电源及地面电源接口组成。主电源是发动机驱动的发电机；辅助电源有航空蓄电池和辅助动力系统驱动的发电机；应急电源有冲压空气涡轮发电机，用于应急供电，保证飞机紧急着陆和飞行；二次电源是将主电源电能转变为另外一种形式或规格的电能，如高压交流电变换为低压直流电。

飞机电源系统的主要类型有低压直流系统、变速变频交流电源系统、恒速恒频交流电源系统、变速恒频交流电源系统。电源系统的供电方式对于直流供电系统普遍采用并联供电，对于交流供电系统可以采用单独供电也可以使用并联供电。并联供电系统的可靠性高、供电质量高，但是对其控制较复杂，多使用在大型飞机上。

2. 飞机输配电系统

飞机输配电系统是指由电源汇流条到用电设备端的部分。飞机输配电系统又称飞机电网，由电线、配电装置和保护元件等构成。

飞机输配电系统根据配电方式的不同可分为集中式、分散式和混合式三种。

（1）集中式配电系统设有中心配电装置，所有电源的电能都输送到此配电装置，所有用电设备也通过导线连接到配电装置，所以，飞机上的电源都处于并联工作状态。这种配电方式仅适用于小型飞机。

（2）分散式配电系统是将各电源产生的电能输送到各自的配电装置，并通过它们向就近的用电设备供电。一旦某电源出现故障，由它供电的设备转由其他正常工作的电源供电。这种配电方式比较简单可靠。

（3）混合式配电系统设有多个用电设备汇流条，分布于用电设备附近，称为二次配电装置。

此时，所有电源的电能仍集中在中心配电装置，二次配电装置由中心配电装置供电，这样可以简化中心配电装置，减轻飞机电网质量。

四、照明系统

飞机灯光照明系统可分为机内照明、机外照明和应急照明。

1. 机内照明

机内照明包括驾驶舱的照明、客舱照明和仪表指示及警告指示的灯光。

（1）驾驶舱的灯光照明系统能够照明驾驶舱，并能局部照明操纵台、仪表和操纵装置。

（2）客舱照明包括一般照明、乘客单独照明和指示信号牌的照明、货舱及服务舱内的工作照明。一般照明是由天花板灯和窗花灯照明客舱区域，进口灯和门槛灯为登机口处提供照明，可以通过开关控制灯光明暗。

（3）指示信号牌点亮后可以看到牌上的字样，信号牌由开关控制。当开关在自动位，襟翼放下时，系好安全带信号牌自动点亮；若开关在接通位，相应灯点亮，开关在断开位时则灯熄灭。信号牌点亮的同时，喇叭会发出低频的"咚"声，以提醒乘客。

2. 机外照明

机外照明包括着陆灯、滑行灯、航行灯、防撞灯、航徽标志照明灯等。

（1）着陆灯是在夜间或能见不良的条件下，为飞起和着陆照亮机场跑道的机上灯光装置，以保证飞行员观察跑道和目测高度。

（2）滑行灯是在夜间或能见不良的条件下，飞机在地面滑行时照亮前方跑道及滑行道的机上灯光装置。

（3）航行灯用来显示飞机的轮廓，灯的颜色左红右绿尾白。

（4）防撞灯又称闪光灯，有电机旋转式、气体脉冲放电式和晶体管开关式等几种类型。

（5）航徽标志照明灯是照亮飞机在垂直尾翼上公司航徽涂装部分的灯光设计。这个灯安装在飞机的水平尾翼上。

3. 应急照明

应急照明主要包括紧急降落所需要的仪表的照明，以及降落后乘客迅速撤离飞机的通道、出口区域、出口标志的应急照明。登机门上面的出口灯和机舱应急出口灯在飞机电源全部失效时能够自动点亮。有些灯光组件可以从其安装架上拆下，作为手提灯使用。

五、防火系统

飞机在使用中有发生火灾的危险，因此，现代飞机上都装有专门的防火系统，当飞机出现火险后迅速扑灭火源。防火系统包括火警探测系统和灭火系统。火警探测系统由发动机和辅助动力装置火警探测、货舱温度和烟雾探测、机轮舱和引气管道过热探测等组成；灭火系统由灭火剂储存、灭火剂释放等组成。防火系统平常不工作，但万一出现火险必须迅速扑灭起火，因此，需要定期检查、测试保证防火系统的可靠性。

1. 火警探测系统

火警探测系统的工作原理是将着火发生时的特征物理量转换成电信号，超过阈值时，接通火险报警。火警探测系统按照探测部位的不同可分为单元型和连续型两种。单元型火警探测器用于探测最有可能发生火险处的部位温度，是点探测器，可分为熔化－连接开关和热电偶探测器两种。连续型火警探测器可以对可能的防火区域进行全方位的探测，是面探测器。系统通过电线或管路围绕防火区形成探温环路，可分为电阻型和电容型两种。电阻型探温环路在正常温度下，环路内通过微量电流不足以作动火警警告，温度上升时，由于材料的负温度电阻特性，电流超过预定值，接通火警警告电路；电容型探温环路利用温度和电容同比的特性探测火警，它与电阻式相比，优

点是探温环路的接地或短路时不会产生错误的火警信号。

烟雾探测系统安装在飞机的货舱、设备舱、厕所等处，它利用探测燃烧烟雾来判断火险是否存在，包括 CO 探测和烟雾探测。CO 探测器用于客舱和驾驶舱的火警探测，飞机燃烧时产生大量的 CO，通过指示器的变色来判断 CO 浓度，进而判断火警。烟雾探测器可分为光电池型和电离型两种。光电池型烟雾探测器中有烟雾时，烟雾微粒被光线照射反射，引起光电池产生电流，经放大后接通警告灯和警铃；电离型探测器内有被电离的空气，当烟雾进入探测室内时，烟雾被吸附在空气离子上，会减弱空气的电离度。

火警探测系统在使用中经常会发生虚假火警，但若为了减少虚警而提高报警阈值又有可能漏报火警，引起严重的后果。因此，有专门的火警试验电路，用来定期测试检查系统的探温环路工作是否正常。

2. 灭火系统

火警探测系统发现火警发出声音和灯光警告，驾驶员操作灭火手柄激励电爆管引爆灭火剂释放口，将灭火剂释放到相应区域。当火警探测系统没有触发火警信号，灭火瓶温度过高时，易熔塞熔化，灭火瓶释放压力，自动排出灭火剂，此时红色的灭火瓶释放指示器标贴被吹掉。

六、飞机座舱环境控制系统

飞机在飞行过程中，随着高度的增加，会产生大气压下降及随之带来的大气中含氧量下降的情况，若超过 4 000 米，人就会出现缺氧症状。为确保飞行安全，改善乘客和机组人员的乘机舒适度，特设了保障系统即座舱环境控制系统，它包括氧气系统、增压座舱和空调系统三个组成部分。

航空人员用氧与工业用压缩氧气的主要区别是，航空用氧除去了所有水分和水蒸气，纯度为 99.5%，每毫升含水量小于 0.005 毫克。

1. 氧气系统

飞机座舱烟气系统包括三部分，即机组氧气系统、乘客氧气系统及手提氧气系统。

（1）机组氧气系统。机组氧气系统的氧气来自气态氧，气态氧通常为高压氧气瓶，压力为 1 800 ～ 1 850 psi（1 psi=0.006 895 MPa），供氧持续时间长，并可根据需要随时接通或关断。供氧时间长，有利于飞行安全。机组氧气系统的组成包括高压氧气瓶、压力传感器、减压活门、氧气开关、氧气调节器及氧气面罩等，如图2-28和图2-29所示。

机组快氧系统的氧气面罩快氧方式有三种，分别为稀释供氧、100% 供氧及连续供氧。稀释供氧是指在一定客舱高度以下将氧气与空气混合后进行供给，混合比例依据飞机座舱高度而定，座舱高度越高，混合的氧气量越大，手柄位于"N"位，超过这一高度时调节器进行 100% 纯氧供给；100% 供氧是指氧气不与空气混合直接输送纯氧进行供给，手柄位于"100%"位；连续供氧是指吸气和呼气时均提供氧气，连续输氧到氧气面罩，手柄位于"应急"位。

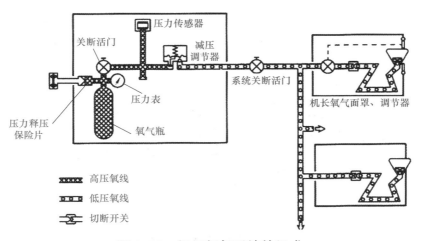

图 2-28　机组氧气系统的组成

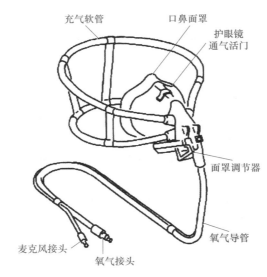

图 2-29　机组用氧气面罩

（2）乘客氧气系统。乘客氧气系统的氧气来源于固态氧。固态氧是在化学氧气发生器内储存固体氯酸盐和铁粉混合物，需要加热反应产生氧气，供氧持续时间较短，一旦开启则不能关断，一般供氧时间可持续 12～15 分钟，如图 2-30 所示。座舱压力高度为 13 500～14 000 ft（1 ft=0.304 8 m）时，乘客用氧气面罩会自动脱落。乘客座椅上方、乘务员座椅上方和

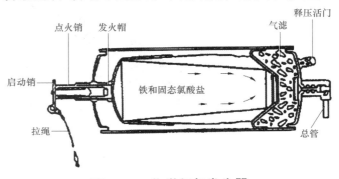

图 2-30　化学氧气发生器

洗手间马桶上方均安装有氧气面罩组件，每个服务组件至少多出一个备份的氧气面罩。当氧气面罩脱落后，乘客应用力拉下面罩并将其罩在口鼻处进行正常呼吸，如图2-31所示。

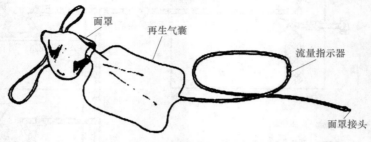

图 2-31　乘客用氧气面罩

（3）手提氧气系统。手提氧气系统用于飞行时在飞机座舱内游动医疗救助，多为高压氧气瓶。另外，在客舱密封区域失火或有浓烟时，乘务员和机组人员可使用防护性呼吸设备——烟雾罩，它可保护灭火者的眼睛和呼吸道不受火与烟的侵害。烟雾罩使用化学空气再生系统，由口鼻面罩吸进再生的空气，并把呼出的空气返回到再生系统，使用有效时间至少20分钟。

2. 增压座舱

飞机飞行高度超过4 000米后就会使人产生减压症状，这时，人们开始想办法进行增压保护。以前活塞式飞机的解决办法是给乘员穿上抗荷服、戴上氧气面罩。但喷气式飞机的飞行高度在7 000米以上，必须给整个座舱供气增压，使舱内压力大于外界大气压。增压的座舱是密封的，所以增压座舱又称气密座舱，增压后机身蒙皮承受拉应力。

客舱增压空气的主要气源是发动机压气机的引气，通常有两个引气口，飞行时由中压级引气，中压引气压力不足时由高压级引气，辅助气源是APU的引气，地面工作时使用地面气源车为气源（图2-32）。

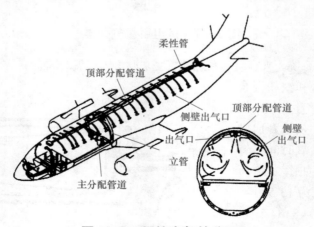

图 2-32　压缩空气的分配

3．空调系统

空调系统的功能是保证座舱内的温度、湿度适宜，保障舒适安全的飞行环境。空调系统由加热、通风、去湿等部分组成。

客机装有空调系统，压气机输送的空气处于压缩状态，温度很高。所以，从外部引入一些冷空气在空调系统内与之混合，达到使用标准后再送入客舱。客舱内有温度表、压力表、湿度表，座位上方有可调节送风口。客舱壁板上还加装了隔声材料，使舱内噪声在 70 分贝以下。

拓展阅读

飞机的"黑匣子"

"黑匣子"是一位墨尔本工程师在 1958 年发明的。1908 年，美国发生了第一起军用飞机事故，此后随着飞行事故的不断发生，需要有一种追忆事故发生过程及原因的仪器。第二次世界大战期间，飞行记录装备仪器在军用飞机上得到应用，后来又用到民航飞机上。飞行记录仪之所以被称为"黑匣子"，可追溯到 1954 年，当时飞机内所有的电子仪器都是放置在大小、形状统一的黑色方盒里。

由于现代电子技术飞速发展，对于飞机而言，人们开始主张直接通过向地面无线传输数据信号并记录，而不再使用飞行记录仪，因此今后"黑匣子"的名字将回到地面。1987 年挪威上空的一架军用飞机发生爆炸，飞机坠毁，飞行员身亡。挪威当局赶到出事现场，从飞机残骸和飞行员的尸体中，辨认出这是一架苏联的军用侦察机。挪威向苏联提出抗议，苏联矢口否认。后来，挪威找到了飞机上的黑匣子，从黑匣子记录的数据进行分析，揭露了真相，苏联在铁的证据面前只好认错。

飞机上的飞行数据记录系统（Flight Data Recorder System，FDRS）和座舱音频记录系统（Cockpit Voice Recorder，CVR）简称为"飞参"，主要由采集器和记录器组成。"黑匣子"是飞参记录器的俗称。一般民航客机上会同时安装一个记录数据、一个记录语音共计两个"黑匣子"。

"黑匣子"的外表不是黑色的，而是醒目的橙色，表面还贴有方便夜间搜寻的反光标识。因为飞参记录器记录的数据必须通过专用的下载设备和回放软件才能作出解读与分析，加上事故的记录器储存的数据非常关键和神秘，再加上在一些事故中记录器经过火烧后变成了黑色，所以，人们将飞参记录器称为"黑匣子"。

"黑匣子"作为一种事关飞行安全的重要航空电子设备，具有抗强冲击、抗穿透、抗高温火烧、抗深海压力、耐海水浸泡、耐腐蚀性液体浸泡等特种防护能力，能在各种飞机事故中保存其内部储存的数据信息。

　　飞机通电后，"黑匣子"将自动启动，记录飞机相关系统运行和状态信息、飞行人员操作信息及机上相关音视频信息，不受人员控制。根据民航要求，"黑匣子"的数据信息实时采集于飞机传感器和相关系统，必须保留断电前至少25小时的飞行数据和2小时的音频数据，记录的数据不可更改。

　　一般来说，飞行数据"黑匣子"安装在飞机尾部，确保飞机坠毁时对其的破坏降到最低；座舱音频"黑匣子"安装在飞机前部，有利于语音信号的采集和记录。黑匣子连接飞机应急供电电源，确保能工作到最后时刻。

　　作为飞机数据客观、真实、全面的记录者，"黑匣子"是飞机失事后查明事故原因的最可靠、最科学、最有效的手段。伴随着航空事业的发展，"黑匣子"在飞机日常安全维护、飞行状态监测、消除事故隐患故障、定位方面也发挥着越来越重要的作用，甚至可以说充当着飞行过程中不可或缺的角色。

　　当前"黑匣子"在陆地的定位主要依靠人工目视，找到飞机残骸后，利用"黑匣子"外表明亮、独特的颜色和反光标识进行搜寻。

　　"黑匣子"在水下定位主要依靠水下定位信标（Underwater Locator Beacon，ULB）。它是一个电池供电的水下超声波脉冲发生器，牢固地安装在"黑匣子"外部。一旦"黑匣子"入水，信标上的水敏开关启动信标工作，通过信标的金属外壳把频率为37.5 kHz的超声波信号发射到周围水域，每秒一个脉冲。其内置电池可连续工作至少30天，30天后随着电量逐渐耗尽，超声波信号将越来越微弱，直至停止工作。

　　信标可以在6 096米的深度内发出超声波，但在距离信标1 800～3 600米的范围内才能够被仪器探测到，海水的状态、周围的船只、海洋动物、石油管道及其他因素造成的周围噪声都会影响信标的被探测范围。

　　水下定位信标发出信号时，可以通过专用声呐探测仪进行定位。由于信标信号的可探测范围相对于大海而言极其有限，一般先要进行残骸大致范围定位，然后再通过拖曳式声呐缩小定位范围，最后再使用可以定位信号来源方向的水听器，定位"黑匣子"的方位。

　　如果"黑匣子"沉入浅海，可由潜水员进行打捞。如果"黑匣子"沉入深海，超过人工潜水深度时，需要使用专门的搜索、打捞设备，一般可使用轮船放下水下线控机器人，操作人员在船上通过综合显示控制台，控制机器人携带的海底声呐扫描设备、信标方位定位器、深海摄像头定位"黑匣子"，通过机械手打捞"黑匣子"。

　　在美国，当事故调查员们找到"黑匣子"后，它便被立即送到NTSB的计算机实验室中。为了避免对记录媒介的任何损坏，在运输过程中这种装置受到特殊的保护。在发生水下事故时，记录仪会被保存在冷水中以防止烘干。

模块小结

　　飞机是航空运输工具，其种类繁多、结构复杂。本章主要介绍飞机的结构、飞机的动力装置、飞机的仪表和电子装置、飞机系统。

　　飞机由机身、机翼、尾翼、起落架、动力装置和仪表设备等组成。飞机性能的提高在很大程度上取决于动力装置的性能，因此发动机被称为飞机的心脏。航空发动机分为活塞式发动机和喷气式发动机两种。飞机的仪表和电子装置是飞机感知和处理外部情况并控制飞行状态的核心，相当于人的大脑及神经系统，对保障飞行安全、改善飞行性能起着关键作用。

思考与练习

一、填空题

1. 飞机的组成部分包括_____、_____、_____、_____、_____和_____等。

2. 机翼由_____、_____、_____和_____组成。

3. 单翼机是指飞机只安装有一副机翼，按照机翼的安装位置不同可分为_____、_____和_____飞机。

4. 按照机翼平面形状不同，飞机又可以主要分为_____、_____和_____。

5. 尾翼是飞机尾部的_____和_____的统称，它的作用是保证飞机在三个轴方向的稳定性和操纵性。

6. 发动机按活塞的运动方式可分为_____和_____。

7. _____、_____、_____、_____是驾驶员飞行中最重要的4块仪表。

8. 飞机燃油系统的分类主要有_____和_____两种形式。

9. 飞机灯光照明系统可分为_____、_____和_____。

二、选择题

1. 飞机动力装置中最主要的部分是（　　）。
　　A. 发动机　　　B. 辅助动力装置　　　C. 螺旋桨　　　D. 附件系统

2. 飞机副翼的作用是（　　）。
　　A. 操作飞机的侧倾　　　　　　　B. 增加机翼的升力
　　C. 减缓机翼上表面气流分离　　　D. 缩短着陆距离

3. 扰流板的作用是（　　）。
　　A. 增加机翼的阻力　　　　　　　B. 增加机翼的升力
　　C. 减缓机翼上表面气流分离　　　D. 加强机翼结构

4. 现代大型飞机起落装置的配置形式为（　　）。
　　A. 前三点式　　　　　　　B. 后三点式
　　C. 自行车式　　　　　　　D. 多轮式

5. （　　　）的主要特点是减振器与承力支柱合二为一，机轮直接固定在减振器的活塞杆上。

    A．支柱式起落装置　　　　　　　　　　B．撑杆式支柱式起落装置

    C．摇臂式起落装置　　　　　　　　　　D．混合式起落装置

6. 飞机电子仪表系统包括（　　　）三大部分。

    A．发动机指示系统、导航系统和仪表指示系统

    B．通信系统、导航系统和仪表指示系统

    C．通信系统、导航系统和发动机警告系统

    D．发动机指示系统、发动机警告系统和仪表指示系统

三、简答题

1. 机身按结构元件的受力特点可分为哪几种形式？

2. 按照机翼数量和位置的不同，飞机可分为哪几种？

3. 起落装置的主要功用是什么？

4. 根据承受和传递的方式不同可将起落装置分为哪几种？

5. 航空发动机可分为哪几种？

6. 简述活塞式发动机的循环过程。

7. 飞机导航系统按照工作原理的不同可分为哪几种？

8. 液压系统按功能分为哪两大部分？液压系统由哪几部分组成？

9. 飞机座舱烟气系统由哪几部分组成？

模块三
飞行基本原理

1. 了解大气层的结构；熟悉飞行高度的确定方法，影响飞行安全的气象因素；掌握大气的物理特性与标准大气。

2. 熟悉流体连续性定理、伯努利定理；熟悉飞机的升力、阻力、重力；了解飞机的平衡、稳定性及操作性。

3. 掌握飞机的飞行过程，即飞机起飞、爬升、巡航、下降、着陆。

通过本模块的学习，运用所学知识能熟知飞机的飞行过程，了解飞机上的各种力及飞机升力产生的原理。

1. 对飞机的飞行动作制订计划、展示和反思，不断提高自身能力。

2. 能按时完成各项任务，遵纪守时。

3. 具有吃苦耐劳、爱岗敬业的职业精神。

案例导入

　　我国东方航空公司的 MD 型客机，在太平洋上空约 10 000 米的高空飞行时，突然遭遇湍流引起的强烈颠簸，导致飞机急速升降，不少旅客被摔离座位，致使 1 人死亡，30 余人受伤，机组人员向地面呼救，最后迫降在阿留申群岛的一个美国空军基地。

　　案例分析：晴空条件下湍流出现的概率不大，在低空，这种湍流一般造成的颠簸不大，但在高空情况却不一样了，往往强度很大。最危险的湍流是风切变，风切变表现为风的速度和方向的突然改变，它可以出现在任何高度，有时强度极大，会损害飞机的结构，特别是在飞机起飞或着陆时，（低空）风切变可以使飞机的飞行速度和飞行高度在极短的时间内发生速度的变化，造成机毁人亡的严重事故。

　　大气湍流所造成的危害虽不能完全避免，但可以通过采用新型的机载气象雷达和湍流预警系统等措施来降低其对飞机飞行过程中的危害。

✈ 单元一　大气环境

一、大气层的结构

　　包裹在地球表面的一层空气，叫作大气层，简称大气。根据不同气象条件和气温变化等特征，可以把大气分成若干层。如以气温变化为基础，则可将整个大气分为对流层、平流层、中间层、电离层和散逸层等，如图 3-1 所示。随着地面高度的增加，大气密度、压力、温度和声速也在不断变化，大气这些物理性质的变化，直接影响飞行器的空气动力性能，在 50～100 千米的高度上，空气升力就基本消失，而空气阻力的极限在 3 200 千米以上。随着高度的增加，大气的密度、气压、温度等性质都会出现相应的变化。民航飞机在大气中飞行，飞行性能就会直接受到这些变化带来的影响。

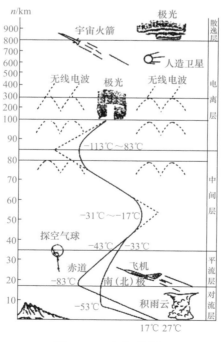

图 3-1　大气分层

在线答题

微课：飞行基本原理

1. 对流层

　　大气中最低的一层为对流层，其气温随高度增加而逐渐降低。对流层的上界随地球纬度、季节的不同而变化。就纬度而言，对流层上界在赤道地区平均为 17～18 千

米；在中纬度地区平均为 10 ～ 12 千米；在南北极地区平均为 8 ～ 9 千米。也就是说，由赤道向南北极，随着纬度的增加，对流层顶界逐渐降低。就季节而言，对流层的顶界夏季高于冬季。

对流层具有以下特点：

（1）气温随高度升高而降低。在对流层内，平均每升高 100 米，气温下降 0.65 ℃，所以又称为变温层。该层的气温主要靠地面辐射太阳的热能而加热，所以距离地面越近，空气就越热，气温随高度的增加而逐渐降低。爬过高山的人都能体会到山上比山下冷，就是这个道理。

（2）有云、雨、雾、雪等天气现象。地球上的水受太阳照射而蒸发，使大气中聚集大量的各种形态的水蒸气，随着尘埃被带到空中，几乎全部水蒸气都集中在这一层大气内。因此，在不同的气温及条件下，就会形成云、雨、雾、雪等天气现象。

（3）空气上下对流激烈。由于地面有山川、湖泊、沙漠、森林、草原等不同的地形和地貌，因此，造成垂直方向和水平方向的风，即空气发生大量的对流。例如，森林吸热少散热慢，而沙漠吸热多散热快，因此，沙漠上面的空气被加热得快，温度较高，向上浮升，四周的冷空气填入所离开的空间，因此造成上升气流和水平方向的风。

2．平流层

平流层位于对流层之上，顶界伸展到 50 ～ 55 千米，空气稀薄，所包含的空气质量约占整个大气质量的四分之一。在平流层内，空气没有上下对流，只有水平方向的风，这种水平风的形成，是由于高空中空气稀薄，摩擦力减小，当空气随着地球自转而运动时，上层空气落后于下层空气，就形成了与地球自转方向相反，方向一定的水平风。

平流层在 25 千米高度以下，因受地面温度的影响较小，气温基本保持不变，平均温度为 56.5 ℃，所以又称同温层。高度超过 25 千米，气温随高度增加而上升，这是因为该层存在着臭氧，会吸取太阳辐射热的缘故。

飞行器飞行的理想环境是对流层和平流层。

3．中间层

中间层在平流层之上，距离地球表面 50 ～ 85 千米。在这一层大气内，气温先是随高度升高而升高（在 53 千米高度处气温达 282.66 K），以后又下降（在 80 千米高度处降到 196.66 K）。该层内空气非常稀薄，质量仅占整个大气质量的三千分之一。

4．电离层

高层从中间层顶延伸到 800 千米高空。这一层的特点是，空气极为稀薄，占总大气质量的 0.5%。大气中的氮、氧分子由于受到宇宙高能粒子的冲击和照射，电离成为离子和自由电子，具有很强的导电性，能吸收、发射和折射无线电波。正因为有了电离层，某些频率的无线电波可以沿地球的曲面传送，这对远距离无线电通信起着很大作用。

电离层的另一个特点是，温度随高度的增加而增加，这是由于电离层中宇宙尘能吸收太阳热量，并且空气在电离时也释放出很多热量，所以电离层又称为暖层。

5. 散逸层

散逸层又称为外层，是地球大气的最外层，它的边缘和极其稀薄的星际气体没有明显的分界，一般认为是在 2 000 ～ 3 000 千米的高度。由于远离地面，受地球引力作用小，因此大气分子不断向星际空间逃逸。

二、大气的物理特性与标准大气

1. 大气的物理特性

（1）连续性。大气是由分子构成的，在标准状态下（即在气体温度为 15 ℃、一个大气压的海平面上），每一立方毫米的空间里含有 2.7×10^{16} 个分子。

当飞行器在这种空气介质中运动时，由于飞行器的外形尺寸远远大于气体分子的自由行程，故在研究飞行器和大气之间的相对运动时，气体分子之间的距离完全可以忽略不计，即把气体看成是连续的介质。这就是空气动力学中常说的连续性假说。

随着海拔高度的增加，大气的密度越来越小，故气体分子的自由行程越来越大。在地球表面气体分子的自由行程很小，大约为 6×10^{-8} 米。当飞行器在 40 千米以下的高度上飞行时，可以认为是在稠密大气层内飞行，这时气体可看成是连续的。在 120 ～ 150 千米高度上，气体分子的自由行程大约与飞行器的外形尺寸在同一数量级范围之内。在 200 千米高度上，气体分子的自由行程有几千米，在此情况下，大气就不能被看成是连续介质了。

（2）压强。大气的压强是指物体的单位面积上所承受的大气的法向作用力的大小。

在静止的大气中，无论哪一处的大气都没有铅垂方向的运动。这表明任何一处的大气所受到的铅垂方向的力都是平衡的，即静止大气中每处的气压都与该处上空的大气柱重力平衡。从数量上来说，大气压强也就是物体的单位面积上所承受的大气柱的重力。压强的单位是［牛 / 平方米］或［帕］，即 N/m^2 或 Pa。

（3）黏性。大气的黏性是空气在流动过程中表现出的一种物理性质。大气的黏力是相邻大气层之间相互运动时产生的牵扯作用力，也叫作大气的内摩擦力。大气分子的不规则运动，就是造成大气黏性的主要原因。

（4）可压缩性。气体的可压缩性是指当气体的压强改变时其密度和体积改变的性质。

不同状态的物质可压缩性也不同。液体对这种变化的反应很小，因此一般认为液体是不可压缩的；而气体对这种变化的反应很大，所以一般认为气体是可压缩的物质。

当大气流过飞行器表面时，压强会发生变化，密度也会随之发生变化。但是，当气流的速度很低时，压强的变化量较小，其密度的变化也很小。研究大气低速流动的有关问题时，可不考虑大气的可压缩性的影响。当大气流动的速度较高时，就必须考虑大气的可压缩性。由于可压缩性的影响，使得大气以超声速和低速流过飞行器表面时有很大的差别，在某些方面甚至还会发生质的变化。

2. 标准大气

前面所述的大气物理性质是随着所在地理位置、季节和高度而变化的，这样就使

得航空器上产生的空气动力也发生变化，从而使飞行性能发生变化。为了在进行航空器设计、试验和分析时所用大气物理参数不因地而异，必须建立一个统一的标准，即所谓的标准大气。

（1）大气被看成完全气体，即服从状态方程。

（2）以海平面的高度为零。在海平面上，大气的标准状态为：气温 $t=15$ ℃；压强 $p=1$ atm；密度 $\rho=1.225\ 0$ kg/m³；声速 $c=314$ m/s。

中国国家标准总局于 1980 年颁布了"中华人民共和国标准大气"（30 千米以下部分）。应当注意，各地的实际大气参数是与标准大气存在差别的。

三、飞行高度的确定

飞机的高度表是根据气压来确定高度的，因而就出现了以什么地方的气压确定高度的问题。实际上，在飞行的不同阶段，会使用不同的气压标准来确定飞行高度。

1. 场压高度（QFE）

飞机在起飞和降落时，必须知道和机场之间的相对高度，以确保高度表指示出与机场地面及地面障碍物之间的垂直距离，这时以机场当地海拔高度的气压高度为 0，这样，在高度表上表示出来的高度就是机场上空的相对高度距离。各机场都有指定的位置，飞机在起飞前根据当地的气压数据把高度表调 0，对于降落的飞机则在下降一定高度时由塔台通报气压数据，驾驶员把高度表调至场压高度。

2. 海平面气压高度（QNH）

飞机在爬升和下降阶段都要知道它的真实海拔高度，以便通过航图确定和下面地形之间的高度间距，这时按照气象部门给出的海平面的气压数据作为高度的基准面，高度表上得出的是飞机的实际海拔高度，也称为绝对高度。想要得到飞机与下方地面之间的真实高度，需要用海平面气压高减去由航图上查到的这一位置的标高。

3. 标准气压高度（ISA）

以国际标准大气的基准面（15 ℃，760 毫米汞柱气压）得到的高度称为标准气压高度，用于飞机的巡航阶段。这是为了使空中飞行的各航空器有统一的高度标准，从而避免因高度基准不同而导致的垂直间隔不够而导致飞行事故。标准气压平面是人为拟定的平面，它的优点是不受大气环境变化的影响，从而避免了因各地气压不同而带来的高度表数据的偏差，保证了飞机飞行安全。

从上面的各种高度可以看出，以气压做标准的各种高度无论在什么地方，都是同时存在的，只要气压不变它们的高度值也不变。但在不同的地区要使用不同基准的高度，因此，驾驶员要在飞行过程中根据具体情况及航管的要求使用不同的气压高度。

四、影响飞行安全的气象因素

飞机在大气中飞行，大气总是在不停地运动，特别在对流层的中下部，各种天气现象频繁出现。它们往往对航行和飞机起降产生不利影响，轻则延误航班，重则造成事故。气象人员要及时、准确地提供航空天气实况、航站预报、航线预报和区域预报，以供航行管制、飞行人员参考。同时，还需要地面服务人员的密切配合、协调。飞机的安全、正点，要靠全体工作人员的努力。因此，地面服务人员也应对影响飞行的天气状况有所了解，必要时，还要做好对乘客的解释工作。

1. 飞机积冰

飞机积冰是指飞机机身表面某些部位产生冰层积聚的现象。飞机积冰是当飞机在云中飞行或在降水中飞行时，云中的过冷水滴或降水中的过冷雨滴受到飞机机体撞击后冻结而成的，也可以由水汽在机体表面凝华而成。冬季露天停放的飞机可能会形成机体积冰或结霜。

在一定高度处，云体中会存在温度低于 0 ℃却仍未冻结的过冷水滴，这种水滴的热力状态不稳定，在受到振动后会立即冻结成冰。当机体表面温度低于 0 ℃的飞机在含有过冷水滴的云中飞行时，过冷水滴受到撞击就会在机体表面形成冻结，出现飞机积冰。所以，飞机积冰首先在飞机外凸处和迎风部位开始，如机翼前缘、尾翼、螺旋桨桨叶、发动机进气道前缘、空速管、天线等部位。

积冰通常出现在飞机表面，但冰的类型是不同的：有光滑透明、结构坚实的明冰，除冰设备也很难使之脱落，对飞行安全危害较大；有由粒状冰晶组成的雾凇，表面较为粗糙，结构较松脆，易于清除，对飞行安全危害较小；有表面粗糙不平，结构较为坚固的毛冰，色泽如白瓷；有寒冷水汽在飞机表面直接凝华而成的霜，虽然很薄，但如果在风挡处结霜，会对飞行员目视飞行造成影响。

飞机出现积冰后，飞行性能会受到不同程度的影响，具体表现为以下几个方面：

（1）积冰使得飞机气动外形遭到破坏，增加飞机重量，改变飞机重心位置，空气动力性能发生改变。机翼和尾翼处的积冰导致飞机升力减小、阻力增加，若副翼、升降舵、方向舵等操纵翼面前缘处出现积冰，会在翼面偏转时形成卡阻，使飞机操纵发生困难。

（2）螺旋桨桨叶积冰，使得螺旋桨拉力减小。桨叶积冰或机体表面的积冰脱落，会打坏发动机和机身其他部位。若发动机进气道或汽化器积冰，将导致发动机进气量减少，降低发动机功率，甚至使发动机停止运转。

（3）空气压力探测部位积冰，影响空速表和气压式高度表的正常工作，甚至失效。机身表面外凸处的天线积冰，无线电的接收和发射将会受到一定干扰，通信甚至会因此中断。风挡积冰影响目视，在进场着陆时尤其危险。

2. 云、浓雾与低能见度

在任何天气条件下，飞行员在近场时必须要能看清跑道，因此，在近场时需要各种近场助航设施来引导飞机降落。相比没有无线电助航设施（目视飞行规则），仪降近场（利用仪器降落系统）可以在云幕较低和能见度较差的天气条件下降落。飞行员可以从近场和下降区的云状知道有无乱流和乱流强度，积雨云比层积云有更强的乱流，由积状云的云顶高度可以看出乱流程度。

浓雾会影响人类肉眼所能看到的距离，飞行员在低能见度情况下，起降时常看不清跑道。为了避免浓雾影响飞机飞航安全，目前机场和飞机上都装有完善的仪器系统，由仪器来辅助飞机起降，同时，由航空气象单位提供浓雾所引起的低能见度数据，若能见度低于起降天气标准，机场将关闭，等待浓雾消散，能见度转好，机场再度开放允许飞机起降，确保飞航安全。

3. 地面风

飞机举升力等于飞机总重量时，即表示在一定重量下，飞机正好由空气所支撑，这时飞机的临界速度是在失速状态下，飞机就在这种空运和失速状态下起飞与降落。飞行员和管制员依据地面风来选择跑道方向，同时，飞行员也依据地面风来计算飞机起飞可承受的重量。如果有较强的顶风，浮力增加，起飞的速度就可减少，也就是起飞所需要的跑道比较短，载重量也比较大；反之，如果顶风较弱或静风时，载重减轻才能起飞。同机型的飞机，允许最大的跑道侧风也有不同，有时候超过跑道侧风最大限制时，飞机降落就会有危险。风速的变化可决定飞机起降阶段的稳定性。一般来说，重型飞机对于风的变化较不易受影响，可在较大侧风下起飞，控制其变化的反应力较慢；轻型飞机对于风的变化较容易受影响，但如果降落阶段碰到阵风时，其反应力较快。

4. 抵抗风切变

风向和风速在特定方向上的变化叫作风切变。风向和风速在水平方向的变化叫作水平风切变，在垂直方向的变化叫作垂直风切变。在不同高度都可能出现风切变，高度在 500 米以下出现的低空风切变对飞机起落飞行安全的影响很大，曾多次导致严重事故。由于飞机着陆是高度不断降低、速度不断减小的过程，而起飞反之。所以，着陆阶段往往受到低空风切变的危害更大。

风切变的表现形式往往以多种形式出现，并以其中一种形式为主。风切变的一般形式有顺风切变、逆风切变、侧风切变和下冲气流切变。

（1）顺风切变。如飞机由小顺风区进入大顺风区；由逆风区进入顺风区；由大逆风区进入小逆风区等。顺风切变减小飞机的相对空速，使飞机升力减小，降低飞行高度。在低空进近飞行时，如果顺风切变出现在较低高度，飞行员来不及做出修正，有使飞机出现提前接地的可能，是一种较危险的风切变形式。

（2）逆风切变。如飞机由小逆风区进入大逆风区；由顺风区进入逆风区；由大顺风区进入小顺风区等。逆风切变增加飞机的相对空速，增大其升力，使飞机高度上升，危害程度与顺风切变相比较小。

（3）侧风切变。侧风切变是飞机从一个方向的侧风区进入另一个方向的侧风区。如果在飞行中对侧风切变的修正不到位，会导致飞机产生明显的侧滑，造成空气动力的损失，并且飞机会向侧风的上风方向偏转、向下风方向滚转。

（4）下冲气流切变。飞机从无明显的升降气流区进入强烈的升降气流区，下冲气流切变猝发性很强，会导致飞机高度突然下降，对飞行安全产生很大的危害。

下冲气流切变区往往会同时出现逆风切变和顺风切变，如图 3-2 所示，飞机在着陆过程中遇到下冲气流切变，从 A 到 B 的位置提示飞机首先遭遇逆风切变，飞机空速增加，空气动力性能增强；从 B 到 C 的位置提示逆风切变改变为下冲气流切变，飞机高度迅速降低至预定下滑线以下；继续向前飞行，飞机则遭遇顺风切变，空速减小，飞行高度进一步降低，若不及时做出修正，则有在到达跑道前接地的危险发生。

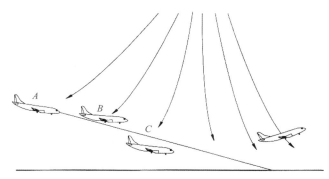

图 3-2　下冲气流切变

一般情况下，产生较强的低空风切变的天气条件包括雷暴、锋面等。有时机场附近山脉较多或地形、地物复杂时，常会导致低空风切变的出现。为了确保飞行安全，目前在有些飞机上已经装备了用于探测低空风切变的设备。

5. 雷暴

雷暴是指伴有雷击和闪电的局地对流性天气，是夏季影响飞机飞行的主要天气之一。雷暴出现时，多伴有雷电、暴雨、冰雹和大风。雷暴产生于强烈发展的积雨云中，通常以一个个单体的形式分布在空中，且以一定的速度移动。

闪电和强烈的雷暴电场能严重干扰中、短波无线电通信，甚至使通信联络暂时中断。当机场上空出现雷暴时，短时间的强降水、恶劣的能见度、急剧的风向变化和阵风，对飞行活动及地面设备都有很大的影响。雷暴产生的强降水、颠簸（如上升、下降气流）、结冰、雷电、冰雹和飑均给飞行造成很大的困难，严重的会使飞机失控、损坏、功率减小，直接危及飞行安全。

我国东部地区的大多数机场都会在不同程度上受到雷暴的影响。通常，出发机场和到达机场有强雷雨天气发生时，都会造成航班大面积延误。强对流天气（俗称雷雨）多发生在积雨云形成的云系中，降雨范围可大可小，有时东边日出西边雨，有时又会从河东一直下到河西。当雷雨出现时，往往伴随着大风、龙卷风、冰雹等灾害性天气，会给飞机飞行造成很大的困难，严重的会使飞机出现失控、损坏、马力减小等危险状况。强电子流形成雷击，会损坏飞机的雷达罩、天线、挡风玻璃、机翼等部位，轻则会导致机体出现烧蚀现象；强烈颠簸会造成机体结构变形，威胁飞机中乘客的安全。如果飞机在飞行中，突遇雷雨，飞机误入积雨云或进入强降水区，容易诱发发动机停车，使机翼、机身表面粗糙，阻力增加，有利迎角变小，升阻减小，失速增大，使飞机的空气动力性能严重降低；如果飞机是在起飞降落的过程中进入雷雨区，受下沉气流的影响，可能遭遇低空风切变，飞机会很难操纵，容易失去方向，甚至失速坠落。

6. 飞机颠簸

飞机颠簸是飞机进入扰动空气层后发生的左右摇晃、前后冲击、上下抛掷及机身震颤等现象。飞机颠簸使飞机各部承受的载荷发生变化，可能造成部件损害。颠簸发生时，常使仪表显示失常，难以靠仪表飞行。同时，飞机的颠簸会增大飞行阻力，增加燃料消耗，影响航程，还会使机组人员与乘客困乏疲惫。飞机颠簸为扰动气流所致，扰动气流在不同高度层都有可能发生。飞机颠簸几乎在每次飞行中都会遇到，一般不会出现太大危险。但如遇到强烈的扰动气流，也可能造成严重飞机事故。1998 年12 月，美联航一架波音 747 飞机在太平洋上空遇到强力晴空颠簸，一名乘客因未系安全带头部撞到机舱顶部后死亡。

拓展阅读 ///

国际标准大气

飞机的飞行性能与大气状态的主要参数——气温、气压和密度有密切关系。但是，这些参数随着地理位置、季节、每天的时刻、高度和气象条件的不同而变化着。因此，随着大气状态的改变，飞机的空气动力和飞行性能也要改变。为了比较飞机的飞行性能，就必须有统一的大气状态作为衡量的标准。在设计飞机、发动机和仪表时，要按标准大气的物理参数来计算性能；在飞机试验和试飞时，也要把结果按标准大气进行换算，才能互相比较。因此，通过大量的测量数据，人们确定了一个大气的温度、密度、压力、声速等的参数的平均铅垂分布。按照以上规定测算出来的大气参数沿高度的变化，列成表格，称为国际标准大气表，见表 3-1。

表 3-1　国际标准大气表

高度 / 米	气压 / 毫米汞柱	气温 t /℃	空气相对密度 Δh $\Delta h = \dfrac{\rho_h}{\rho_0}$	空气密度 /（千克·米$^{-3}$）	音速 a /（米·秒$^{-1}$）
−1 000	854.6	+21.50	1.099 6	1.346 5	345
0	760.0	+15.00	1.000 0	1.225 0	341
1 000	674.1	+8.50	0.907 3	1.111 3	337
2 000	596.1	+2.00	0.821 5	1.006 5	333
3 000	525.7	−4.50	0.742 0	0.909 4	329
4 000	462.2	−11.00	0.668 5	0.818 3	325
5 000	405.0	−17.50	0.600 7	0.736 0	321

续表

高度 /米	气压 /毫米汞柱	气温 t /℃	空气相对密度 Δh $\Delta h = \dfrac{\rho_h}{\rho_0}$	空气密度 /（千克·米$^{-3}$）	音速 a /（米·秒$^{-1}$）
6 000	351.8	−24.00	0.538 3	0.658 6	317
7 000	307.8	−30.50	0.481 0	0.589 0	313
8 000	266.9	−37.00	0.428 4	0.524 3	309
9 000	230.5	−43.50	0.380 4	0.447 9	304
10 000	198.3	−50.00	0.336 6	0.412 6	300
11 000	169.6	−56.50	0.296 8	0.363 6	296
12 000	144.8	−56.50	0.253 5	0.311 6	296
13 000	123.7	−56.50	0.216 5	0.265 56	296
14 000	105.6	−56.50	0.184 9	0.226 4	296
15 000	90.4	−56.50	0.157 9	0.194 0	296
16 000	77.1	−56.50	0.134 9	0.165 6	296
17 000	65.8	−56.50	0.115 3	0.141 1	296
18 000	56.2	−56.50	0.980 4	0.120 5	296
19 000	48.0	−56.50	0.084 1	0.102 9	296
20 000	41.0	−56.50	0.072 0	0.088 2	296
21 000	35.02	−56.50	0.601 4	0.075 26	296
22 000	29.90	−56.50	0.052 3	0.064 09	296
23 000	25.54	−56.50	0.044 7	0.054 78	296
24 000	21.81	−56.50	0.038 2	0.046 84	296
25 000	18.63	−56.50	0.032 6	0.039 98	296
26 000	15.94	−53.50	0.027 5	0.033 71	297
27 000	13.69	−50.60	0.023 3	0.011 852	299
28 000	11.79	−47.60	0.019 8	0.022 430	301
29 000	10.16	−44.60	0.016 8	0.020 58	303
30 000	8.77	−41.60	0.014 4	0.017 64	305

单元二 流体的流动特性

一、流体连续性定理

在日常生活中，人们会发现一些规律：在高楼大厦间的风往往比开阔地区的风大，山谷间的风往往比平原的风大。风速即空气流动的速度，那么空气流动的速度与空气所流经区域的截面面积存在一定的关系。这样的联系可以利用连续性定理来解释。

质量守恒定律是连续性定理的基础。这一定律在空气动力学中就叫作连续性定理，它的数学表达式被称为连续性方程。

连续性定理可以这样来描述：如图 3-3 所示，当流体稳定地流过一个流管时，流体将连续不断地在流管中流动，在单位时间内流体流过流管的任意截面处的流体质量相等。

做一个简单实验，如图 3-4 所示：在一个容器中充满流体，把进口和出口的开关同时打开，让流

图 3-3　流体在流管中的流动

体从容器中经过剖面不等的管道流出来，并保持流体液面高度不变，这时流体的流动是稳定的。所谓稳定的流动是指流体流动时的物理特性，如速度、密度、压力等，不随时间变化而变化。按照"质量守恒法则"，单位时间内流入管道的流体质量，应等于流出管道的流体质量。也就是说在单位时间内，流过管道任何一剖面的流体质量都是相等的。否则，流体的质量就会有增有减，不符合"质量守恒法则"；而且流体的流动也会中断或挤压起来，这样就违反流体连续流动的本性。

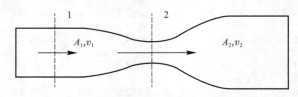

图 3-4　流体在压缩扩张管中的流动

上述关系还可用数学式表达出来，现在假定单位时间内流过管道剖面 S_1、S_2、S_3 等处的流体质量为 m_1、m_2、m_3，那么写成方程式是：

$$m_1 = m_2 = m_3 \cdots = 常量（即不变量）\tag{3-1}$$

流体在剖面不等的管道内流动的过程中，在单位时间内，流过管道任一切面的流体体积等于流体流过该剖面的速度乘以该剖面面积，再将此值与流体密度相乘，即得出单位时间内流过该剖面的流体质量。即

$$m=\rho SV \tag{3-2}$$

式中 m——流体在单位时间内流过任一切面的质量；

　　　　ρ——流体密度；

　　　　S——管道剖面面积；

　　　　V——流速。

将式（3-2）代入式（3-1）中，则得

$$\rho_1 S_1 V_1 = \rho_2 S_2 V_2 = \rho_3 S_3 V_3 = \cdots = 常量 \tag{3-3}$$

这个方程式适用于同一管道的任意剖面。

如果流过管道的流体速度不快，可以把它看成是不可压缩的。即密度没有变化，式（3-3）中的 ρ 可以消去，于是得出：

$$S_1 V_1 = S_2 V_2 = S_3 V_3 = \cdots = 常量 \tag{3-4}$$

式（3-3）或式（3-4）叫作"连续方程式"。

由式（3-4）可以得出结论：当流体以稳定的流速在管道中流动时，在管道细的地方（剖面面积小），就流得快些，在管道粗的地方（剖面面积大），就流得慢些，也就是说，流体流速的快慢与管道剖面的大小成反比，这就是流体"连续性定理"。流体连续性定理是流体的很重要的基本规律之一，它是"质量守恒法则"的一种具体应用。

二、伯努利定理

伯努利定理是描述流体的压力和速度之间的关系，这一定理是在 1738 年由 38 岁的瑞士物理学家、数学家丹尼尔·伯努利提出。

从日常生活中的一些事例，可以观察到空气流速发生变化时，空气压力也会同时发生改变。例如，向两张纸片中间吹气，两张纸不是彼此离开，而是互相靠拢，这说明两张纸中间的空气流程加快，压力降低。两张纸中间的空气压力小于纸片的大气压力，于是在压力差作用下，两纸片相互靠拢。又如，靠得很近并排行驶的两只船。水在两船之间，好像插进了一把楔子，按说它们应该分开。但实际上情况却恰恰相反，两船不但不分开，反而会自动靠拢而引起互撞的事故。在航海史上就发生过这种情况。两船之间的水的压力小（以负号"－"表示），而两船外侧水的压力大（以正号"＋"表示），内外侧造成压强差，才会把两只船压得互相靠拢。同时，由连续性定理可以看出，两船之间由于船舷呈弧形，构成一个中间细两头粗的管道，所以，水的流速必然比外侧流速大。从上述事例可以看出，流速与压力之间的关系，简单地说就是流体在流管中流动，流速快的地方压力小，流速慢的地方压力大。这就是伯努利定理的基本内容，它是研究气流特性及在飞行器上产生空气动力的物理原理与其变化的基本定理之一。

从能量的角度来讨论上述现象。根据能量守恒定律，能量既不会消失，也不会无中生有，而只能从一种形式转化为另一种形式。在低速流动的空气中，参与转化的能量有压力能和动能两种。一定质量的空气，具有一定的压力，能推动物体做功。压力越大，压力能也越大。另外，流动的空气还具有动能，流速越大，动能也越大。

实验结果表明，在稳定气流中，对于一定质量的空气而言，如果没有能量消耗，也没有能量加入，则其动能和压力能的总和是不变的。这就是流速加快，动能增大，压力能减小，则压力降低；流速减慢，则压力能升高的原因。它们之间的关系可用静压、动压和全压的关系说明。

静压是空气作用于物体表面的静压力，如大气压力就是静压；动压则蕴藏于流动的空气之中，没有作用于物体表面，只有当气流流经物体，流速发生变化时，动压才能转换为静压，从而施加于物体表面。当逆风前进时，感到迎面有压力，就是这个原因。空气的动压大小与其密度成正比，与气流速度的平方成正比，这也就是说，动压等于单位体积空气的动能。

全压是空气流过任何一点时所具有的静压和动压之和。根据能量守恒定律，飞机飞行时，相对气流中的空气全压，就等于当时飞行高度上的大气压加上相对气流中飞机前方的空气所具有的动压。用数学表达式表示为

$$P + \frac{1}{2}\rho v^2 = C（常量） \tag{3-5}$$

式中　P——静压；

　　　$\frac{1}{2}\rho v^2$——动压；

　　　C——全压。

应当注意，以上定理在下述条件下才成立：

（1）气流是连续的、稳定的。

（2）流动中的空气与外界没有能量交换。

（3）气流中没有摩擦，或摩擦很小，可以忽略不计。

（4）空气的密度没有变化，或变化很小，可认为不变。

由式（3-5）可以看出，全压一定时，静压和动压可以互相转化，当气流的流速加快时，动压增大，静压必然减小；当流速减慢时，动压减小，静压必然增大。综合连续性定理和伯努利定理，可总结出如下结论：流管变细的地方，流速大，压力小；反之，流管变粗的地方，流速小，压力大。根据这一结论，就可初步说明机翼上产生升力的原因。

单元三　飞机上的作用力

一、升力

1. 飞机升力的产生

飞机的升力主要由机翼和空气的相对运动而产生。流过上表面和下表面的气流在机翼前缘分离后，将在相同的时间到达机翼后缘并汇合。由于机翼的上表面弯曲弧度

较大，下表面较为平坦，再加上一定的迎角，因此在机翼与空气相对运动时，流过上表面的空气在同时间内走过的路程比流过下表面的空气走过的路程远，所以，上表面空气的相对速度比下表面空气的相对速度快，这样，在机翼的上、下表面产生了压力差，该压力差在垂直于相对气流方向的分量就产生了向上的升力（图 3-5）。

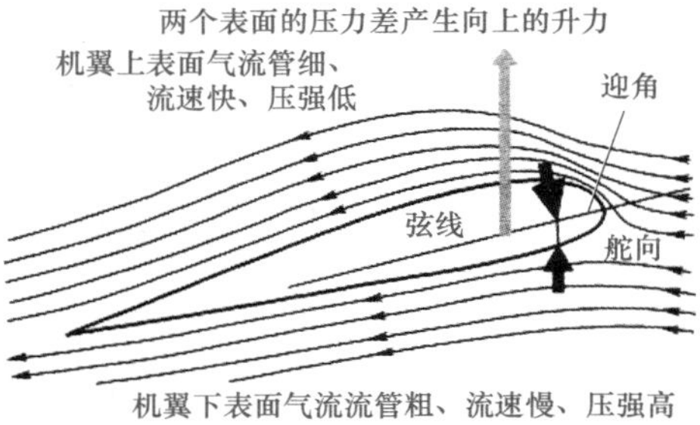

两个表面的压力差产生向上的升力

机翼上表面气流管细、流速快、压强低

迎角

弦线

舵向

机翼下表面气流流管粗、流速慢、压强高

图 3-5　飞机升力的产生

2．机翼表面的压力分布

机翼表面上各个点的压力大小，可以用箭头长短来表示，如图 3-6 所示。箭头方向朝外，表示比大气压力低的吸力或称负压力；箭头指向机翼表面，表示比大气压力高的正压力，简称压力。把各个箭头的外端用平滑的曲线连接起来，这就是用向量表示的机翼压力分布图。图上吸力用"−"表示，压力用"+"表示。

B 点的压力最大，叫作最低压力点；A 点的压力最小，位于前缘，这里的流速为零，动压全部变成静压，叫作驻点。

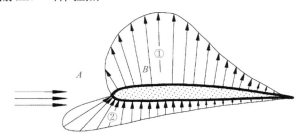

图 3-6　用向量法表示机翼表面压力分布

3．机翼的迎角

迎角是指相对气流与机翼之间的相对位置。

迎角 α：翼弦与相对气流方向所夹的角。

相对气流方向指向机翼上表面，为负迎角；相对气流方向与翼弦重合，迎角为零。飞机飞行中，飞行员可通过前后移动驾驶盘来改变迎角的大小或正负。正常飞行中经常使用的是正迎角。

二、阻力

阻力是与飞机运动方向相反的空气动力，起着阻碍飞机前进的作用。低速飞机的阻力按其产生的不同原因可分为摩擦阻力、压差阻力、诱导阻力和干扰阻力等。

1．摩擦阻力

由于飞机表面并不是绝对光滑，靠近飞机表面流动的空气分子就容易在自身黏性的作用下被飞机减速，这是由于流动的空气分子受到了机翼表面给它的向前的力作用

的结果。根据牛顿第三定律可知，这些被减速的空气分子也会给机翼飞机表面一个反作用力，这个反作用力就是摩擦阻力。

摩擦阻力的大小取决于空气与飞机的接触面面积大小，接触面面积越大，摩擦阻力就越大。同时，摩擦阻力还与飞机表面的光滑程度有关，越光滑的表面产生的摩擦阻力越小。

2. 压差阻力

上翼面中前部的低压区和中后部的高压区形成与空气流动反向的逆压差。如图 3-7 所示，紧贴机翼上翼面流动并且在自身黏性作用下被减速的气流，在逆压区的反向推动力的作用下，形成了自后向前的逆流。顺流而下和逆流而上的气流在上翼面中后部相遇顶撞，形成大小不一的旋涡，同时脱离开机翼表面，不再紧贴机翼运动。众多的旋涡在旋转过程中使空气分子间发生摩擦，空气的流动因此被减速，动能转化成热能，以温度的形式将能量消耗掉，就减小了机翼上翼面中后部的空气压力。同时，空气遇到机翼前缘被阻挡，速度减小，压力相应提高。在机翼

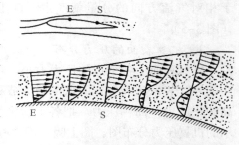

图 3-7　逆压差使气流发生倒流
并脱离上翼面

运动的方向上出现前缘压力大、后缘压力小的反向压力差。这种压力差阻碍了机翼的向前运动，被称为压差阻力。

总的来说，飞机压差阻力与迎风面积、形状和迎角有关。迎风面积大，压差阻力大。迎角越大，压差阻力也越大。

3. 诱导阻力

诱导阻力是随升力而产生的，如果没有升力，也就不存在诱导阻力。飞机的诱导阻力主要来自机翼，当机翼产生升力时，下面的压力比上面的大，下表面的空气就会绕过翼尖向上表面流去，这样就会在翼尖部分形成扭转的翼尖涡流。

翼尖涡流使流过机翼的空气产生下洗速度 W。流过机翼的空气，沿着相对气流速度和下洗速度的合速度方向流动，向下倾斜形成下洗流（图 3-8）。气流方向向下的倾斜角度，叫作下洗角 ε。

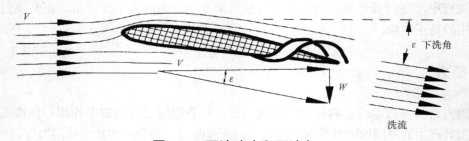

图 3-8　下洗速度和下洗角

利用图 3-9 来分析产生诱导阻力的原因。升力是和相对气流方向垂直的。空气流过机翼的速度 V 与下洗速度 W 合成后的洗流速度 V_1 的方向下倾 ε，机翼升力也相应向

后倾斜同一角度。这时，升力垂直于飞行速度方向的分力 L 实际起着升力的作用，但其平行于飞机速度方向的分力则起着阻力的作用。这个附加阻力就是诱导阻力，它是由于气流下洗使原来的升力偏转而引起的。

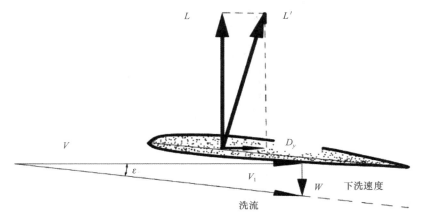

图 3-9 诱导阻力的产生

4. 干扰阻力

在飞行中，整架飞机的阻力往往大于机翼、机身、尾翼及其他在同样气流中的阻力的总和。这种因为各部分气流互相干扰所引起的阻力，叫作干扰阻力。

机身与机翼、尾翼的接合部，机翼下面悬挂的副油箱或发动机吊舱都会产生干扰阻力。例如，机身与机翼连接处的中部，由于机身和机翼的表面都向外凸出，流管变细，流速增大，压力减小。而在后部由于机翼和机身表面都向内弯曲，流管变粗，流速减小，压力增大。这种后面压力大，前面压力小的变化，就促使气流的分离点前移并使翼根后部的涡流区扩大。它所产生的阻力要比机身和机翼两者阻力之和大。这个多出来的阻力，就是干扰阻力。

为了减小干扰阻力，通常在机身与机翼、尾翼的连接部位安装整流包皮，以避免流管过分扩张而产生气流分离。

三、重力

飞机各部件、燃料、乘员、货物等重力的合力，就是飞机的重力（CG）。飞机重力的着力点称为重心。

无论飞机在空中飞行时，飞行动作怎样复杂，飞机的运动都可以被分解为飞机各部分随飞机重心的移动和围绕重心的转动。

一般来说，常规布局民航客机的重心位置比较靠前，与机翼上升力的作用点，即压力中心（CP）相比更为靠近机头方向，如图 3-10 所示。这样的布置有保持飞机的平衡、增强飞机的稳定性的作用。但是随着飞机装载的重量和位置的变化，重心的位置会出现前后、上下和左右方向的移动。只要飞机装载重量和位置不发生变化，无论飞

机的运动状态如何改变，其重心位置都会保持固定。

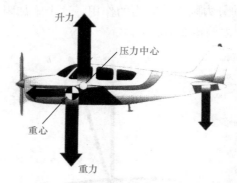

图 3-10　飞机重心位置比压力中心靠前

拓展阅读 ///

1．减小摩擦阻力的措施

（1）在机翼表面安装一些气动装置，不断向附面层输入能量；结构上也可以采取对附面层进行吸或吹的措施，加大附面层内气流的流动速度，减小附面层的厚度，使附面层保持层流状态。

（2）保持机体表面光滑清洁。机体表面对气流的任何一个扰动都会使附面层内的流动状态发生改变，使转换点大大提前。

（3）飞机维修时，一定要保持机体的光滑整洁，特别是气动力面。如机翼尾翼的前缘、上表面等，要保证机体表面没有污物，没有划伤、凹陷或凸起，要注意埋头卸钉的卸接质量和蒙皮搭接缝的光滑密封等。

（4）尽量减少机体与气流的接触面面积。对飞机进行修理改装时，应注意不要过多增加机体的外露面积，否则会增大阻力，使飞机达不到飞行性能的要求。

2．减小压差阻力的措施

（1）尽量减少飞机机体的迎风面积。

（2）暴露在空气中的机体各部件外形应采用流线型。

（3）飞行时，除起气动作用的部件外，其他机体部分的轴线应尽量与气流方向平行。

3．减小干扰阻力的措施

（1）适当安排各部件之间的相对位置。如机身与机翼之间的干扰，中单翼干扰阻力最小，其次为上单翼，下单翼最大。

（2）在部件结构部位安装整流罩，使接合部位较为光滑，减小流管的收缩与扩张。

单元四 飞机的飞行控制

一、飞机的平衡

飞机在空中飞行，与地面运行的车辆不同，它必须考虑三个轴上的运动才能完成飞行任务。飞机的三个轴如图 3-11 所示，都通过飞机的中心。

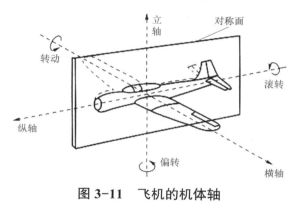

图 3-11 飞机的机体轴

（1）纵轴。沿机身轴线通过飞机重心的轴线，称为飞机的纵轴。飞机绕纵轴的转动称为飞机的滚转运动。

（2）横轴。沿机翼尾向通过飞机重心并垂直纵轴的轴线，称为飞机的横轴。绕横轴的转动称为俯仰运动。

（3）立轴。通过飞机重心并垂直于纵轴和横轴的轴线，称为飞机的立轴。飞机绕立轴的转动，称为偏航运动。

纵轴与横轴形成的平面称为横向平面；纵轴与垂直轴形成的平面称为纵向平面，是飞机的对称面。

飞机的各种合力为零时，飞机处于平衡状态，这时飞机在各个轴上都不转动，只作直线匀速运动。飞机在等速平飞时，就处于平衡状态，这时重力和升力平衡，阻力和推力平衡，如果推力大于阻力，飞机就加速平飞；推力小于阻力，飞机就减速飞行。

飞机在稳定上升和稳定下降时，也处于外力平衡的状态。在上升时，飞机的重力可按照上升角 $\theta_上$ 被分解为两个分力，如图 3-12 所示。升力用于平衡重力的一个分力 $W\cos\theta_上$，使飞机轨迹保持直线；另一个分力 $W\sin\theta_上$ 和阻力作用方向相同，充当飞机上升时的一部分阻力，所以，在上升时只有增加发动机的推力，才可以平衡阻力，保持匀速飞行的状态。在下降时，飞机的重力按照下降角度被分解为两个分力，如图 3-13 所示。飞机升力平衡重力的一个分力 $W\cos\theta_下$，使飞机轨迹保持直线；另一个分力 $W\sin\theta_下$ 与飞机推力方向相同，与推力共同克服飞机阻力，保持飞机匀速飞行。

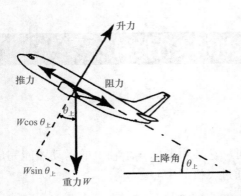

图 3-12　飞机稳定上升时的作用力　　图 3-13　飞机稳定下降时的作用力

作用在飞机上的力矩平衡时，飞机的姿态将保持不变。飞机上的力矩是由飞机上的外力相对于飞机的重心产生的。例如，机翼上的升力对飞机重心构成使飞机作低头运动的下俯力矩，而飞机平尾上产生的负升力（相对气流作用在平尾上的迎角为负，产生的升力方向向下，称为负升力；机翼上的升力方向向上，称为正升力）对飞机重心构成使飞机抬头的上仰力矩，如图 3-14 所示。若这两种力矩大小相等、方向相反，则飞机将出现俯仰平衡的状态，即飞机不会围绕横轴转动；反之，如果飞机的俯仰平衡状态被打破，飞机将会围绕横轴发生转动，迎角随之变化。如果飞机的方向平衡被打破，飞机将会围绕立轴发生转动，出现侧滑角的变化。如果飞机的横侧平衡被打破，飞机将会围绕纵轴转动，出现坡度的变化。

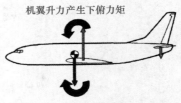

机翼升力产生下俯力矩

平尾负升力产生上仰力矩

图 3-14　机翼和尾翼上产生的俯仰力矩

影响飞机平衡状态的因素有很多。如发动机的推力作用线不通过飞机重心，那么在加减油门变化发动机推力时就会对重心构成俯仰力矩；使用襟翼增加升力的同时，将升力作用点后移，增加机翼产生的下俯力矩；一边机翼变形导致两翼阻力不相等，出现额外的偏航力矩，改变飞机的侧滑角。

二、飞机的稳定性

飞机在飞行过程中，经常会受到各种各样的干扰，这些干扰会使飞机偏离原来的平衡状态，而在干扰消失以后，飞机能否自动恢复到原来的平衡状态，这就涉及飞机的稳定或不稳定的问题。

飞机的稳定性是指在飞行过程中，如果飞机受到某种扰动而偏离原来的平衡状态，在扰动消失以后，不经飞行员操纵，飞机能自动恢复到原来平衡状态的特性。如果能恢复，则说明飞机是稳定的；如果不能恢复或更加偏离原来的平衡状态，则说明飞机是不稳定的。飞机的稳定性和操作性之间也有着密切的联系，一般来说，大型飞机和民用客机的稳定性要求相对较高。

一般来说，运动系统中的稳定性包括稳定、不稳定和中立稳定三种状态。如图
3-15 所示，小球在三种情况下都是平衡的。在图 3-15（a）所示的情况时，小球处于
凹面中，当外力干扰消失后，它仍会回到原来状态，这个系统是稳定的或称为静稳定
的。在图 3-15（b）所示的状态时，小球处于凸面，只要有一点外力，小球就会离开
原位，不会自动回来，这种系统是不稳定的。在图 3-15（c）所示的情况时，外力干扰
虽然会改变球的位置，但小球在各处都是稳定的，称为随遇稳定或中立稳定。在飞机
飞行时，也有这三种情况，飞机在平飞时，如果短时间的气流干扰使它改变了飞行状
态，当干扰过后，驾驶员不加操纵，飞机自己恢复了原来的飞行状态，就是稳定状态；
如果干扰过后飞机不能恢复，而且继续偏离原来状态，这就是不稳定的；如果干扰过
后，飞机在新状态下保持新的平衡，这就是随遇稳定。

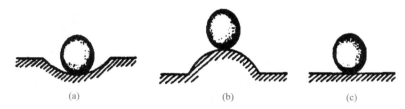

图 3-15 圆球的三种稳定状态

（a）稳定；（b）不稳定；（c）中立稳定

1. 飞机的纵向稳定性

当飞机受微小扰动而偏离原来纵向平衡状态（俯仰方向），并在扰动消失以后，
飞机能自动恢复到原来纵向平衡状态的特性，叫作飞机的纵向稳定性。

在飞行过程中，作用于飞机的俯仰力矩
主要是机翼力矩和水平尾翼力矩。当飞机的
迎角发生变化时，在机翼和尾翼上都会产生
一定的附加升力，这个附加升力的合力作用
点称为飞机的焦点，如图 3-16 所示。

当飞机受到扰动而机头上仰时，机翼和
水平尾翼的迎角增大，产生一个向上附加升
力，如果飞机重心位于焦点位置的前面，则

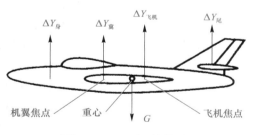

图 3-16 飞机的焦点

此向上的附加升力会对飞机产生一个下俯的稳定力矩，如图 3-17（a）所示，使飞机趋
向于恢复原来的飞行状态。反之，当飞机受扰动而机头下俯时，机翼和水平尾翼的迎
角减小，会产生向下的附加升力，此附加升力对重心形成一个上仰的稳定力矩，也使
飞机趋向于恢复原来的稳定状态。飞机的纵向稳定性主要取决于飞机重心的位置，只
有当飞机的重心位于焦点前面时，飞机才是纵向稳定的；如果飞机的重心位于焦点之
后，飞机则是纵向不稳定的，如图 3-17（b）所示。重心前移可以增加飞机的纵向静稳
定性，但并不是静稳定性越大就越好。例如，静稳定性过大，升降舵的操纵力矩就难

以使飞机抬头。因此，由于重心前移使稳定性过大，会导致飞机的操纵性变差。

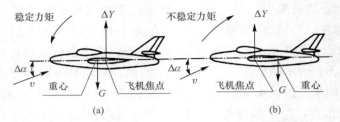

图 3-17　飞机重心位置和纵向定型之间的关系

（a）飞机纵向稳定；（b）飞机纵向不稳定

2. 飞机的方向稳定性

　　飞机围绕立轴的稳定性，叫作方向稳定性。在一些情况下，飞机的纵轴和飞行方向不一致，这样的飞行状态被称为侧滑，纵轴和飞行方向（即相对气流方向）间的夹角叫作侧滑角，如图 3-18 所示。侧滑状态与汽车漂移时的情况类似，是机头指向（或车头指向）和运动方向不一致的状态。

　　飞机的方向稳定性主要在垂尾上产生。如图 3-19 所示，在飞机受到扰动后，方向平衡被破坏，飞机的侧滑角发生变化。若飞机受扰产生左侧滑，相对气流直接作用在垂尾的左侧，产生向右的侧力。该侧力作用对前方的飞机重

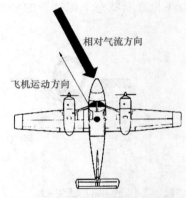

图 3-18　飞机侧滑时的飞行状态

心构成使飞机机头向左偏航的方向稳定力矩。在稳定力矩的作用下，经过一段时间的左右摆动，飞机机头又重新与相对气流方向重合，侧滑消失。垂尾面积对方向稳定性的影响较为可观，所以，为了增强飞机的方向稳定性，有些机型的垂尾做得很大，有些飞机还具有双垂尾。另外，在飞机机身下方安装腹鳍、机身上方安装背鳍都有增加垂尾面积的效果，可以增强飞机的方向稳定性。

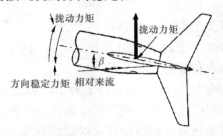

图 3-19　方向稳定性的垂尾产生

3. 飞机的横向稳定性

　　飞机绕纵轴的稳定性叫作横向稳定性，也叫作侧向稳定性。影响侧向稳定的主要原因是机翼的上反角、后掠角和垂尾。机翼与水平线形成的角度，向上的称为上反角，向下的

称为下反角。就上反角的机翼而言，当干扰的作用是使飞机的左翼抬起右翼下沉时，这时飞机的升力就不垂直于地面，它与重心不再平衡，形成一个合力，合力指向右下方，飞机就向这个方向运动，称之为侧滑。相对的气流就会吹向机翼，由于有上反角，右翼（下沉的机翼）和这股气流形成的迎角 α_1 要大于左翼的迎角 α_2，因此右翼上的升力大于左翼上的升力，从而产生一个使右翼上升，左翼向下围绕重心回转的力矩，经过短时间的摆动，飞机恢复原状；反之，下反角会降低飞机的侧向稳定。对于有后掠角的飞机，由于飞机侧倾有一个侧滑运动，就相对这个方向吹来的侧风，相对风速 v_c 在向下的一边机翼（右边的机翼）上分解为沿机翼的 v_2 和垂直机翼的 v_1，同样在左边机翼上速度分解为沿机翼 v_4 和垂直机翼的 v_1，尽管吹在两个机翼上的风速是相等的，但垂直流过机翼的风速 v_1 则是大于 v_3，表明右翼的升力大于左翼，从而产生一个力矩使飞机恢复到原来的位置，这个力矩就是横向稳定力矩，如图 3-20 所示。

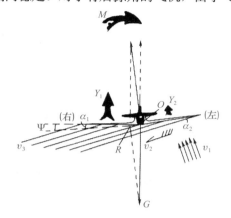

图 3-20 机翼上反角与侧向稳定

v_1—阵风速度；v_2—侧滑速度；v_3—由侧滑引起的相对风速；
M—恢复力矩；O—飞机重心

另外，现代高速飞机的高垂直尾翼，也能产生横向稳定力矩。

三、飞机的操纵性

飞机的操纵性是指飞行员通过操纵设备来改变飞机飞行状态的特性。操纵性的好坏与飞机稳定性的大小有密切关系，稳定性越大，也就是说飞机保持原有飞行状态的能力越强，则要改变它也就越不容易，操纵起来也就越困难。操纵动作简单、省力，飞机反应快，操纵性就好；反之亦然。飞机的操纵性同样包括俯仰操纵性、方向操纵性和横侧操纵性。

1. 飞机的俯仰操纵性

飞机在飞行过程中，操纵升降舵，飞机就会绕着横轴转动，产生俯仰运动：飞行员向后拉驾驶杆，经传动机构传动，升降舵便向上偏转，这时水平尾翼上的向下附加升力就产生使飞机抬头的力矩，使机头上仰，如图 3-21（a）所示；向前推驾驶杆，则升降舵向下偏转，使机头下俯，如图 3-21（b）所示。

现代的超声速飞机，多以全动式水平尾翼代替了只有升降舵可以活动的水平尾翼。因为全动式水平尾翼的操纵效能比升降舵的操纵效能要高得多，可以大大改善超声速飞机的纵向操纵性。

2. 飞机的方向操纵性

飞机的方向操纵性是指飞行员操纵方向舵以后，飞机绕立轴偏转而改变其侧滑角

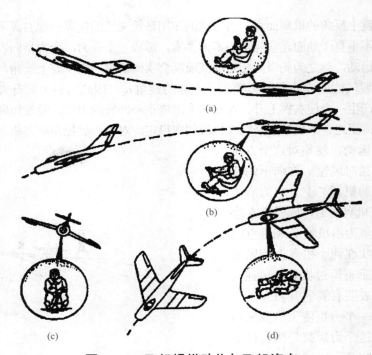

图 3-21　飞机操纵动作与飞机姿态
（a）飞机上仰；（b）飞机下俯；（c）飞机滚转；（d）飞机偏航

等飞行状态的特性，如图 3-22 所示。飞行员踩左踏板使方向舵向左偏转一个角度，在垂尾上产生一个向右的侧力，对前方的重心构成一个迫使机头左偏的方向操纵力矩。在机头左偏的过程中，飞机便出现了右侧滑。在方向操纵中，直线飞行时的每个脚蹬位置对应着一个侧滑角，蹬左舵，飞机产生右侧滑；蹬右舵，飞机产生左侧滑。

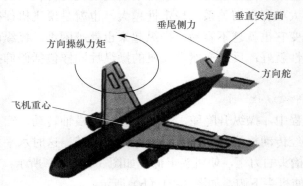

图 3-22　飞机的方向操纵

3．飞机的横侧操纵性

飞机的横侧操纵性是指在飞行员操纵副翼后，飞机绕纵轴滚转而改变滚转角速度、坡度等飞行状态的特性。例如，飞行员向左压驾驶盘，右副翼下偏，右翼升力增大，左副翼上偏，左翼升力减小，两翼升力之差，形成横侧操纵力矩，使飞机向左加速滚转。在横侧操纵中，驾驶盘左右转动的每个位置都对应着一个滚转角速度。驾驶盘左右转动的角度越大，滚转角速度越大。如果飞行员要想保持一定的坡度，就必须在接近预定坡度时将驾驶盘回到中立位置，消除横侧操纵力矩，在横侧阻转力矩的阻止下，使滚转角速度消失。有时，飞行员甚至可以向飞机滚转的反方向压一点驾驶盘，迅速制止飞机滚转，使飞机准确地达到预定飞行坡度。

飞机的操纵性不是一成不变的，它要受到许多因素的制约，影响飞机操纵性的因素有飞机重心位置的前后移动、飞行的速度、飞行高度、迎角等。飞行中由于燃料的消耗、速度的改变、乘客走动以及侧风等原因，驾驶员需要长时间操作驾驶杆和脚蹬，以保持飞机的稳定飞行。长期的操纵会使驾驶员疲劳，精力分散，造成安全隐患。因此，飞机上有一系列的辅助操作系统，如襟翼、扰流片、调整片等，在特定的飞行状态下辅助主操纵系统对飞机进行更为有效的操纵。

单元五　飞机的飞行过程

飞机每完成一次飞行任务，一般要经历起飞、爬升、巡航、下降和着陆五个阶段。

一、起飞

起飞是指飞机从跑道上开始滑跑，到前轮抬轮离地，上升到距起飞表面50英（约15米）尺的高度，速度达到起飞安全速度的运动过程。所以，飞机的起飞是速度不断增加、高度不断变高的过程。在飞机起飞前，飞行员的准备工作一般包括对飞机的各种工作状态进行调整，如调整发动机的功率，使之处于正常工作状态；将襟翼和配平设置于起飞位；调定高度表，按照机场和航路的飞行要求正确地选择飞行高度的参考零点；等待得到塔台许可后进入跑道。

民航飞机的起飞过程可分为起飞滑跑、抬前轮离地、初始上升三个阶段，如图3-23所示。

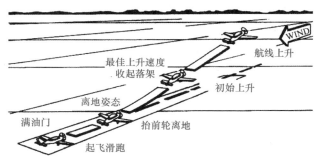

图 3-23　飞机起飞的过程

微课：民航飞机的运行

飞行员在得到塔台的起飞许可后，前推油门杆，使发动机处在最大功率状态在地面加速滑跑。在滑跑的起始阶段，由于飞机速度较小，方向舵的偏转对飞机的方向控制作用不大，此时飞行员通过控制飞机前轮的偏转来控制飞机的滑跑方向，使飞机沿着跑道中心线运动。飞机速度达到决断速度之前，飞行员一手控制驾驶杆，另一手不离油门杆，这样做是为了在遇到突发情况时终止起飞。在飞机速度大于决断速度之后，飞行员必须继续起飞过程，因为此时飞机速度过大，若中断起飞，飞机将在速度完全静止之前冲出跑道，酿成事故。

当飞机的滑跑速度达到抬前轮速度时，飞行员将向后拉驾驶杆，使飞机绕横轴转动，抬起飞机前轮，飞机将保持以两个主轮接地的姿态继续向前滑跑。这时飞机的姿态较高，在地面滑跑的迎角增大，升力随之变大。这样做可以帮助飞机在滑跑速度相对较小的时候就获得足够大的升力，从而克服重力离地升空，使地面滑跑距离减少，提高飞机的起飞性能。

在飞机起飞过程中，为了提高飞机的起飞性能，缩短地面滑跑距离，飞行员应使用最大油门，放下一定角度襟翼，朝着逆风方向起飞。情况许可时，适当减轻飞机重量或利用下坡起飞，可进一步缩短起飞滑跑距离和起飞距离，从而提高飞机的起飞性能。

二、爬升

机长把无线电切换到进近管制员的频道，向管制员报告飞行高度。飞机已爬升到600 米，得到管制员的许可，就可按照标准离场程序进行爬升，离开始发站飞向目的地。此时，飞机是沿着一条较陡的斜线爬升，角度在 15°左右。机长把油门向回收，使此时发动机的功率小于起飞时的功率，但保持在飞行时的最大功率位置上。飞机边爬升边加速，机长使飞机保持着最有利的速度，副驾驶在另一侧监控仪表。飞机可能因爬升太快而降低速度导致失速，也可能因爬升角度小而飞得过平，偏离标准程序，使地面上听到的噪声增大。机长需对此时的飞行状态一一进行认真的调整。当飞机上升到 3 000 米以上，对地面的噪声影响已经很小，飞机就改小爬升角度，为进入航线做准备。

这种由起飞终止高度到爬升至巡航高度的阶段，称为飞机的爬升阶段。如何达到巡航高度有两种方式：一是连续爬升，以固定的爬升角度持续爬升到预定高度，这种方式的好处是爬升时间短，对地面噪声影响小，但发动机所需的功率大，燃料消耗大；二是阶梯式爬升，飞机升到一定高度后平飞增加速度，然后爬升到第二高度再平飞，经几次平飞、爬升后达到预定高度。由于飞机的升力随速度增高而增加，同时飞行中不断消耗燃料，飞机重量减轻，这样爬升可以节约很多燃料。

三、巡航

巡航阶段是指飞机完成起飞阶段进入预定航线后的飞行阶段。民航飞机的巡航高度在海拔 9 000 ~ 12 000 米，在这个高度，空气相对稀薄，飞行阻力小，燃油经济性好，而且此高度上下对流的气流少，飞机能保持长时间的平稳飞行，机舱内平稳又宁静。

在驾驶舱中，各种信号灯光闪动，仪表显示屏幕上不断闪现出各种数字和图形，飞机由这双看不见的手操纵飞行，驾驶员这时可以轮流休息。处于工作状态的驾驶员的任务是监视和检查飞机的工作状态，向管制员报告或申请一个更有利的航路。从理论上讲，虽然两位驾驶员同时离开驾驶舱，飞机仍会正常飞行，但在飞行规则中此举是被严厉禁止的。因为一旦飞机遇到意外情况，人的作用是任何仪器都无法替代的。

四、下降

下降阶段是指飞机从巡航高度降至 1 500 英尺（约 450 米）的阶段，这个阶段和爬升阶段相对应。飞机逐渐降低高度，为节约燃料，一般在距离机场半个小时航程时开始下降。飞机距离目的地机场半小时时，机组人员又开始忙碌起来，此时飞机准备进入下降阶段。按照规定程序或区域管制员的指示，飞机从航路上下降到 4 000 米左右的高空，进入进近管制员的责任范围，飞机进入进近阶段。

五、着陆

着陆是飞机高度不断降低、速度不断减慢的过程。当飞机接近地面时，飞行员必须在一定高度逐渐后拉驾驶杆，随着速度的减慢逐渐增大迎角，使飞机姿态转入着陆姿态。着陆时飞机以两主轮自然接地，随后前轮再接地，飞行员使用刹车或发动机反推力减速，直至飞机停稳，着陆完成。

拓展阅读

飞机起飞、进近和着陆阶段安全性能分析

飞机起飞、进近和着陆阶段的不安全因素除前面讨论过的恶劣天气外，还包括中低空冲突、跑道污染、低能见度、爆胎、鸟击等。

1. 中低空冲突

飞机起飞离场的活动区域与进近着陆的活动区域相同，而且绝大多数情况下两者都要飞越同一位置点，有可能造成飞行冲突。因此，飞行员在起飞离场中要注意接收空中交通管制员和其他飞行员的通话，并观察周围飞机的飞行活动情况，与空中交通管制员充分沟通，避免两机空中相撞事故的发生。

2. 跑道污染

跑道上有积水、积冰或雪浆等污染物，这些积存物的存在必定会影响到飞机起飞滑跑的距离、方向的保持、中断起飞的停止距离等。许多中段起飞偏出的事故都与跑道上的积存物有关。

3. 低能见度

能见度与航空活动的关系非常密切，是决定能否飞行、是简单飞行气象条件还是复杂飞行气象条件的重要依据之一。在航空活动中，飞行人员需要观察地标、障碍物、其他飞行物和灯光等目标物，并分辨它们的种类，判断它们的位置。要分辨出目标物，最基本的条件是要看清楚目标物的轮廓。因此，航空领域使用的能见度定义为：视力正常的人在昼间能够看清楚目标物轮廓的最大距离，在夜间则能看清楚灯光发光点的最大距离。

4. 爆胎

通常情况下，爆胎是比较常见的飞行事故，飞机的轮胎故障多发于滑行、起飞或着陆阶段的滑跑中。爆胎的发生一般与两个因素有关：一是轮胎本身的原因，即轮胎的材料、胎压、承重等各环节导致的可靠性降低；二是外因的诱导，常见的包括跑道杂物、刹车不当、刹车防抱死系统失灵、轮毂结构破坏、偏离跑道等。为此，一般规定飞机轮胎的寿命为 150～200 起落次数。

5. 鸟击

为了减小飞机起降过程中的噪声和排放对环境造成的污染，机场一般都被选址在远离市区的市郊。机场周围大量的农田和机场内的草坪会吸引许多昆虫和鸟类在此栖息。在机场空域飞机起飞、降落时，距离地面 100 米的高度是最容易遭到鸟击的高度，约占鸟击发生次数的 90%。在飞机起飞离地爬升阶段，发动机的功率达到最大，飞行速度迅速提升，飞机姿态较高、稳定性相对较差；在降落阶段的飞机因巨大的惯性，驾驶员控制飞机姿态的操作更加复杂。因此，质量巨大的飞机以 300 千米/时的速度飞行，一旦遭遇飞鸟根本无法避让，发动机强大的吸力会将飞鸟吸入，从而造成发动机的严重损坏。除发动机外，机翼、雷达整流罩、起落装置都是最易被飞鸟撞击的部位。

模块小结

不论是轻于空气的飞行器还是重于空气的飞行器，都要在大气中飞行。大气层包围着地球，并随地球旋转，在地面以上，随着高度的增加，大气密度、压力、温度和声速也在不断发生变化。大气这些物理性质的变化，直接影响着飞行器的空气性能。

民航飞机在空气中飞行，空气性质的变化和气象状况直接关系到飞机上产生的空气动力的大小。升力和阻力两种空气动力都是空气和飞机出现相对运动时产生的，飞机的操作也是通过改变升力和阻力的大小，从而维持或改变飞机的飞行状态。本模块主要介绍大气环境、流体的流动特性、飞机上的作用力、飞机的飞行控制和飞机的飞行过程。

思考与练习

一、填空题

1. 如以气温变化为基础，则可将整个大气分为_____、_____、_____、_____、和_____等。

2. 飞机的高度表是根据_____来确定高度的。

3. 风切变的一般形式有_____、_____、_____和_____。

4. 飞机_____大，压差阻力大；_____大，压差阻力也越大。

5. 由于各部分气流互相干扰所引起的阻力叫作_____。

6. 运动系统中的稳定性包括_____、_____和_____三种状态。

7. 飞机的操纵性包括_____、_____和_____。

二、选择题

1. 根据伯努利定理，当流体的流速增大时（　　）。

　　A．流体的动能减小，流体的静压强增大

　　B．流体的动能增大，流体的静压强减小

　　C．流体的动能增大，总压增大

　　D．流体的静压强增大，总压减小

2. 飞机上的升力主要是由（　　）的。

　　A．发动机产生　　　　　　　　B．飞机螺旋桨产生

　　C．飞机重力产生　　　　　　　D．飞机机翼上的压强差产生

3. 由于飞机表面上空气的速度与外界空气速度不同，空气之间的黏滞摩擦而产生的阻力称为（　　）。

　　A．摩擦阻力　　B．压差阻力　　　　C．诱导阻力　　　　D．干扰阻力

4. 当飞机做成和流线相符的形状时（　　）。

　　A．摩擦阻力会减小　　　　　　B．干扰阻力会减小

　　C．诱导阻力会减小　　　　　　D．压差阻力会减小

5. 当气流流过机翼时，气流在机翼前缘分离，一般（　　）。

　　A．机翼上表面弯曲弧度小，流过上表面的流速慢

　　B．机翼上表面弯曲弧度小，流过上表面的流速快

　　C．机翼上表面弯曲弧度大，流过上表面的流速快

　　D．机翼上表面弯曲弧度大，流过上表面的流速慢

6. 具有纵向稳定性的飞机受到外界干扰，使机头上仰时，它将自动产生（　　　）。

    A. 抬头力矩　　　　　　　　　　B. 低头力矩

    C. 倾斜力矩　　　　　　　　　　D. 偏航力矩

7. 飞机的重心位置对飞机的（　　　）产生影响。

    A. 纵向安定性　　　　　　　　　B. 方向安定性

    C. 横侧安定性　　　　　　　　　D. 不影响安定性

8. 当机翼接近失速迎角时，下列特征中错误的是（　　　）。

    A. 增加迎角却使升力减小　　　　B. 飞行操纵系统操纵更加容易

    C. 增加迎角却使空速减小　　　　D. 失速警告装置发出警告信号

三、简答题

1. 对流层具有哪些特点？

2. 大气的物理特性有哪些？

3. 什么是标准大气？国际标准大气都有哪些规定？

4. 影响飞行安全的气象因素有哪些？

5. 低速飞机的阻力按其产生的不同原因可分为哪几种？

6. 飞机要完成一次飞行任务一般需经历哪几个阶段？

模块四
空中交通管理

1. 了解空中交通管理的发展、概念和任务；熟悉空中交通管理的机构和人员。

2. 掌握机场管理服务、进近管制服务、区域管制服务、雷达管制服务的相关知识。

3. 熟悉民航机场气象设施建设内容及其建设要求、气象信息综合服务系统、空中交通流量管理机构及管理原则。

4. 熟悉空域规划及我国的空域划分。

通过本模块的学习，能全面了解空中交通管制概况，提高运用空中交通管制飞行保障作用的能力。

1. 学会运用监督管理制度，具有分析问题、解决问题的能力。

2. 有效地计划并实施各种活动；了解并遵守各种行为规范和操作规范。

3. 熟知安全常识，增强专业素养意识。

4. 具有吃苦耐劳、爱岗敬业的职业精神。

案例
导入

戈尔航空 1907 号班机空难是戈尔航空于 2006 年 9 月 29 日发生的一起空中相撞事故。1907 号班机由巴西亚马孙州州府玛瑙斯起飞，经停巴西利亚，终点站为里约热内卢，而于中途与莱格赛 600 型飞机相撞并坠毁。机上机组人员 6 人，乘客 148 人，合计 154 人全部遇难。这是到 2007 年 7 月 17 日巴西天马航空 3054 号班机空难发生前巴西航空史上死亡人数最多的空难。当地时间 2006 年 9 月 29 日 14 时 36 分，1907 航班从亚马孙州州府玛瑙斯起飞，16 时 48 分，1907 航班的信号自民航空管中心雷达屏幕中消失，飞机最后信号位于帕拉州卡欣布亚马孙热带雨林山区。9 月 30 日上午 9 时左右，巴西空军在马托格洛索州一个印第安人部落附近发现了失事客机的残骸。

案例分析：调经过调查，格莱塞 600 型飞机需在巴西利亚地区将飞行高度下降至 36 000 尺，飞机并没有依规定下降到指定高度，由此发生撞击事故。

单元一 空中交通管理概述

一、空中交通管理的发展

在航空活动的初期，由于飞机数量很少，并没有空中交通管理的概念，但随着商业飞行的开始，航空运输涉及的范围和人员越来越多，为保障飞行的安全和有序，就需要制定规则来管理和控制飞行活动，于是空中交通管理部门应运而生。随后，空中交通管理的发展在大致经历了以下四个阶段后逐步趋于成熟和完善。

微课：航线知识

1. 第一阶段：目视飞行规则

第一阶段是在 20 世纪 30 年代以前。当时飞机的飞行距离最多只有几百千米，只能按照目测飞行条件的原则制定目视飞行规则。后来，随着飞机性能的提高、无线电通信设备的应用和地面导航设备的安装，飞行员可以和地面用红旗、绿旗的管理人员（后称为空中交通管制员）一起配合来控制飞机的起飞和降落，确保空中交通安全有序地进行。后期受到天气和夜间视线不佳的影响，很快旗子被信号灯所替代，机场的最高位置也陆续建立了塔台。

2. 第二阶段：以程序管制为核心的空中交通管制

第二阶段是 1934—1945 年。这一阶段大部分飞机都装备了无线电通信和机上导航设备，使飞行员在不用看到地面的情况下就可以确定飞行姿态。在这种情况下，目视飞行规则已经不能满足大流量和环境的需求，因此，各航空发达国家都陆续建立了专门的空中交通主管机构，并制定了仪表飞行规则，即根据飞行员的位置报告及周边情况报告填写飞行进程单，据此确定飞机间的位置关系，从而发布指令、实施管理，这种管制方法称为程序管制。与此同时，各国的航空当局都建立了相应的规定，并建立起全国规模的航路网和相对应的航站、管制塔台、航路管制中心等。

3. 第三阶段：雷达管制、仪表着陆系统的使用

第三阶段是 1945 年至 20 世纪 80 年代。第二次世界大战带来了航空技术的飞跃式进步，飞机的航程延伸、载量和速度都大幅度提高，迫切需要一个组织能把全世界的航空运行规则统一在一个标准之下。20 世纪 50 年代中期，有些航空发达国家开始把雷达技术应用在空中交通管理领域，这有力地促使重要地区用雷达管制取代了传统的程序管制。同一时间，仪表着陆系统的出现，使得飞机能在无线电信号的引导下，在能见度很低的情况下着陆，这有力地保证了航班的准点率，提高了飞行的安全性，同时，也使民航运输进一步摆脱了天气的影响。

4. 第四阶段：空中交通管理取代空中交通管制

第四阶段是从 20 世纪 80 年代开始到现在。由于互联网的迅速发展，电子技术和计算机在飞机装备与机场地面设施上的广泛应用，卫星通信和定位系统技术的成熟，

使得飞行员、管制员和各种保障单位、决策机构可以实时掌握飞机的准确位置并进行通信，从而可以在大范围内使空中交通按照总体的调度和安排顺利进行，这就是空中交通管理的综合概念。随后，空中交通管理逐步取代了传统的空中交通管制，并随着民用航空业的发展而得到不断完善。

二、空中交通管理的概念和任务

微课：空中交通
管理的任务

1. 空中交通管理的概念

空中交通管理是指为了有效地维护和促进空中交通安全，维持空中交通秩序，保障空中交通通畅，利用通信、导航、监视及航空情报、气象服务等运行保障系统对空中交通和航路、航线及机场区域进行动态的、一体化的管理的总和。

在航空运输业迅速发展的今天，空中交通管理日益为飞行的整个航程发挥着重要的保障作用。其从时间和空间的分配上，可分为三大部分，分别是空中交通服务、空域管理、空中流量管理。三者各尽其责，高速、有效地维护了空中交通秩序，保障了空中交通的畅通与安全。

2. 空中交通管理的任务

空中交通服务是空中交通管制服务、飞行情报服务、告警服务的总称。空中交通管制的任务是防止航空器与航空器、航空器与周边障碍物相撞，以及有效地维护和加速空中交通有秩序地流动；飞行情报服务的任务是向飞机中的航空器提供有益于安全、能有效地实施飞行的建议和情报的服务；告警服务的任务是向有关机构组织发出需要搜救、紧急救援航空器的通知，并根据需要协助该组织或协调该项目工作的进行。其中，空中交通管制是空中交通管理的核心内容。

空域管理的任务是在给定的空域结构内，通过"时效性"，根据不同空域使用者的需求，将空域进行划分，实现空域利用最大化，合理利用空域资源，维护领土主权，保证航空器活动的顺利进行。

空中流量管理的任务是在空中交通管制的最大容量期间内，保证空中交通安全、有序地流向和通过该区域，为飞机运营提供及时、精确的信息，准确地预报飞行情报，减少飞机的延误。

三、空中交通管理的机构和人员

1. 空中交通管理的机构

空中交通管制由空中交通管制单位实施。中国民用航空总局空中交通管理局根据国家的规定负责全国民用航空空中交通管理的组织实施，包括空中交通管制、通信导航监视、航行情报和气象服务等。

空中交通管制单位主要包括塔台空中交通管制室、空中交通服务报告室、进近管制室、区域管制室。

塔台管制室负责对本塔台管辖范围内航空器的开车、滑行、起飞、着陆和与其有关机动飞行的管制工作。在没有机场自动情报服务的塔台管制室，还应当提供航空器起飞、着陆条件等情报。

空中交通服务报告室负责审查航空器的飞行预报及飞行计划，向有关管制室和飞行保障单位通报飞行预报和动态。

进近管制室负责一个或数个机场的航空器进场、离场的管制工作。

区域管制室负责向本管制区内受管制的航空器提供空中交通管制服务；受理本管制区内执行通用航空任务的航空器及在非民用机场起降而航线由民航保障的航空器的飞行申请，负责管制并向有关单位通报飞行预报和动态。

2. 空中交通管理的人员

空中交通管制工作由空中交通管制员实施，空中交通管制员实行执照管理制度，执照是执行任务的资格证书，从事空中交通管制工作的人员应当接受养成训练和岗位训练，通过相应的考试取得执照，此执照由中国民航局颁发。

2016 年新颁发的《民用航空空中交通管制员执照管理规则》，根据管制空域、管制手段的不同，管制员执照类别签注包括机场管制、进近管制、区域管制、进近雷达管制、精密进近雷达管制、区域雷达管制、飞行服务和运行监控。

无论哪一类执照，管制员申报条件包括：具有中华人民共和国国籍；热爱民航事业，具有良好品行；年满 21 周岁，首次申报管制员年龄不得超过 35 周岁；具有大专及以上学历；能正确读、听、说、写，口齿清楚，无影响双向无线电通话的口吃和口音；通过规定的体检，取得有效的体检合格证；完成规定的专业培训，取得有效的培训合格证书；通过理论考试，取得有效的理论考试合格证书；通过技能考核，取得有效的技能考核合格证书；符合本规则规定的申请人经历要求。

空中交通管制员必须掌握气象学、领航学、飞行原理、飞机性能、发动机构造、航空器试航性管理、通信、导航及雷达设备、运输管理学、计算机等方面的专业知识。

单元二　空中交通管制服务

空中交通管制是指利用技术手段和设备对飞机在空中飞行的情况进行监视与管理，以保障其飞行安全和飞行效率。空中交通管制服务根据飞机运行的不同阶段可细分为机场管制服务、进近管制服务和区域管制服务。

一、机场管制服务

机场管制服务是指在机场管制地带提供的管制服务，提供单位为机场塔台。机场

管制地带一般包括机场起落航线、仪表最后进行阶段、第一等待高度层及其向下的空间和机场机动区。机场管制服务的目的是通过指挥飞机在地面滑行、引导飞机起飞和着陆及在管制管辖区内的飞行活动，来保障飞机的地面运行安全。

民用机场会根据机场及其附近空中飞行活动的情况建立机场管制地带，以便在机场附近空域内建立安全、顺畅的空中交通秩序。机场管制地带通常是圆形或椭圆形的，水平边界为以机场管制地带基准点为圆心、以不小于 10 千米的长度为半径的圆。机场管制地带的下限一般为地面或水面，上限通常为终端（进近）管制区的下限。

机场是飞机活动最密集的区域，也是空中交通管理服务强度最大的地方，为此，机场建有高耸的塔台，机场空中交通管制员工作在塔台的顶层，从这里他们可以透过宽阔的玻璃窗把机场和周围的空域看得清清楚楚。因此，机场空中交通管制员也称塔台管制员，他们通过目视和雷达屏幕监控着在机坪和滑行道上的飞机、车辆及行人的活动。

1. 服务的范围

为防止航空器在机场里的运行中发生相撞，机场管制服务的范围包括：确保航空器在机场交通管制区的空中飞行；确保航空器的起飞和降落的安全；确保航空器在停机坪上的安全、顺序运动；防止飞机在运动中与地面车辆和地面障碍物发生碰撞。

从上述任务来看，前两项是空中的，后两项是地面的，因此，较大机场的塔台将任务分为两部分，分别由机场地面交通管制员和空中管制员负责。在不太繁忙的机场，通常只有一个塔台管制员负责整个机场从天空到地面的全部航空器的运动。

2. 服务的人员

（1）机场地面交通管制员。机场地面交通管制员负责控制在跑道之外的机场地面上（包括滑行道、机坪上）的所有飞机的运动。在繁忙机场的机坪上可能同时有几架飞机在运动，另外，还有各种车辆、行人的移动。机场地面交通管制员负责给出飞机的发动机启动许可和进入滑行道许可，对于到达的飞机，当飞机滑出跑道进入滑行道后，由机场地面交通管制员安排飞机运行至机坪或候机楼。

（2）机场空中交通管制员。机场空中交通管制员负责飞机进入跑道滑行时和按目视飞行规则在机场控制的起落航线上飞行时的交通管制。其任务是给出飞机起飞或着陆的许可并且引导在起落航线上其起飞与着陆，安排飞机的起降顺序，安排合理的飞机放行间隔，以保障飞行安全。在一条跑道既用于起飞又用于着陆的情况下，机场空中交通管制员还要很好地安排起飞和着陆飞机的时间间隔。

二、进近管制服务

进近管制服务是指对飞机起飞后进入航路和着陆前由航路到机场管制区的管制服务，提供服务的人员为进近管制员。进近管制员通过无线电设备和监控设备管制飞机飞行，管制范围上接航路区、下接机场管制区。当飞机准备从航路上下降时，进近管制员负责把飞机接引到仪表着陆系统的作用范围内，当飞机飞临机场上空 600 米高度左右，将该飞机降落的任务交给机场空中交通管制员，由机场空中交通管制员继续引导飞机降落；当飞机起飞时，进近管制员从机场空中交通管制员手中接过指挥权，继续引导飞机上升，直至将飞机引入航路。

由于飞机飞离的程序基本相同，繁忙的大机场在进近管制员的管制区域内，为离场的飞机专设了一套离场的路线和程序，提供飞机从终端区至航路结构的过渡，叫作标准离场程序。离场程序包括规定一条飞离机场的路线（即标准仪表离场）、规定要避开的扇区、规定要达到的最小净爬升梯度。具体的要素包括飞机飞离机场时的航向、高度、转弯地点、时间等。

有了离场顺序，管制员仅需控制飞机飞行的间隔，驾驶员按照这个程序就可以飞离机场进入航线。

（1）目视离场。要符合 VFR 气象条件；在爬升过程中，驾驶员有责任保证离地高度和超障余度。

（2）仪表离场。一般情况下，航空器都是按照机场公布的标准仪表离场程序离场；必须保证所飞机型性能要求达到 SID 中规定的超障要求；杜绝任何超出飞机限制的标准仪表离场。

（3）离场放行原则。管制员在向负责的离场航空器发布放行许可时，要遵循以下原则：应尽可能允许作远程飞行的航空器少做转弯或其他机动动作，并不受约束地上升到巡航高度；延误较长时间时，管制单位应通知运营人或其指定代表，对于延误可能超过 30 分钟者，在任何情况下都必须进行通知；航空器不向逆风方向起飞，可加快航空器的离场，但应受顺风量不大于 3 m/s 的限制；航空器机长有责任决定采用不逆风起飞或等待向有利方向做正常起飞；对执行紧急或者重要任务的航空器，班期飞行或者转场飞行的航空器、速度大的航空器，应当允许优先起飞。

三、区域管制服务

区域管制服务是指对沿航线飞行的飞机巡航阶段的管制服务，提供单位为区域管制室或区域管制中心。区域管制服务主要包括以下内容。

1. 航路放行许可的批准

通常情况下，区域管制单位会在飞机起飞前或进入本管制区 30 分钟前发出允许进入本管制区的航路放行许可，通过机场管制单位放行席位的管制员通知飞行员。

2. 流量控制

当区域管制单位得知本管制区在某一时间或一定航段内不能再容纳其他飞机飞行时，就会发布流量控制通知，通知其他相关空中交通管制单位或飞经本管制区的驾驶员。

3. 空中交通服务

空中交通服务是指航空器巡航的空中交通服务。例如，监督飞行活动，及时发布空中飞行情报；掌握天气情况，及时通报有关天气情报。准确计算航天诸元，及时给

予管制指令，妥善安排航空器间隔，调配飞行冲突。协助驾驶员处置特殊情况。协调、通报本区域内飞行动态。

4．移交和协调

空中交通管制各单位之间进行管制移交时，移交单位应当在飞机飞越管制移交点10分钟之前或按照管制协议与接收单位进行管制协调，管制协调的内容应当包括飞机呼号、飞机机型（可省略）、飞行高度、速度（根据需要）、移交点、预计飞越移交点的时间及管制业务必需的其他情报等。

管制协调应当通过直通管制电话或管制单位间数据通信进行。没有直通管制电话或管制单位间数据通信的空中交通管制单位之间，通过对空话台、业务电话、电报等方式进行。已经接受管制移交的航空器，在预计进入管制区边界的时间后仍未建立联系的，管制员应当立即询问有关管制单位，同时采取措施进行联络。

管制协调后，原管制移交的内容有下列变化的，应当进行更正：飞行高度改变、不能从原定的移交点移交、飞越移交点的时间在区域管制单位之间相差超过5分钟。

管制员在航空器预计飞越报告点3分钟后仍未收到报告时，应当立即查问情况并设法取得位置报告。

四、雷达管制服务

雷达管制是直接使用雷达信息来提供空中交通管制服务的一种空中交通管制形式。雷达管制的使用应当限制在雷达覆盖范围内，并应符合空中交通管制单位规定的区域。提供雷达管制服务的单位应当在航行情报资料中发布有关运行方法的资料及影响空中交通管制实施的有关设备要求。在雷达管制中，雷达管制义务由经过空中交通管制专业训练、取得执照的雷达管制员承担。

1．雷达识别

雷达识别是将某一特定的雷达目标或雷达位置符号与某特定航空器相关联的过程。在向航空器提供雷达管制服务前，雷达管制员应当对航空器进行识别确认，并保持该识别直至雷达管制服务终止。失去识别的，应当立即通知相关航空器，并重新识别或终止雷达服务。首次建立对航空器的雷达识别或暂时失去目标后重新建立对航空器的识别的，应当向航空器通报其已被识别。

当观察到两个或多个雷达位置指示符相近，或观察到指示符在同时做相似的移动，以及遇到其他引起对目标怀疑的情况时，雷达管制员应当采用两种以上的识别方法进行识别，直至得到确认为止，也可终止雷达服务。

2．雷达管制移交

雷达管制移交应当建立在雷达识别的基础之上或按照协议进行，使接受方能够在与航空器建立无线电联系时立即完成识别。移交工作应当在雷达有效监视范围内进行，如技术上无法实施，则应当在管制移交协议中说明。

3. 雷达管制间隔

雷达间隔飞机的程序和非雷达间隔飞机的程序基本上相同，但有了雷达，管制员可以"看"到飞机，因而可以把间隔的距离缩小。

（1）垂直间隔。由于高度层已经规定，雷达间隔和非雷达间隔是一样的，即在FL290以下最低间隔是300米，FL290以上是600米。

（2）纵向间隔。在雷达识别了飞机之后，雷达管制可以把两架飞机之间纵向间隔缩短到3～5海里（1海里＝1 852米）。由于飞机与雷达天线的距离越远它的回波时间越长，因此距离雷达站近（40海里之内）的飞机可以把最小间隔降到3海里，而40海里之外的飞机纵向最小间隔应加大到5海里。另外，在一架大飞机之后飞行的小飞机，为避开前一架飞机的尾流，最小纵向间隔都应加大到5海里以上。

（3）横向间隔。使用雷达时的最低标准和纵向间隔相同，即40海里范围内为3海里，40海里之外为5海里，横向间隔没有尾流影响的问题，因此也没有附加的规定。

（4）离场的初始间隔。如果两架飞机相继从同一跑道上起飞离场，在雷达管制的情况下，如果两架飞机的航线在起飞之后有15°以上的偏离角，它们之间的最小间隔可以降到1海里。在非雷达管制的情况下，它们的航线偏离角必须在45°以上，间隔为1分钟。两相比较可以看出，雷达管制大大减少了间隔距离，使机场跑道空域和航路的利用率大大提高，对民航运输的发展有着巨大的促进作用。

4. 雷达引导

雷达引导是在使用雷达的基础上，以特定的形式向航空器提供航行引导。雷达管制员应当通过指定航空器的应飞航向实施雷达引导。实施雷达引导时，应当引导航空器尽可能沿便于航空器驾驶员利用地面设备确定自身位置，及恢复自主领航的路线飞行，避开已知危险天气。

5. 雷达交通信息

雷达管制员可以向驾驶员提供他的飞机和其他飞机的相对位置的信息，从而避免潜在的相撞事故，这些信息被称为交通建议。

驾驶员得到这些信息后，就可以有比较充裕的时间来判断和规避可能发生的事故。随着二次雷达的计算机化，有些雷达系统装有防撞警告软件，它可以把两架飞机预计的航线画出来，如果在航线交叉时垂直、纵向、横向间隔不够，软件就会自动向管制员发生声音警告，管制员就可以及时通知驾驶员来处理这种情况。

6. 最小安全高度警告

对于安装了可以报告高度的应答机的飞机，地面的二次雷达可以随时收到它的高度信息。先进的二次雷达计算机把控制空域内的地面地形和障碍物高度都储存在计算机中，会有一个专门的软件不断比较飞机的高度和地面地形及障碍物高度，一旦两个高度的差小于150米，就会发出声音警告，并在这架飞机的屏幕亮点旁的数字框中出现"LOW ALT"（高度太低）字样，这时管制员通知驾驶员，从而避免飞机因高度太低而产生触地事故。

拓展阅读 ///

空中交通服务的一般原则

（1）考虑到空域使用现状，采用一切可用的间隔，发布指令，防止空中的航空器相撞，防止出现各种事件（差错、严重差错、危险接近等）是空中交通服务的第一职责。

（2）利用一切手段，如使用地面活动雷达等，切实采取措施，防止飞机和障碍物（可以是地面停放的飞机等）在起飞、降落及其相关区域出现相撞等事故。

（3）对空域内飞行的航空器进行切实有效的管理，准确地掌握飞行动态，确定航空器之间的相互关系，找出事关飞行冲突调配的主要航空器，利用合理的间隔标准，及时发布指令，加速空中交通流量、维持良好的运行秩序。

（4）为了保障航空器安全、有序地运行，为其提供各种建议、情报、信息来避开危险天气及各种限制性空域。

（5）在航空器遇险或需要提供搜寻、救援服务时，通知各保障单位和有关组织及时开展搜寻与救援工作，并根据需要协助保障单位和有关组织。

空中交通服务强调"服务"，以取代过去的"管制"，表示空中交通服务应该尽可能在分配航线和采取行动时为大多数的空中交通使用者提供更好的服务。虽然这样做会和一部分使用者原来的想法南辕北辙，但最终的结果会对大家有利。空中交通服务的任何行动都要考虑到使用者，而不能只图管制者的方便出发。而"管制"本身就带有强制、命令的意味，因此，这个改动表示空中交通管制机构在管理观念上的深刻变化。

单元三　民航机场气象工程

一、民航机场气象设施建设内容及其建设要求

民航机场气象台应当建设气象观测场、气象观测平台、气象设备机房。

1. 机场气象设备设施建设内容

（1）为满足探测云、垂直能见度、跑道视程、气象光学视程、天气现象、地面风、气压、气温、湿度、最高气温、最低气温、降水量和积雪深度等气象要素的需要，机场气象台应当配置以下基本气象探测设备：每条跑道配置自动气象观测设备，

包括温度、湿度、气压传感器、降水传感器、风向风速仪、云高仪、前向散射仪或大气透射仪、背景光亮度仪、数据处理、系统监控及显示系统；移动式综合气象观测设备，至少含有温度、湿度、风向风速、气压传感器。

在配置基本气象探测设备的基础上，机场气象台应当综合地形、地貌、气候特点、重要天气预报预警的需要、飞行量以及运行的可行性等因素，选择配置或组合配置机场天气雷达、测风雷达、低空风切变探测系统等探测气象要素的设备。

（2）机场气象台应当配备机场气象资料收集处理系统，包括气象资料接收处理系统、静止卫星云图接收处理系统。

（3）机场气象台应当配备气象产品制作系统，包括机场天气报告编制发布系统、预报编制发布系统、天气图自动填绘与分析系统。

（4）机场气象台应当配备民用航空气象信息系统，包括通信子系统、数据库子系统、信息处理子系统、网络子系统、监控子系统、应用及服务子系统。民用航空气象信息系统应当具备飞行气象情报的收集、处理、交换、存储、提供功能。

2. 机场气象台的气象设备设施建设要求

（1）气象观测平台和气象观测场。气象观测平台是观测员对本机场区域的云、天气现象、能见度等进行目测的固定场所，应当紧邻观测值班室设立。除因特殊情况外，观测平台与机场标高的高度差应当小于20米。在平台上，观测员能够目测以下范围：至少一条跑道及其航空器最后进近区域；以观测平台为圆心，四周每个象限的至少一半的自然地平线。

气象观测场应当满足下列条件：

1）与周围大部分地区的自然地理条件基本相同，土壤性质与附近地区基本一致，海拔高度应当尽可能接近机场跑道的海拔高度；

2）应当避开飞机发动机尾部气流和其他非自然气流经常性的影响，不应当选择在大面积的水泥地面附近；

3）气象观测场四周10米范围内不应当有1米以上作物、树木及建筑物；

4）气象观测场面积应为25米×25米或16米×16米；

5）气象观测场及场内气象设施设备四周环境不应经常变化。

气象观测场内的仪器应当按照"北高南低，互不影响，便于观测"的原则进行合理布局，具体要求如下：

1）场内仪器应当安装在紧靠东西向小路的南侧，高的仪器安装在北面，低的仪器顺次安装在南面，东西排列成行，应当避免仪器被阴影遮蔽，影响正常感应；

2）气象观测场内仪器设备的电缆线应当走地沟，严禁电缆暴露在地面，地沟封闭应良好。

（2）自动气象观测设备建设安装要求。民航自动气象观测系统由传感器、数据处理单元、用户终端、数据传输、跑道灯光强度设定单元、电源、防雷等硬件和软件构成。自动气象观测系统应当具有测量或计算气象光学视程、跑道视程、风向、风速、气压、气温、湿度、降水、云等气象要素的功能。

自动气象观测设备各传感器的安装位置具体要求如下：

1）大气透射仪或前向散射仪应当安装在跑道接地地带、停止端和中间地带，其安装位置距离跑道中心线一侧不超过 120 米但不小于 90 米、距离跑道入口端和停止端各向内约 300 米处及跑道中间地带。

2）气温、湿度、气压传感器应当安装在跑道接地地带和跑道停止端，且距离跑道中心线一侧不超过 120 米但不小于 90 米、距离跑道入口端和停止端各向内约 300 米。

3）降水和天气现象传感器应当安装在跑道接地地带，且距离跑道中心线一侧不超过 120 米但不小于 90 米、距离跑道入口端和停止端向内约 300 米处，但降水传感器距离其他设备不应小于 3 米。

4）云高仪应当安装在机场中指点标台内，如果不能安装在中指点标台内，可安装在跑道中线延长线 900 ～ 1 200 米处。

5）风向风速仪应安装在跑道接地地带、停止端和中间地带，且距离跑道中心线一侧不超过 120 米但不小于 90 米、距离跑道入口端和停止端各向内约 300 米处及跑道中间地带。

6）自动气象观测设备各传感器支撑杆应具有易折性。

3. 风廓线仪

风廓线仪是一种远程感应多普勒雷达，也称风廓线雷达，可以作出距离地面 3 千米或更高处的垂直和水平风廓线。廓线图包括风速和风向。当在风廓线仪上配备无线电回声探测装置时，廓线图能包含至 1.5 千米处的虚温。廓线雷达通过在三个或五个正交指向上发射信号来产生这个数据。发射一个信号后，风廓线雷达接收大气中湍流反射回的信号。然后，风廓线雷达计算所选离地高度上的风速和风向。通过这种方式，风廓线仪提供高分辨率、持续、实时的大气、风和温度数据。此外，风廓线仪还可以无人值守工作，和其他地点联网。

为风廓线雷达选址时，必须考虑净空要求、空间要求、杂波干扰、邻近物体、安全性和站点准备等因素。

站点必须水平开阔。全年保持干燥，排水良好。为了保证数据的高质量，必须选择在与地平线夹角 5° 以上无杂波源的地点。风廓线雷达不能识别大气中返回信号的物体，它会接收从高塔、空中电线、旗杆、大树及湿气和湍流发射回的信号。繁忙的高速路可能成为杂波干扰源，所以，最好选择杂波源少的地点。

安全性是在进行站点选择时必须考虑的另一因素。任何轧过风廓线仪电缆的车辆都会损坏电缆，使雷达无法工作。大型动物，如牛群，也可能损坏雷达，特别是天线部分。对雷达、电击危险、RF 辐射和高噪声不了解的人员必须远离雷达。鉴于此，要求用户在整个站点周围（包括天线和机房）架设围栏。

二、气象信息综合服务系统

气象信息综合服务系统是以气象信息数据库为核心，以计算机网络为基础的气象信息集成应用服务系统。系统自动收集、处理、分发和存储机场自动观测系统、自动遥测系统、天气雷达系统、卫星云图接收处理系统、民航气象数据库及卫星传真广播系统、自动填图系统、风廓线雷达系统、闪电定位系统、气象信息综合分析处理系统等众多系统的气象信息，利用集成并处理后的气象信息及气象产品为本场气象预报人员、管制人员、驻场航空公司、机组等提供高效全面的工作支撑和气象服务，并实现本场航空气象情报与国内外机场航空气象情报的交换与共享。

1. 气象数据库系统

气象数据库系统是具有飞行气象情报及气象资料交换、备供、存储等功能的系统。数据库应用系统可对收集的各类气象资料进行质量控制、生成落地文件并入库。同时，具有资料归档、资料恢复、资料清除、日志管理、数据库的记账审计（每种资料的收集和使用情况进行记录与统计）、数据库用户管理、数据库系统的监控维护等功能。

设备配置形式是主从模式双机热备共享存储设备形式，即两台服务器以主从热备份方式共享同一储存设备（如磁盘阵列）。

2. 航空气象网络服务系统

航空气象网络服务系统是以气象信息数据库为核心，连接各专业气象信息系统进行基础数据收集、连接各空管气象应用服务单位进行信息发布、连接各外部应用单位提供高效的气象信息服务的专用计算机网络系统。

3. 数据采集系统

数据采集系统对自动观测系统、遥测系统、气象雷达系统、卫星云图接收处理系统、民航气象传真广播系统等各种专业气象信息系统所采集、发送的各类信息通过交换网络进行收集、整理、存储。

4. 通信系统

通信系统是气象信息综合服务系统的数据输入、输出通道。采用异步通信方式实现与民航转报系统、地方实况报的信息接收、存储、转发。该系统具有以下主要功能：

（1）实时接收来自自动转报机的机场天气实况报和预报。

（2）实时接收来自电信局的航危报。

（3）对接收到的报文进行处理，按一定格式存入服务器的数据库，供各子系统随时调用。

（4）对特选报和航危报作相应处理，以便有关工作站能实时得到告警消息。

（5）能对多路报文同时在屏幕上进行监视。

（6）能通过通信端口实时发送有关工作站发出的 AFTN 报。

（7）将发送的报文存档。

（8）修改数据传输格式、波特率。

5. 气象信息综合分析处理系统

气象信息综合分析处理系统涵盖了"机场预报制作系统"和"区域和航路预报制作系统"。它以各类气象资料和情报为基础，充分应用数值预报产品，通过人机交互

功能，生成规定格式的机场预报产品和航空区域及航路天气预报产品，为气象预报人员提供一个集航空气象预报产品发布、图形制作、气象信息检索浏览备份于一体的开放式工作平台。实现情报传递自动化、资料分析智能化、产品制作和气象服务自动化，业务运行程序和工作内容标准化。

气象信息综合分析处理系统主要配置有图形工作站、计算工作站、系统软件（一般采用 Windows）及天气图系统软件、数值预报系统软件、航空气象情报系统软件、图形制作与显示系统软件、系统设置软件等多种气象信息处理应用软件。

气象信息综合分析处理系统主要功能有以下几项：

（1）气象情报的传递和交换，包括各类航空气象情报的编辑、发送，检索、请求和打印，人工处理和分析各类气象情报，检索打印各种航空气象图形产品。

（2）气象图形产品的制作和交互处理，包括自动或人工交互生成各种气象图形，并对各种气象图形进行编辑加工。

（3）显示卫星云图、雷达图和其他图像。

（4）飞行文件的制作处理。

（5）资料处理和保存。

（6）提供外部程序引入接口。

（7）具有图形图像动画、缩放、区域选择、多图显示功能。

（8）天气图、数值预报、传真图、卫星云图、雷达图、自动观测。

自动观测显示资料包括：资料的采集时间；跑道信息；风向 / 风速；能见度组；天气现象；云量、云底高（垂直能见度）；温度、露点和湿度；降水量；场面气压（QFE）、修正海压（QNH）；机场标高。

其他功能包括：在中国区域地图上实时显示各机场的自动观测资料；自动观测系统监视界面有提示或告警功能：当云高、RVR、风速变化通过某值（可设置）时自动告警（通过不同颜色提示）；可以绘制单要素或多要素时间序列图（时间段可选）；数据实时刷新。

（9）航空气象情报。依照《民用航空飞行气象情报发布与交换办法》对各类报文和图形资料进行制作、编辑、发送、请求和检索、打印等。

（10）天气形势讲解功能。将天气图等信息与语音合成形成讲解短片，供用户随时播放使用。

（11）预报业务日志，预报平台的管理功能。

三、空中交通流量管理机构及管理原则

空中交通流量管理是指为保证进入或通过空中交通需求超过空中交通管制系统容量的地区的最佳流量的服务。

1. 飞行流量管理机构

全国飞行流量管理机构可分为中国民航局飞行流量管理单位和地区管理局飞行流

量管理单位两级。各空中交通管制单位是飞行流量管理的具体实施单位。

中国民航局飞行流量管理单位的职责是掌握全国的飞行计划和飞行动态，监控国际航路、国内主要航路和飞行量密集地区的飞行流量，提出流量控制的措施并组织实施，掌握民航定期和不定期飞行起飞、降落时刻，与非民航有关单位进行协调，协调地区管理局飞行流量管理单位之间发生的或与航空器经营人航务部门之间出现的流量管理问题。

地区管理局飞行流量管理单位的职责是掌握本地区管理局范围内的飞行计划和飞行动态，监控本地区管理局范围内的飞行流量，提出流量控制的措施并组织实施，对本地区管理局各机场定期和不定期飞行起飞、降落时刻提出审核意见，与本地区有关的非民用航空单位进行协调，协调本管理局空中交通管制单位与航空器经营人航务部门之间出现的有关流量的问题。

2. 实施飞行流量管理的原则

飞行流量管理可分为先期流量管理、飞行前流量管理和实时流量管理。实施飞行流量管理的原则是以先期流量管理和飞行前流量管理为主，实时流量管理为辅。

（1）先期流量管理包括对全国和地区航线结构的合理调整、制定班期时刻表和飞行前对非定期航班的飞行时刻进行协调。其目的是防止航空器在某一地区或机场过于集中和出现超负荷流量，以致危及飞行安全，影响航班正常运转。

（2）飞行前流量管理是指当发生恶劣天气、通信导航雷达设施故障、预计扇区或区域流量超负荷等情况时，采取改变航线、改变航空器开车、起飞时刻等方法，疏导空中交通，维持正常的飞行秩序。

（3）实时流量管理是指当飞行中发现或按照飞行预报将要在某一段航路、某一区域或某一机场出现飞行流量超过限额时，采取改变航段，增开扇区，限制起飞、着陆时刻，限制进入管制区时刻或者限制通过某一导航设备上空的时刻，安排航空器空中等待，调整航空器速度等方法，控制航空器按照规定间隔有秩序地运行。

因航线天气恶劣需要改变预定飞行航线时，由有关航空器经营人或中国民航局飞行流量管理单位提出申请，经中国民航局协调有关单位后，通知有关地区管理局飞行流量管理单位和空中交通管制单位。因通信、导航、雷达设施发生故障需要改变预定飞行航线时，由发生故障的单位逐级上报至民航局，由民航局飞行流量管理单位协调有关单位后，向有关地区管理局飞行流量管理单位和空中交通管制单位发出改变预定航线的电报。预计扇区或区域流量超过负荷需要改变航线或航段时，由有关区域管制室向地区管理局飞行流量管理单位报告，如果采取的措施只涉及本区管制单位，则由地区管理局飞行流量管理单位协调当地有关单位后发布改变航线或航段的通知，并抄报民航局飞行流量管理单位备案。

限制起飞、着陆时刻和空中等待的程序，根据飞行流量管理的需要确定，区域管制室有权限制本管制区内各机场的起飞时刻，有权就即将由上一区域管制室或进近（机场管制塔台）管制区飞进本管制区的航空器提出限制条件，有权增开扇区。进近管制室（机场管制塔台）有权就即将由区域管制室管制区飞进本管制区的航空器提出

限制条件，有权增开扇区。机场管制塔台有权限制即将由区域（进近）管制室管制区进入本管制区的航空器在本场着陆的时刻。机场管制塔台有权限制航空器的开车和起飞时刻。

拓展阅读

提高空管系统容量的措施

（1）当空管系统的容量出现饱和时，要利用一切合理的方法，开展和挖掘现有航行系统的容量。如加强对空管设施的维护，改善空管人员的生活条件，提高待遇，调动他们的积极性。更主要的是增加更高水平的设施，尽早地做出终端区增加系统容量的规划，以便能满足多个用户预计的活动需求。在制定这样的规划时，要同时考虑到建立有效的标准仪表进／离场航线、分离的目视和仪表进／离场航线和符合噪声抑制要求的航线等。

（2）在有关国家之间加快管制协调、管制移交和管制边界等内容的谈判，力促协议尽快达成。

（3）在有关单位之间，制定更科学的程序，改善流量管理并实现对可用容量的最大利用。

（4）为了最大限度地挖掘、利用机场跑道的容量，在兼顾到航空公司最佳下降航迹的情况下，设计出便于飞行的程序，减少由于人为原因而引起的程序方面的不科学状况。

（5）通过对滑行道和跑道的重新设计，特别是在流量大的机场建立起平行的不相关的跑道，建立起快捷的滑行和联络道，实现最快的进／离场飞行。

单元四　空域管理

一、空域

空域又称"可航空间"，是指空中交通工具在大气空间中的活动范围。《中华人民共和国民用航空法》中规定："中华人民共和国的领陆和领水之上的空域为中华人民共和国领空。中华人民共和国对领空享有完全的、排他的主权。"《国际民用航空公约》

中规定："缔约各国承认每一国家对其领土之上的空气空间享有完全的和排他的主权。"

空域具有自然属性、主权属性、安全属性和资源属性4种属性。

（1）空域的自然属性。空域是地球表面大气层上的一部分，具有明确的下界，如地表、水域表面；具有特定的气候状况，如大气、环流、气象状况等；还具有其他自然地理特征，如地磁场等。

（2）空域的主权属性。国家空域与国家领空、领土一样不容侵犯，它体现了一个国家的主权与尊严，世界各国都对此十分重视。空域与领空具有同一性、不可分性。

（3）空域的安全属性。空域是航空器活动的空间载体，是航空事业赖以生存的必要条件，所以它必须具备安全性。空域的安全性涉及面广，它需要航空器、航空法规、航空管制和地面设施及保障部门的密切配合，才能达到安全目的。

（4）空域的资源属性。空域是一种特殊的国家重要资源。如果空域得到合理、充分利用，就能产生巨大经济效益，否则就是一种资源浪费。

二、空域规划

空域规划是指对某一给定空域，通过对未来空中交通量需求的预测或空域使用各方的要求（军方和民航），根据空中交通流的流向、大小和分布，对其实施战略设计和规划，并加以实施和修正的全过程。

对空域进行类型划分的目的是：在可以接受的安全范围内，为在此空域内运行的航空器提供最大限度的灵活性、机动性，即在高密度、高速度运行的空域内，要为航空器提供最大的间隔，并对其实施主动管制；在飞行活动量较少的区域，如果可以接受的气象条件存在，飞行员本身就能获得所必需的服务。

空域规划包括航路规划、近离场方法和飞行程序的制定。通过航路规划，将统一航线按不同高度加以划分，主要的航线设置为单向航路，可以大大提高航线上的飞行量。近离场属于复杂的进近管制阶段，近离场程序的制定除受机场净空、空中走廊的限制外，还要受到周边机场使用空域的影响。机场作为空中交通的起点和终点，其上空是航空器运行最密集的区域，航空器在这一区域中相撞的概率是最大的，因此，这一区域是空中交通管制的重点和难点。

三、我国的空域划分

根据《中国民用航空空中交通管理规则》，我国用于民用航空的空中交通管制空域，可分为飞行情报区、管制区、限制区、危险区、禁区等。各类空域的划分应符合航路的结构特征、机场的分布状况、飞行活动的性质和提供空中交通管制的需要。

（1）飞行情报区是指为提供飞行情报服务和告警服务而划定范围的空间。为了便于对在中国境内和经国际民航组织批准由我国管理

在线答题

的境外空域内飞行的航空器提供空中交通管制，全国共划分为沈阳、北京、上海、广州、昆明、武汉、兰州、乌鲁木齐、香港和台北十个飞行情报区。为了及时有效地对在我国飞行情报区内遇险失事的航空器进行搜寻援救，在我国境内及其附近海域上空划设搜寻援救区。搜寻援救区的范围与飞行情报区相同。搜寻援救工作的组织与实施按照《中华人民共和国搜寻援救民用航空器规定》执行。

（2）管制区是指自地球表面之上的规定界线向上延伸的管制空域。管制空域应当根据所划空域内的航路结构和通信、导航、气象、监视能力划分，以便对所划空域内的航空器飞行提供有效的空中交通管制服务。管制空域可分为 A、B、C、D 四类。

1）A 类空域为高空管制空域。在我国境内 6 600 米（含）以上的空间，划分为若干个高空管制空域，在此空域内飞行的航空器必须按照仪表飞行规则飞行并接受空中交通管制服务。

2）B 类空域为中低空管制空域。在我国境内 6 600 米（不含）以下最低高度层以上的空间，划分为若干个中低空管制空域。在此空域内飞行的航空器，可以按照仪表飞行规则飞行。如果符合目视飞行规则的条件，经航空器驾驶员申请，并经中低空管制室批准，也可以按照目视飞行规则飞行，并接受空中交通管制服务。

3）C 类空域为进近管制空域。通常是指在一个或几个机场附近的航路会合处划设的便于进场和离场航空器飞行的管制空域。它是中低空管制空域与塔台管制空域之间的连接部分，其垂直范围通常在 6 000 米（含）以下最低高度层以上；水平范围通常为半径 50 千米或走廊进出口以内的除机场塔台管制范围以外的空间。

4）D 类空域为塔台管制空域，通常包括起落航线、第一等待高度层（含）及其以下地球表面以上的空间和机场机动区。

（3）限制区、危险区、禁区是指根据需要，经批准划设的空域。飞行中的航空器应使用机载和地面导航设备，准确掌握航空器位置，防止航空器误入危险区、限制区、禁区。空中交通管制单位应严密监视飞行中的航空器动态，发现航空器将误飞入危险区、限制区、禁区时，应及时作出提醒，必要时采取措施予以纠正。

拓展阅读

未来空域管理的趋势

对于未来，空中航空器飞行数量会越来越多，空域管理会越来越严峻。对于美国、欧洲大部分航空运输业发达的国家，已经在现有的空域管理基础上进行了重新的系统规划。以美国为例，从 1998 年到 2015 年美国国家空域管理经历了三大阶段，基本形成了全国空域系统的现代化，分管制能力、导航着陆灯光系统、监视、通信等 14 个领域。在未来美国国家空域系统规划的目的是完全实现空域管理现代化，并向空中飞行自由化过渡，同时运用新技术、新程序和新概念，以满足国家空域使用者和服务者的各类需求。

我国的空域资源与美国的十分接近，但美国的机场密度与飞行流量分别是我国的十几倍甚至几十倍，空域资源并未感到紧张，究其主要原因是美国在空域管理体制、基础理论与科学研究、综合信息网络处理系统的建立等方面有一套科学的做法。借鉴航空发达国家的经验，认真研究我国空域管理存在的主要问题，将对提升空域资源利用率、充分发挥空域资源效益起到积极推动作用。

为使我国空域管理尽快与国际接轨，满足未来不同空域用户对空域资源的需求，必须重点做好以下几个方面的工作。

1. 建立统一的空域管理体系

空域资源归国家所有，空域管理应由政府承担，空域使用权应受到政府控制，这是空域战略管理层的职能。同时，减少空域管理层次是实现空域战略管理层职能的有效途径，也是世界各国空域管理追求的目标。为了适应未来空中交通管理系统一体化发展趋势，建立统一的空域管理体系是实现空域资源最大化利用的重中之重。

2. 建立适应国情的空域管理理论研究体系

理论指导实际，这是亘古不变的真理。要使我国空域管理赶上世界先进水平，必须尽快建立适应国情的空域管理理论研究体系。一是加快建立空域管理基础理论。空域管理基础理论是完善空域管理法规和充分发挥空域资源优势的基本依据，是解决空域管理过程中出现问题的有效途径，是空域管理走向科学化和规范化管理的重要环节。二是建立专门的空域管理科学研究机构。空域管理科学研究是有效解决空域基础理论与实际空域管理出现的新问题的重要步骤，是对国家空域资源进行合理规划、配置、开发和管理的重要依据，是为空域战略管理层提供正确决策的关键途径。

3. 建立空域管理数据信息一体化系统

科学技术的迅猛发展为建立高效的空域管理数据信息一体化系统奠定了坚实基础，也为实施灵活动态的空域管理提供了有效手段。各级空域管理层的各种实时数据和基础理论的有机结合，是建立空域管理数据信息系统的关键，是科学地分析空域资源是否得到充分利用的有力工具。

模块小结

　　空中交通管理是航空器安全飞行的重要保障，是国家实现航空高效运输、捍卫领空空域权益的核心内容。本章主要介绍空中交通管理的概况、空中交通管制服务、民航机场气象工程及空域管理的内容。

　　空中交通管制是指利用技术手段和设备对飞机在空中飞行的情况进行监视和管理，以保证其飞行安全和飞行效率。空中交通管制服务根据飞机运行的不同阶段可细分为机场管制服务、进近管制服务、区域管制服务和雷达管制服务。民航机场气象工程包括民航机场气象建设、气象信息综合服务系统、空中交通流量管理机构。空域又称"可航空间"，是指空中交通工具在大气空间中的活动范围。

思考与练习

一、填空题

　　1. 雷达管制是直接使用_____来提供空中交通管制服务的一种空中交通管制形式。

　　2. _____是指空中交通工具在大气空间中的活动范围。

　　3. 空中交通管理分为_____、_____、_____。

　　4. 进近管制室负责一个或数个机场的_____、_____。

　　5. 机场管制地带的下限一般为_____，上限通常为_____。

　　6. 管制员在航空器预计飞越报告点_____后仍未收到报告时，应当立即查问情况并设法取得位置报告。

　　7. 管制空域可分为_____、_____、_____、_____四类。

二、选择题

　　1.（多选）空中交通管制服务包括（　　　）。

　　　　A. 雷达管制服务　　　　　　　　　　B. 区域管制服务

　　　　C. 进近管制服务　　　　　　　　　　D. 机场管制服务

　　2. 在机场内进行控制的管制称为（　　　）。

　　　　A. 机场管制服务　　　　　　　　　　B. 区域管制服务

　　　　C. 进近管制服务　　　　　　　　　　D. 程序管制服务

　　3.（多选）间隔标准可分为（　　　）。

　　　　A. 垂直间隔　　　　　　　　　　　　B. 水平间隔

　　　　C. 时间间隔　　　　　　　　　　　　D. 距离间隔

　　4.（多选）空域具有（　　　）基本属性。

　　　　A. 自然属性　　B. 主权属性　　　　C. 安全属性　　　D. 独立属性

三、简答题

　　1. 空中交通管理的发展大致经历了哪四个阶段？

2. 什么是空中交通管理？空中交通管理的主要任务是什么？

3. 区域管制服务主要包括哪些内容？

4. 根据《民用航空空中交通管制员执照管理规则》，管制员的申报条件包括哪些？

5. 空中交通管制服务根据飞机运行的不同阶段可细分为哪些？

6. 机场气象设备设施建设内容有哪些？

模块五

机　场

1. 了解民航机场的定义及分类；熟悉民航机场的等级划分、机场主要功能及功能分区。

2. 掌握飞行区、助航设置、地面运输区的组成及功能。

3. 掌握机场候机楼的分区、基本构型及各区域的功能。

4. 了解我国大型航空机场及主要航空公司、国际主要航空公司。

通过本模块的学习，能够对机场的分区、功用、服务、标识等有深入的认识。

1. 恰当有效地利用时间。

2. 能按时完成各项任务，遵纪守时。

3. 以积极乐观的态度承担并完成任务，愿意承担一份责任。

4. 具有吃苦耐劳、爱岗敬业的职业精神。

案例
导入

外籍人士到泰国旅游被遣返的事件时有发生，其中最主要的原因就是在过海关的时候，海关询问携带了多少现金，而游客身上现金没带够。

据了解，泰国移民局规定，入境泰国的外籍人士随身携带现金不少于 2 万泰铢（或等值外币，合人民币 3 800 多元），泰国移民官将随机抽查，现金不足者将被拒绝入境。泰国出台该规定的主要目的是打击和防范外籍人员持旅游签证入境后在泰非法驻留并务工，而该规定适用包括落地签在内的各种签证入境人员。

案例分析：很多国家和地区都有对外国旅客随身携带的现金数量进行规定，但很多旅客只会注意看现金数量最多可携带的上限，而不会看有没有下限规定，再加上很多自由行的年轻旅客会认为身上只需要备少量现金即可，因为到处都可以刷信用卡。但是海关抽检的情况是会随时发生的，如果被检查到现金不足，可能会被怀疑，由此导致被拒绝入境。

单元一 民用机场概述

一、民航机场的定义及分类

1. 民航机场的定义

国际民航组织将机场定义为：供飞机起飞、降落和地面活动而划定的一块地域或水域。其包括域内的各种建筑物和设备装置。

2. 民航机场的分类

（1）一般来说，民航机场可分为军用机场、民用机场和军民合用机场三大类。

1）军用机场。军用机场是指专供军用飞机起飞、降落、停放和组织、保障飞行活动的场所，是航空兵进行作战训练等各项任务的基地。

2）民用机场。民用机场是指专供民用飞机起飞、降落、停放及进行其他活动使用的划定区域，包括附属的建筑物、装置和设施。

3）军民合用机场。军民合用机场是指既可军用又可民用的机场。

（2）按进出机场的航线业务范围划分，民航机场可分为国际机场、国内航线机场、地区航线机场。

1）国际机场。国际机场有国际航线出入，因此是设有海关、边防检查（护照检查）、卫生检疫、动植物检疫和商品检验等联检机构的机场。国际机场又可分为国际定期航班机场、国际定期航班备降机场和国际不定期航班机场。

2）国内航线机场。专供国内航线使用的机场。

3）地区航线机场。在我国指大陆（除香港、澳门外）民航运输企业与香港、澳门、台湾等地区之间定期或不定期的航班飞行使用，并设有相应（类似国际机场的）联检机构的机场。我国的地区航线机场应属国内航线机场。在国外，地区航线机场通常是指为适应个别地区空管需求，可提供短程国际航线起降的机场。

（3）按机场在航空运输网络中的地位划分。机场是航空运输系统网络的节点，按照其在该网络中的作用，通常可分为枢纽机场、干线机场和支线机场。

1）枢纽机场。国际、国内航线密集的机场。旅客在此可以很方便地中转到其他机场。根据业务量的大小，可分为大、中、小型枢纽机场。美国大型枢纽机场的中转旅客百分比很大，如芝加哥奥黑尔机场和亚特兰大哈茨菲尔德机场的中转旅客超过50%。目前，国内一般认为北京首都国际机场、上海浦东国际机场和广州新白云国际机场为枢纽机场，但其中转百分比还不够大。

2）干线机场。以国内航线为主，航线连接枢纽机场和重要城市（在我国指直辖市、各省会或自治区首府及计划单列市和重要旅游城市），空运量较为集中，年旅客吞吐量达到某适当水平的机场。我国现有干线机场 30 多个。

3）支线机场。经济比较发达的中小城市和一般旅游城市，或经济欠发达且地面交通不便、空运量较少的城市地方机场。这些机场的航线多为本省区航线或邻近省区支线。

二、民航机场的等级划分

1. 根据机场所在城市性质、地位分类

根据机场所在城市性质、地位不同，民航机场可分为Ⅰ类机场、Ⅱ类机场、Ⅲ类机场和Ⅳ类机场四个等级。

（1）Ⅰ类机场是全国经济、政治、文化中心等大城市的机场，是全国航空运输网络和国际航线的枢纽。Ⅰ类机场一般运输业务繁忙，除承担直达客货运输外，还具有中转功能。

（2）Ⅱ类机场也称干线机场，即省会、自治区首府、直辖市和重要经济特区、开放城市和旅游城市，或经济发达、人口密集城市的机场，是区域或省区内民航运输的枢纽，有的也可开辟有少量国际航线。

（3）Ⅲ类机场也称次干线机场，即一般对外开放和旅游城市的机场，除区域和省区内支线外，可与少量跨省区中心城市建立航线。

（4）Ⅳ类机场也称支线机场，即省、自治区内经济比较发达的中小城市和旅游城市，或经济欠发达、地面交通不便城市的机场，其航线主要是在本省区内或连接邻近省区。

2. 根据飞行区等级分类

衡量一个机场的大小，其中一个关键的指标就是这个机场可以起降的飞机型号，那么如何判断一个机场可以起降哪种机型呢？这取决于机场跑道的相关指标。按照国际通行标准，机场的飞行区域划分为若干等级。飞行区等级用两个部分组成的编码来表示，第一部分是数字，表示与飞机性能所相应的跑道性能和障碍物的限制；第二部分是字母，表示飞机的尺寸所要求的跑道和滑行道的宽度，因此，对于跑道来说飞行区等级的第一个数字表示所需要的飞行场地长度，第二位的字母表示相应飞机的最大翼展和最大轮距宽度。它们相应的数据见表5-1。

表 5-1　机场等级划分

第一位　数字		第二位　字母		
数字	飞机场地长度 / 米	字母	翼展 / 米	轮距 / 米
1	＜800	A	＜15	＜4.5
2	800～1 200	B	5～24	4.5～6
3	1 200～1 800	C	24～36	6～9
4	1 800 以上	D	36～52	9～14
		E	52～60	9～14
		F	60～80	14～16

4E 级的机场可以起降各种大型的民航飞机，如波音 747-400 等，4F 级的机场可以停放已经投入商用的"空中巨无霸"A380 飞机。

三、民航机场主要功能

民航机场是航空运输的起点站、终点站，又是中转站和经停站。其功能如下：

（1）最根本的是供飞机安全、有序地起飞和着陆。

（2）在飞机起降前后，提供各种设施和设备，供飞机停靠指定机位。

（3）提供各种设施和方便，为旅客及行李、货物和邮件改变交通方式做好组织工作。

（4）提供各种设备和设施，安排旅客和货邮方便、安全、及时、快捷地上下飞机。

（5）提供包括飞机维修在内的各种技术服务，如通信导航监视、空中交通管制、航空气象、航行情报等（这些通常由所在机场的空管部门提供）。

（6）一旦飞机发生事故时，能提供消防和应急救援服务。

（7）为飞机补充燃油、食品、水及航材等，并清除、运走废弃物。

（8）为旅客和货邮的到达及离开机场提供方便的地面交通组织和设施（停车场和停车楼）。

（9）机场基本功能的扩大，即提供各种商业服务，如餐饮、购物、会展、休闲服务等。依托机场还可建立物流园区、临空经济区及航空城等。

拓展阅读

民航机场的重要设施

除功能分区外，民航机场区域内的重要设施还包括：

（1）机场空中交通管理设施，包括指挥塔台及空中交通管制、通信导航监视、航行情报、航空气象等设施。

（2）应急消防救援设施，包括应急指挥中心、救援及医疗中心、消防站、消防供水系统等设施。

（3）机场安全检查设施，包括旅客、货邮及工作人员等安检设施。

（4）机场保安设施，包括飞行区的保安设施、航站楼的保安设施、货运区保安设施、监控与报警系统。

（5）供油设施，包括卸油站、中转油库区、机场使用油库区、航空加油站、机坪管线加油系统及地面汽车加油站等。卸油站和中转油库区一般位于机场边界之外。

（6）动力及电信系统，包括供电、供水、供气、供暖、供冷及电信等

设施。

（7）货运区，包括货运仓库、货物集散地和办公设施及货机坪。

（8）机场环境保障设施，包括防汛抗洪及雨水排放系统、污水处理与排放系统、污物垃圾处理设施、噪声监测及防治设施、鸟害及鼠害防治设施、绿化设施等。

（9）基地航空公司区，航空公司（或分公司）基地所在的机场，应为其安排停机坪、机库、维修车间和航材库等。

（10）属于机场的机务维护设施及地面服务设施等。

（11）旅客服务设施，如航空食品公司、宾馆、休息场所、商店及餐饮、娱乐、游览、会务等设施。

（12）驻场单位区，包括多功能联检单位（海关、边防、商检、卫生及动植物检疫等）、公安、银行、邮局、保险、旅行社等部门。

（13）机场办公及值班场所。

单元二　民用机场的构成与功能

一、飞行区

飞行区是在机场内占地面积最大的区域，其保证飞机安全起降。飞行区又可分为空中和地面两大部分。空中部分是指机场的空域，包括进场和离场的航路，这个区域受机场塔台控制，是飞机进出机场的关键区域；地面部分包括跑道、滑行道、停机坪，以及一些为维修和空中交通管制服务的设施和场地，如机库、塔台、救援中心等。

微课：机场的构成

1. 跑道

跑道是飞机起飞和降落的通道，是机场最核心的功能设施。跑道的等级直接决定着机场的各项关键指标，如飞机起降架次、年旅客吞吐量、高峰小时旅客吞吐量等。除跑道等级区别外，为了方便管理，设定了很多基本参数，包括方向和跑道号、基本尺寸（跑道的长度、宽度和坡度）、跑道的道面和强度。跑道还必须有一定的附属区域来确保飞机起降的安全性，包括道肩、停止道、净空道、升降带和跑道端安全区等部分。

（1）跑道道肩是跑道道面和邻接表面之间过渡用的区域，对称向外扩展，跑道及道肩总宽度大于或等于60米，结构强度小于道面。道肩的作用主要是在飞机滑出跑道时支撑飞机，以及支撑在道肩上行驶的车辆，同时，也可以减少地面泥土、沙石等进入发动机。

（2）停止道是在可用起飞滑跑距离末端以外地面上一块划定的经过整备的长方形区域。停止道的作用是使飞机在放弃起飞时能在它上面停住，其宽度与相连接的跑道相同；强度要求能承受飞机，不致飞机结构损坏即可。

（3）净空道是指跑道端的一区域，飞机可在该区域上空进行一部分起始爬升，达到一个规定高度。净空道的起始点在可用起飞滑跑距离的末端，长度不超过可用起飞滑跑距离的一半，宽度从跑道中线延长线向两侧横向延伸至少75米，对于净空道上空可能对飞机造成危险的物体视为障碍物，应予以移去，如图5-1所示。

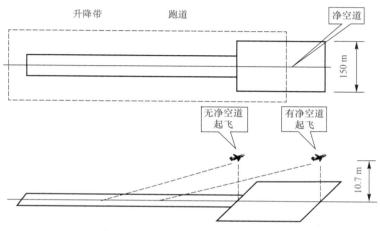

图 5-1 净空道的位置及功用

（4）升降带的位置在跑到入口前，除Ⅰ级非仪表跑道外，自跑道或停止道端向外延伸60米，宽度自跑道中心线横向延伸150米（3、4级）和75米（1、2级）。升降带的作用是减少飞机冲出跑道时遭受损坏的危险，使飞机起降过程中在其上空安全飞过，如图5-2所示。

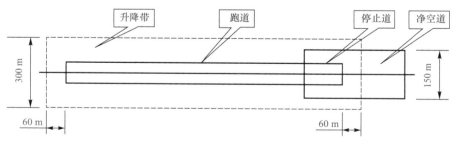

图 5-2 升降带范围

（5）跑道端安全区的位置是自升降带端延伸至少90米，宽度至少为跑道宽度的两倍。其作用主要是减少飞机过早接地或冲出跑道时遭受损坏的危险，如图5-3所示。

2．滑行道

滑行道是机场的重要地面设施，是机场内供飞机滑行的规定通道。

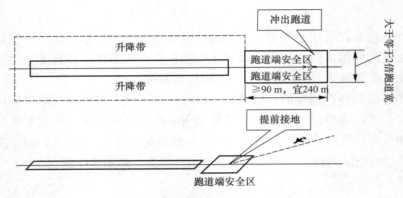

图 5-3　跑道端安全区位置及其功用

（1）滑行道的功能。滑行道的主要功能是提供从跑道到航站区或维修区的通道，应使刚着陆飞机迅速离开跑道，不与滑行起飞的飞机相干扰，并尽量避免延误随后到来的飞机着陆。另外，滑行道还提供了飞机由航站区进入跑道的通道。滑行道还将性质不同和分散的机场各功能分区（飞行区、旅客和货物航站区及飞机的停放区、维修区与供应区）连接起来，使机场最大限度地发挥其容量作用并提高运行效率。

（2）滑行道的构成。各滑行道组成了机场的滑行道系统。滑行道系统的各组成部分起着机场各种功能的过渡媒介的作用，是机场充分发挥功能不可或缺的一部分。

滑行道系统包括以下几项：

1）平行滑行道。

2）入口滑行道。

3）出口滑行道。

4）快速出口滑行道（交通繁忙的机场设置）。

5）机位滑行通道（机坪上仅供进入机位的滑行道）。

6）机坪滑行道（位于机坪的滑行道，供飞机穿越机坪时使用）。

7）联络滑行道。

8）旁通滑行道。

9）绕行滑行道。

10）滑行道桥。

11）滑行道道肩及滑行带等。

平行滑行道与跑道平行（简称"平滑"），是联系停机坪与跑道两端交通的主要滑行道。并不是所有跑道都必须设置平行滑行道，交通量少的跑道可不设。

从跑道脱离的出口滑行道可与跑道成直角，也可以成锐角（甚至还有弧形）。直角形（或大于45°）滑行道需要飞机减速到较低速度，方可滑离跑道。锐角形滑行道则允许飞机以较高速度滑离跑道，从而减少占用跑道的时间，提高跑道的容量，所以称为快速出口滑行道。快速出口滑行道与跑道交叉角不应大于45°，也不应小于

25°，最好取 30°。快速出口滑行道在转出曲线之后必须要有一段直线距离，其长度应有足够的空间能让转出飞机在进入（或穿越）任何交叉滑行道以前完全停住，以避免与在交叉滑行道上滑行的飞机发生碰撞。

滑行道拐弯处、滑行道与跑道、停机坪及其他滑行道的连接处和交叉处，应设增补面。

当滑行道必须跨越其他地面交通设施（道路、铁路、管沟等）或露天水面（河流、海湾等）时，则需要设置滑行道桥。滑行道桥应设置在滑行道的直线段上。

3. 停机坪

停机坪是机场为飞机上下旅客、装卸货物和邮件、加油、停放或维修而划定的一个区域。根据其使用目的和功能不同，停机坪可分为上下旅客停机坪、等待起飞机坪、等候机位机坪和维修坪等。

上下旅客停机坪供旅客上下飞机、装卸货物等使用，是最主要的停机坪；等待起飞机坪设在跑道端部，常称为"试车坪"或"预热机坪"，供飞机在起飞前做最后的检查和等待放行使用，等待起飞机坪要足够大，以便当有一架飞机由于故障不能起飞时，不致影响另一架需要起飞的飞机正常运行；等候机位机坪是在机场设置一个地点合适的相对小的机坪，用于临时停放飞机，当上下旅客停机坪的停机门位数不足时，空管部门就可以指挥飞机到等候机位机坪，等有了停机门位时再到上下旅客停机坪；维修坪是供飞机维修使用的停机坪，应具备飞机维修所需要的水、电、气等设施。

二、助航设施

目视助航设施是在机场飞行区内及其附近，为给飞机驾驶员昼夜提供起飞、进近、着陆和滑行的目视引导信号而设置的工程设施，一般由道面标志、标记牌、机场灯光系统等组成。

1. 道面标志

道面标志主要包括跑道道面标志、滑行道道面标志及其他标志。

（1）跑道道面标志。跑道道面标志的颜色都是白色。跑道的识别标志即各跑道号码，编号和字母的格式和尺寸如图 5-4 所示，跑道号码位于跑道端头的道面上，位置及尺寸如图 5-5 所示。

正常跑道入口标志从离入口 6 米的距离处开始，由一组尺寸相同、位置对称于跑道中线的纵向线段组成，如图 5-5 所示，该组线段也被称为跑道端线。入口标志的线段应从距离跑道入口 6 米处开始，线段的总数应按跑道宽度确定，跑道宽度 18 米线段的总数为 4；跑道宽度 23 米线段的总数为 6；跑道宽度 30 米线段的总数为 8；跑道宽度 45 米线段的总数为 12；跑道宽度 60 米线段的总数为 16。入口标志的线段应横向布置至距离跑道边不大于 3 米处或跑道中线两侧各 27 米处，以得出较小的横向宽度为准。线段长度应至少 30 米，宜为 45 米，宽约 1.8 米，线段间距约 1.8 米，且最靠近跑道中线的两条线段之间应用双倍的间距隔开。跑道入口若需暂时内移或永久内移，则

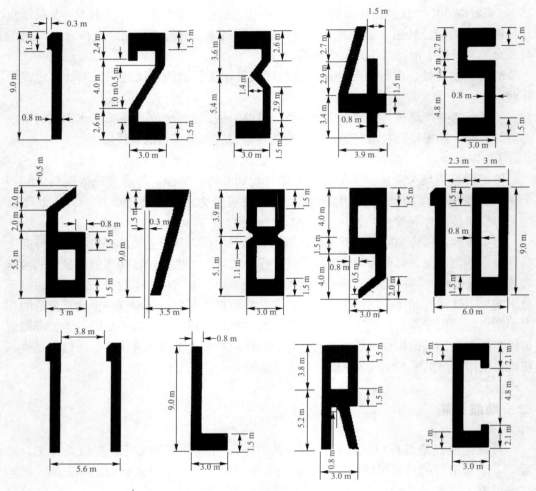

图 5-4　跑道号码的编号、字母的格式和尺寸

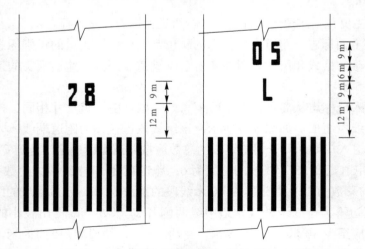

图 5-5　跑道号码在跑道上的位置及尺寸

跑道入口标志应增加一条横向线段，其宽度应不小于 1.8 米。当跑道入口永久内移时，应按在内移跑道入口以前的那部分跑道上设箭头；当跑道入口是从正常位置临时内移时，应加以标志，将内移跑道入口以前除跑道中线标志和跑道边线标志外的所有标志遮掩，并将跑道中线标志改为箭头。当内移跑道入口以前的跑道已不适于飞机的地面活动时，此区域应设置入口前标志，同时，对该部分道面所有原跑道标志进行遮掩或清除。在跑道入口仅在短时间内临时内移的情况下，不在跑道上油漆内移跑道入口标志，而用与其形式和颜色相同的标志物来代替也能得到满意的效果。箭头设置应对称于中线排列。其数量应按跑道的宽度确定。

另外，跑道上还有跑道中线标志、定距标志、接地带标志、跑道掉头坪标志等。跑道中线标志是沿跑道中心线且有一定间隔的一组白色条形线，一般白色条形长 30 米，间隔 20 米。定距标志在基准代码为 4 的铺砌面的跑道两端必须设置，起点必须在距入口 300 米处，由长 45 ～ 60 米、宽 6 ～ 10 米的矩形标志组成，对称设置在跑道中线两侧，内侧边横向间隔为 18 ～ 22.5 米，最好是 18 米。接地带标志在精密进近跑道必须设置，但不适用于宽度小于 23 米的跑道，由若干对对称在跑道中线两侧的长方形标志组成，长度不小于 22.5 米，相邻线条间隔 1.5 米，纵向间距为 150 米。跑道上的各种标志如图 5-6 所示。

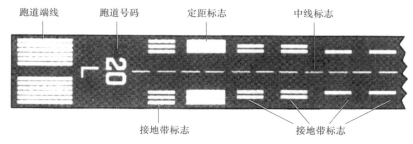

图 5-6　跑道上的各种标志

跑道掉头坪标志应从跑道中线弯出进入掉头坪，其转弯半径应与预计使用该跑道掉头坪的飞机的操纵特性和正常滑行速度相适应。跑道掉头坪标志与跑道中线标志的交接角应不大于 30°，其曲线部分的设计宜能保证前轮转向角不超过 45°，如图 5-7 所示。

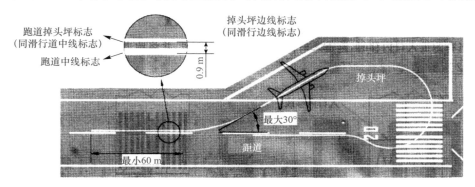

图 5-7　跑道掉头坪标志

115

（2）滑行道道面标志。滑行道的标志线颜色为黄色。基准代码为3或4的有铺砌面的滑行道上必须设置滑行道中线标志，用以提供自跑道中线至停机坪上机位标志开始点的引导，中线标志是至少宽15厘米的连续实线。浅色道面（如水泥混凝土道面）上的滑行道中线标志两侧宜设置不小于0.05米宽的黑边，如图5-8所示。

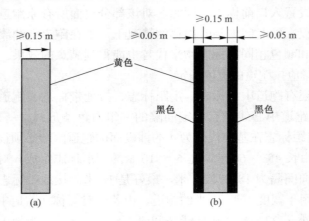

图5-8　滑行道中线标志

（a）深色道面（如沥青混凝土）；（b）浅色道面（如水泥混凝土）

滑行道中线标志在与跑道等待位置标志、中间等待位置标志及各类跑道标志相交处应中断，中断的滑行道中线标志与上述标志的净距为0.9米（不含黑框）。在0.9米间距无法实现时，也可采用0.3米间距。

在滑行道直线段，滑行道中线标志应沿滑行道中线设置；在滑行道弯道部分（飞机机位滑行通道除外），滑行道中线标志在使飞机的驾驶舱保持在滑行道中线标志上的同时，飞机的外侧主轮与滑行道边缘之间的净距应满足规定。作为跑道出口的滑行道（含快速出口滑行道和垂直滑行道），该滑行道中线标志应以曲线形式转向跑道中线标志，并平行（相距0.9米）于跑道中线延伸至超过切点一定距离，此距离在飞行区指标Ⅰ为3或4时应不小于60米，飞行区指标Ⅰ为1或2时应不小于30米。

当机场交通密度为中或高时，在与跑道直接相连的滑行道（单向运行的滑行道除外）上的A型跑道等待位置处，应设置增强型滑行道中线标志。该标志的作用是为飞机驾驶员提供额外的确认A型跑道等待位置的目视参与，并构成跑道侵入防范措施的一部分。

（3）其他标志。除跑道和滑行道上的标志外，机场内还有其他一些目视助航设施。

着陆方向标是用于表示着陆方向的标志，设计为"T"形，颜色一般为白色或橙色，夜间设有照明或以白色灯勾画其轮廓，如图5-9所示。

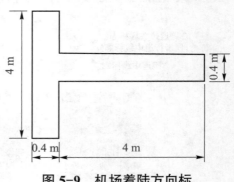

图5-9　机场着陆方向标

机场风向标能指示最终进近和起飞的风向、风速，根据 ICAO 规定每个机场必须至少设置一个风向标，如图 5-10 所示。它的安装位置选择应保证不受附近物体或旋翼吹起的气流的干扰，必须保障在至少 200 米处的飞机上能清晰辨认。风向袋采用截头圆锥面，使用织物制成，长度不小于 3.6 米，大头直径不小于 0.9 米，指明当地风向并能大致显示风速。

图 5-10　机场风向标

2．标记牌

标记牌的主要目的是帮助飞行人员在机场上滑行飞机。在进行管制的机场上，标记牌起到补充管制员指示的作用，并帮助飞行人员履行指示。标记牌还能帮助空中交通管制人员简化对飞机滑行放行、滑行路径和等待的指示。在没有机场交通管制塔台的地方，或者飞机上没有无线电设备，标记牌为飞行员提供去机场各主要目的地的引导。标记牌按照功能划分，一般可分为强制性标记牌和信息标记牌两大类，如图 5-11 所示。

（1）强制性标记牌。一般来说，红底色白字体的标记牌为强制性标记牌，用来指示跑道的边界，或进入临界区域，或者是禁止航空器进入的区域。在管制机场内，如果没有 ATC 的许可，在滑行过程中，任何时候看到红色的标记牌，都必须等待。只有在获得 ATC 的指令后才可以继续滑行。

（2）信息标记牌。信息标记牌的作用主要是标明一个特定位置或提供方向、目的地信息。其包括方向标记牌、位置标记牌、目的地标记牌、跑道出口 / 脱离标记牌、机位标记牌和短距起飞标记牌几大类。

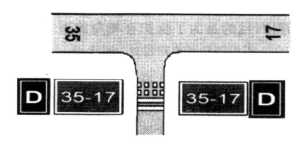

图 5-11　滑行道等待位置线两侧的标记牌

3．机场灯光系统

（1）机场目视助航灯光是机场目视助航工程的主要设施，是目视助航设施中重要的组成部分，因而民用航空业发展至今形成了一套科学的机场目视助航灯光要求。灯光和灯具的布置应满足构形、颜色、光强和有效范围四个方面的要求，同时，还要保障飞机运行安全。构形和颜色能提供动态三维定位的重要信息。构形提供引导信息，而颜色提醒驾驶员在此系统中的位置；光强和有效范围是指对构形和颜色作用的正常发挥，具有非常重要的光的特性。驾驶员应对系统的构形和颜色非常熟悉，并且能感到增加或减少光的输出时的光强变化。这四个方面适用于所有机场的灯光系统。

1）构形。构形是指助航灯光系统的各部分的位置和灯的间距。灯的位置形状是与跑道中线纵横都成行布置的。

2）颜色。颜色表示的是机场内不同的灯光系统，便于辨别。同时，有色灯光有利于传递指示或信息。如红色比其他颜色更容易被识别，红色表示危险，禁止通过；绿色表示安全，允许通过；蓝色表示平静，提示"身处港湾"；白色表示明快，突出显眼。飞行员通过观察灯光构形及颜色和颜色的变化，可以判断飞机在系统中所处的位置，并采取措施控制飞行的姿态。

3）光强。发光强度是表征光源在一定方向范围内发出的可见光辐射强弱的物理量，简称光强。光强是光在观看者眼睛里产生的照度确定的，灯光信号太弱，驾驶员会看不到，灯光信号太强，又会使驾驶员感到目眩，因此，灯光的强度要与周围的情况相匹配。

光强是光学的基本物理量，量度单位为坎德拉（符号为 cd）。

光能不能被看到，是由光在观看者眼里产生的照度决定的。同一光源发出的光，可以以不同的程度照明物体。照度与物体到光源的距离 D 的平方成反比，照度的单位是勒克斯（1x）。光强为 I（cd）的光源，通过透射系数为 1 的大气后，在距离 D（km）处产生的照度 E：

$$E=I/D^2$$

当照度 E 等于最小可感照度时，表示该光刚刚能被看到，称此时离光源的距离 D 为该光的视程。

在不同的能见度时，应该设置什么灯及灯的光强都应该按《民用机场飞行区技术标准》（MH 5001—2013）执行。

4）光的有效范围指机场的各种灯光系统，因功用不同，引导方式不同，而要求有不同的作用距离和照明角度。灯的结构中使用了反射镜、透镜或棱镜，它们把向不需要光的方向发出的光更改到需要光的方向，这样能增加需要光的方向上的光强而不增加功率的消耗；另外，为了减少附近的灯光发出的恼人的眩光，要将在很近距离观察的方向上的一部分灯光改变到在较好能见度时在较远距离观察的方向上。

光学系统产生的光束越窄，光束的光强就越高。

（2）机场灯光系统的组成包括进近灯光系统、跑道灯光系统和其他灯光等。

1）进近灯光系统。进近灯光系统的组成包括进近中线灯、进近横排灯、进近旁线灯、目视进近坡度指示灯及进近灯标。

①进近中线灯。进近中线灯是安装于跑道中线上的一个固定灯标,其颜色为可变白色。1、2、3 类精密进近灯光,延伸至跑道入口不少于 900 米,灯具间隔为 30 米,如果是简易跑道,进近灯光则延伸至距离跑道入口不少于 420 米,灯具纵向间隔为 60 米。

②进近横排灯。在跑道入口 300 米处设置横排灯(2、3 类精密进近跑道在跑道入口 150 米和 300 米各设置一排),灯光颜色为可变白色。横排灯与跑道中线垂直并被平分为 18 ~ 30 米的直线灯组,每边内侧的灯距离跑道中线延长线为 4.5 米,各向外再设 7 个灯。灯的横向间隔为 1.5 米。

③进近旁线灯。2、3 类精密进近跑道一般都安装旁线灯,灯光的颜色为红色。从跑道入口延伸至 270 米处,灯的间距为 30 米。

④目视进近坡度指示灯。目视进近坡度指示灯由多组成对灯组组成,一般可分为筒式、三排式或 T 式三种。种类不同灯组数量也不同,安装的位置也有所区别。有的对称地排列在跑道两侧,多数则排列在跑道左侧。

⑤进近灯标。在跑道中线延长线上距离跑道入口 300 米至 900 米处设置进近闪光灯标。进近灯标颜色为白色闪光,但在跑道低仰角部分一般予以遮蔽,使飞行员在向进近灯标的方向起飞时,只能在离地以后才能看到灯光。这些灯标的闪光顺序为逐个由前至后,每个灯闪光频率为 1 次 / 秒。

2)跑道灯光系统。供白天低能见度或夜间使用的跑道,须按要求设置跑道灯光。跑道灯管系统主要包括跑道边线灯、跑道入口灯、跑道末端灯、跑道中线灯、跑道接地带灯。

①跑道边线灯。夜间使用的跑道或昼夜使用的精密进近跑道应设置跑道边线灯。跑道边线灯应采用轻型易折的灯具,跑道边线灯在跑道入口灯和跑道末端灯之间的范围内,沿着跑道全长设置在对称于跑道中线、距离跑道边线外不大于 3 米的两条平行线上。灯具的纵向间距应尽量均匀一致并且不大于 60 米。在跑道与滑行道相交处或在跑道端设有掉头坪处,灯的间距设置可不规则,在 50 ~ 70 米也可以少设一个灯。如果由于少设置一个灯使灯间距离大于 120 米,则应用嵌入式灯具填空,当跑道上设有跑道中线灯时,在设有出口滑行道处可不受 120 米的限制。跑道两侧的灯必须一一对应,形成一条垂直于跑道中线的直线。

跑道边线灯必须是发白光的恒定发光灯。但在跑道入口内移的情况下,从跑道端至内移跑道入口之间的灯必须对接近方向显示红色;跑道末端 600 米范围内的跑道边线灯朝向跑道中部的灯光颜色应为黄色,如跑道长度不足 1 800 米,则发黄色光的跑道边线灯所占长度应为跑道长度的 1/3。

②跑道入口灯。当跑道入口位于跑道端时,跑道入口灯必须设置在跑道端外垂直于跑道中线的一条直线上,并且尽可能地靠近跑道端,距离不得大于 3 米。当跑道入口内移时,跑道入口灯应设置在内移的入口处的一条垂直于跑道中线的直线上,两端的灯具应位于跑道边线上。在非仪表或非精密进近跑道中,跑道入口灯至少 6 个。在 I 类精密进近跑道中,应在跑道边线灯之间以 3 米间距设置所需数目的灯。Ⅱ类和Ⅲ类精密进近跑道,在跑道边线灯之间以不大于 3 米的间距等距离设置所需数目入口灯。

③跑道末端灯。设置跑道边线灯的跑道应设置跑道末端灯。跑道末端灯应设置在

跑道端外垂直于跑道中线的一条直线上，并尽可能靠近跑道端，距离不得大于 3 米。跑道末端灯至少由 6 个灯组成，可以在两行跑道边灯线之间等距布置，也可以对称于跑道中线分为两组，每一组灯等距布置，在两组之间留一个不大于两行跑道边灯线间距的一半的缺口。Ⅲ类精密进近跑道的跑道末端灯除两组灯之间的缺口外（如设缺口），相邻灯具的灯间距离应不大于 6 米。跑道末端灯必须是向跑道方向发红色光的单向恒定发光灯，由总高不大于 0.35 米的轻型易折的立式灯具或嵌入式灯具组成。精密进近跑道的跑道末端灯宜由跑道边灯的串联电路统一供电。当有两个串联电路时，跑道末端灯应隔灯由两个电路交替供电。

④跑道中线灯。精密进近跑道及起飞跑道应设置跑道中线灯。跑道中线灯宜采用嵌入式灯具。

跑道中线灯沿中线设置，允许设置在偏离跑道中线同一侧不大于 60 厘米处，在出口滑行道较少的一侧。灯具必须从跑道入口到末端按下列纵向间距设置：Ⅲ类精密进近跑道上为 7.5 米或 15 米；Ⅱ类精密进近跑道上为 7.5 米、15 米或 30 米（跑道中线灯的维护能够使灯具的完好率达到 95% 以上，同时没有两个相邻的灯具失效；而如跑道在跑道视程等于或大于 350 米的运行情况下，灯具的纵向间距才可以大致为 30 米）。跑道中线灯灯光自跑道入口到距离跑道末端 900 米范围内应为白色；从距离跑道末端 900 米处开始到距离跑道末端 300 米的范围内应为红色与白色相间；从距离跑道末端 300 米开始到跑道末端应为红色；如跑道长度小于 1 800 米，则应该为自跑道的中点到起点距离跑道末端 300 米处范围内为红色与白色相间。

跑道中线灯由两路分五级调光的串联电路隔灯交替供电。但在红色灯与白色灯相间的范围内应每隔两个灯交替供电，确保当一个电路失效时仍能保持红白相间的图形。跑道中线灯应有自动投入的应急电源，应急电源的投入速度应满足灯光转换时间不大于 15 秒（Ⅱ类和Ⅲ类精密进近跑道不大于 1 秒）的要求。

⑤跑道接地带灯。Ⅱ类或Ⅲ类精密进近跑道必须设置接地带灯。

接地带灯应由嵌入式单向恒定发白色光的短排灯组成，朝向进近方向发光。短排灯必须至少由三个灯组成，灯的间距不大于 1.5 米。短排灯的长度应不小于 3 米，也不大于 4.5 米。短排灯应成对地从跑道入口开始以 60 米（Ⅱ类精密进近跑道）或 30 米（Ⅲ类精密进近跑道）的纵向距离设置到距跑道入口 900 米处。成对的短排灯应对称地设置于跑道中线的两侧，横向间距应与接地带标志相同。但是，在跑道长度小于 1 800 米时，必须将该系统缩短，使其不至于越过跑道中点。接地带灯必须为单向发白光的恒定发光灯。

接地带灯由两路分五级调光的串联电路隔短排灯交替供电。跑道两侧对称于跑道中线的一对短排灯应接在同一电路中。接地带灯应有自动投入的应急电源，应急电源的投入速度应满足灯光转换时间不大于 1 秒的要求。

3）其他灯光。除上述灯光系统外，供白天低能见度或夜晚使用的机场还需设置一些其他灯光设施，如滑行道中线灯、滑行道边线灯等。

①滑行道中线灯：在滑行道上，设置滑行道中线灯，灯光的颜色一般是绿色，间距一般小于 60 米。

②滑行道边线灯：安装于滑行道两侧的边缘或距离边缘不大于 3 米处。滑行道边线灯颜色为蓝色。

无论滑行道直线部分还是弯道上的灯距都应小于 60 米，使其能明显地把弯道位置凸显出来。

三、地面运输区

地面运输区是指车辆和旅客活动的区域，包括机场进入通道、机场停车场、内部道路。

（1）机场进入通道。机场是城市的交通中心之一，从城市进出机场的通道是城市规划的一个重要部分。大型城市为了保证机场交通的畅通，都修建了从市区到机场的专用高速公路或高架桥，甚至还开通轻轨交通，以方便旅客出行。

（2）机场停车场、内部道路。

1）机场停车场。除考虑乘机的旅客外，还要考虑接送旅客的车辆、空港工作人员的车辆、观光者和出租车辆的需求，因此，空港的停车场必须有足够大的面积。停车场面积太大也会带来诸多不便，繁忙的空港按车辆使用的急需程度可将停车场分为不同的区域，距离候机楼最近的是出租车辆和接送旅客车辆的停车区，以减少旅客步行的距离。空港职工或航空公司使用的车辆则安排到较远位置或安排专用停车场。

2）内部道路。空港内部道路系统在候机楼外的道路区要进行很好的安排和管理。这个区域各种车辆和行人混行，而且要装卸行李，特别是在高峰时期，容易出现混乱和事故。港内道路的另一个主要区域是安排货运的通路，使货物能通畅地进出货运中心。例如，日本东京成田机场有地下铁路直通数十公里外的东京市区；北京首都机场也修建了通往市区的高速公路。

拓展阅读

机场灯光串联电路

如果准备采用一个串联电路，应对要使用的设备的各种选择方案进行评价。常常是某一项选择确定后其他设备的可选方案就减少了。首先，应对整个电路进行分析，即关键性能的可靠性、安装和运行的经济性、维护简便和多种设备如何相互联系等问题。

另外，机场还应设有发电机组作为备用电源。

每个精密进近灯光系统和跑道灯光系统均应由至少两个电路交替地供电。交替供电的灯光系统的每个电路应延伸到该系统的整体，并且布置在系统中的一个电路损坏时，剩下的灯光图形仍然是平衡而对称的。入口灯通常都是由单独的电路供电。跑道中线灯的交织方式必须不致破坏跑道中线灯的颜色、编码。

图 5-12 给出了 I 类 A 式精密进近灯光系统串联连接的实例。

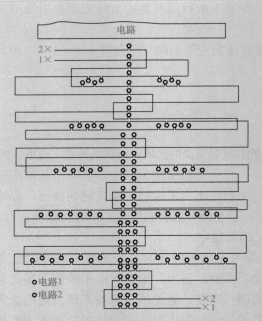

图 5-12 Ⅰ类 A 式精密进近灯光系统

每个跑道端的目视进近坡度指示系统应由一个能分五级或三级调光的串联或并联的电路供电。当系统的供电中断可能危及飞行安全时，应设能够自动投入的备用电源。

如飞机进近需飞越危险或陡峭的地形，则备用电源的投入速度应能满足灯光的转换时间不大于 1 秒的要求。

✈ 单元三　机场候机楼区

候机楼区又称航站楼区，是地面交通和空中交通的结合部，是机场对旅客服务的中心地区，是机场的主要建筑物。候机楼区包含的各种设施可以完成连接地面交通、办理离港手续、连接飞行及为旅客提供出行所需各种服务的功能。

一、候机楼的分区

候机楼可分为旅客服务区和管理服务区两大部分。旅客服务区包括值机柜台、安检及海关通道、登机前候机厅、迎送旅客活动大厅及公共服务设施等。管理服务区包括机场行政和后勤管理部门、政府机构办公区域及航空公司运营区域等。

二、候机楼的基本构型

一般来说，候机楼主要包括以下 5 种基本构型。

1．线型

线型候机楼结构狭长，如图 5-13 所示，它的一侧用于停靠飞机，另一侧作为进场道路和停车场，一字排开，旅客从候机楼出来以后用登机梯上飞机。这种形式的候机楼前不能停放多架飞机，旅客还要在露天地上步行一段距离后才能登机。这种形式的候机楼，现在除一些小型的机场还在使用外，大型航空港都已不再使用。

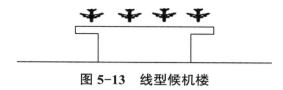

图 5-13　线型候机楼

2．转运车型

转运车型候机楼是线型候机楼的扩展形式，如图 5-14 所示。除一侧摆放飞机外，还多了远机位设置，多配合摆渡车使用。这种布局的优点是缩短了旅客步行距离，节省了建造过长指廊的费用；缺点是需要使用摆渡车，一定程度上增加了登机时间。

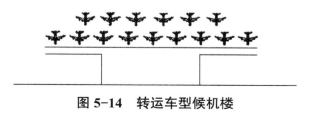

图 5-14　转运车型候机楼

3．指廊型

指廊型是一种候机楼主体向外延伸的构型，如图 5-15 所示。这种建筑形式现在已被大多数机场所采用。但它也有缺点：旅客从候机厅到不同的登机口之间步行的距离相差很大，这对于在指廊远端登机或是中转飞机的旅客而言十分不便。在美国芝加哥的奥黑尔机场，最远的换机距离竟达 2 千米。现代新建的候机楼都安装了电动人行步道，减轻了旅客的负担。

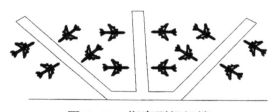

图 5-15　指廊型候机楼

4．卫星型

卫星型是指廊型的扩展形式，它减少了分布于指廊两侧的机位，而把机位多已集中到指廊末端，如图5-16所示。卫星型的布局克服了指廊型候机楼旅客步行距离较长的缺点，能多设固定登机口；一般采用地下连通的方式将卫星楼与主楼连接，能使飞机沿

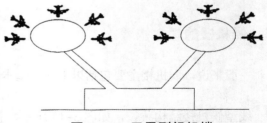

图 5-16　卫星型候机楼

卫星楼周围自由调度。其缺点是设计之前必须对飞机的移动线路和设施的增加做充分考虑；必须与成本高昂的旅客捷运系统配合使用，所以，这种候机楼更适合大规模的机场。

5．中置型

中置型候机楼与线型候机楼的最大区别是航站楼两侧都能摆放飞机。一般来说，中置型候机楼位于两条滑行道之间，也有位于跑道边缘的，常须配合旅客捷运系统使用，如图5-17所示。这种构型的优点：多设在平行滑行道旁，飞机可以在其机位和滑行道之间穿过，因此可以减少飞机的转弯和延误；其缺点是：需要配合旅客捷运系统使用，成本较高，更适合登机口多、规模大的机场。

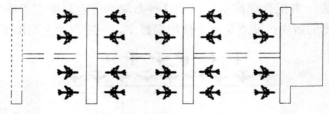

图 5-17　中置型候机楼

三、航站楼各区域的功能

航站楼按照从客流出发和到达所经历的流程来划分，包括售票区域、值机区域、安检区域、登机区域、航站楼商业服务区域。

1．售票区域

候机楼内有专门的售票区域被称之为售票大厅，有专业的工作人员进行航站楼售票的票务工作。售票服务是地勤服务的第一步，它包括订座、出票及客票变更等服务，其质量好坏直接关系到企业的经济效益和社会效益，因此，健全售票工作体系，正确填、开客票，准确核收票款，妥善处理好疑难问题，是向旅客提供优质服务、满足旅客需求、提高经济效益的重要工作内容。

飞机客票销售是航空公司营销工作的重点，客票销售的规范性、政策性要求较高，所以正确填、开客票，处理客票相关事宜非常重要。

2．值机区域

在旅客需要乘机前，必须通过航站楼值机。从航空公司的角度，值机服务即航空公司的旅客运输服务部门为旅客办理乘机手续的整个服务过程。其主要内容包括办理乘机手续前的准备工作、查验客票、安排座位、收运行李、旅客运输服务和旅客运输不正常情况的处理。值机种类包括人工值机、机场自助值机、网上值机、手机值机。

3．安检区域

（1）安检。安检是安全技术检查的简称，是指在民航机场实施的为防止劫（炸）机和其他危害航空安全事件的发生，保障旅客、机组人员和飞机安全而采取的一种强制性的技术性检查。一般安检区域布置在售票大厅与候机大厅之间，形成检查屏蔽，通过的任何人（旅客和员工）都必须通过严格检查，确保候机大厅及登机的安全。

航空公司的安全服务十分必要，它是民航企业提供高质量旅客服务最重要的基础。安检服务的根本目的是防止机场和飞机遭到袭击，防止运输危险品引发的事故，确保乘客的人身和财产安全。安全技术检查工作任务包括：对乘坐民用航空器的旅客及其行李、进入航站楼隔离区的其他人员及其物品与空运货物、邮件的安全检查；对航站楼隔离区的人员、物品进行安全监控；对执行飞行任务的民用航空器实施监护。

（2）联检。针对出入境的旅客和货物，候机楼安检环节更为严格和复杂，被称为候机楼联检业务。联检是指由口岸单位对出入境行为实施的联合检查，由边检、海关、卫生检疫、动植物检疫联合对人员进出境进行检查。联检服务是窗口行业，是连接我国和其他国家的桥梁。

4．登机区域

登机区域主要是指机场内通往不同机位的登机口，为了使旅客正确、迅速、流畅地登机，机场在航班办理登机前都有机场广播提示，并有专门的机场引导人员在对应的登机口为旅客办理登机手续。

5．商业服务区域

随着世界经济的发展，人民生活水平的不断提高，机场禁区内外的商业零售业已成为机场非航空业务收入的重要经济来源和增长点。候机楼零售业在整个非航空主营业务中占据重要地位，它是机场非航空主营业务收入的主要来源。航空楼内的服务除为旅客提供进出机场必不可少的行业服务外，还应该向旅客提供为进出机场及候机时所需要的周到、方便、舒适的商业服务。航站楼商业零售服务的主要分类包括免税店、餐饮、食品、工艺品等。

拓展阅读 ///

机场安检禁液令

中国民航局于 2008 年 3 月 14 日发布了《关于禁止旅客随身携带液态物品乘坐国内航班的公告》，公告中指出乘坐国内航班的乘客禁止携带液态物

品，但可以在符合相关规定的条件下办理托运。2008 年奥运会前国家邮政局也下发了《关于加强邮件收寄及运输管理工作的通知》，要求从 2008 年 6 月 1 日至 10 月 31 日，所有邮政营业窗口都禁止收寄液体类、化工类、粉末类、类似肥皂块状（膏状）物品及不明金属、装有不明气体或液体的封闭装置。2008 年 10 月 31 日邮政"禁液令"解除，而民航部门的"禁液令"仍在执行。

附：《关于禁止旅客随身携带液态物品乘坐国内航班的公告》

为维护旅客生命财产安全，中国民用航空总局决定调整旅客随身携带液态物品乘坐国内航班的相关措施，现公告如下：

（1）乘坐国内航班的旅客一律禁止随身携带液态物品，但可办理交运，其包装应符合民航运输有关规定。

（2）旅客携带少量旅行自用的化妆品，每种化妆品限带一件，其容器容积不得超过 100 毫升，并应置于独立袋内，接受开瓶检查。

（3）来自境外需在中国境内机场转乘国内航班的旅客，其携带入境的免税液态物品应置于袋体完好无损且封口的透明塑料袋内，并需出示购物凭证，经安全检查确认无疑后方可携带。

（4）有婴儿随行的旅客，购票时可向航空公司申请，由航空公司在机上免费提供液态乳制品；糖尿病患者或其他患者携带必需的液态药品，经安全检查确认无疑后，交由机组保管。

（5）乘坐国际、地区航班的旅客，其携带的液态物品仍执行中国民用航空总局 2007 年 3 月 17 日发布的《关于限制携带液态物品乘坐民航飞机的公告》中有关规定。

（6）旅客因违反上述规定造成误机等后果的，责任自负。

单元四　我国大型机场

一、北京首都国际机场和北京大兴国际机场

北京首都国际机场是"中国第一国门"，是中国最重要、规模最大、设备最先进、运输生产最繁忙的大型国际机场，是中国的空中门户和对外交流的重要窗口。北京首都国际机场自 1958 年 3 月 2 日正式投入使用以来，伴随着历史的脚步，始终昂首向前。为满足旅客不断增长的需求，北京首都国际机场从 1965 年开始，先后进行了 7 次大规模的改扩建。1980 年 1 月 1 日，面积达 61 580 平方米的 1 号航站楼正式

启用。1999 年 11 月 1 日，航站楼面积达 33.6 万平方米的 2 号航站楼全面投入运营。自 2004 年 3 月 28 日开工，历经 3 年 9 个月的奋战，北京首都国际机场以又好又快的"中国速度"完成了当时世界上最大的单体航站楼——3 号航站楼的建设工程。随后，在试运行不到两个月的时间里，北京首都国际机场全力组织了 6 次近万人的大规模演练，最终实现了 3 号航站楼的成功接收和顺畅运营，赢得了世界同行的高度评价。随着中国经济的快速发展，并得益于北京得天独厚的政治、经济、文化和地理位置优势，北京首都国际机场的年旅客吞吐量从 1978 年的 103 万人次增长到 2018 年的超过1 亿人次，目前全球排名第 2 位。首都机场是目前国内唯一一个拥有 3 座航站楼、3 条跑道、双塔台同时运行的大型国际航空枢纽。通航点共 296 个，其中国内（含港澳台地区）航点 160 个，国际航点 136 个。

作为欧洲、亚洲及北美洲的核心节点，北京首都国际机场有着得天独厚的地理位置、方便快捷的中转流程、紧密高效的协同合作，使其成为连接亚、欧、美三大航空市场最为便捷的航空枢纽。中国国际航空股份有限公司、中国东方航空集团有限公司、中国南方航空股份有限公司、海南航空控股股份有限公司等中国国内主要航空公司均已在北京首都国际机场设立运营基地。星空联盟、天合联盟和寰宇一家世界三大航空联盟也都视北京首都国际机场为重要的中转枢纽。随着日益完善的国际航线网络的形成，北京首都国际机场成为世界非常繁忙的机场之一，每天有 94 家航空公司近1 700 个航班将北京与世界 54 个国家的 244 个城市紧密连接。仅 2009 年，就先后荣获了"国际机场协会（ACI）全球最佳机场奖"、中国内地首家"SKYTRAX 四星机场"、英国旅游杂志《Conde Nast Traveller》授予的年度"全球最佳机场"等一系列国际殊荣。

多年来，北京首都国际机场以"旅客服务促进委员会""安全管理委员会"和"运行协调管理委员会"为平台，努力营造"同在国门下，同是一家人"的国门文化，共同打造"中国服务"品牌。在近 100 家驻场单位的共同努力下，北京首都国际机场的旅客满意度实现了快速提升。2014 年，国际机场协会（ACI）满意度达 4.93，位居全球机场第三位。

伴随着中国经济的快速发展，北京首都国际机场发展的步伐越来越快。2014 年，荣获 ACI 颁发的"2014 年度 ASQ 亚太区最佳机场"第三名、"年旅客吞吐量 4 000 万人次以上规模最佳机场"第二名，先后获得了国际机场协会（ACI）授予的"ACI-APEX项目合作证书"、亚洲品牌协会授予的"亚洲品牌 500 强"等荣誉。

北京大兴国际机场，位于中国北京市大兴区榆垡镇、礼贤镇和河北省廊坊市广阳区之间，为 4F 级国际机场、世界级航空枢纽、国家发展新动力源。2014 年 12 月 26 日，北京新机场项目开工建设；2018 年 9 月 14 日，北京新机场项目定名"北京大兴国际机场"；2019 年 9 月 25 日，北京大兴国际机场正式通航；2019 年 10 月 27 日，北京大兴国际机场航空口岸正式对外开放，实行外国人 144 小时过境免签、24 小时过境免办边检手续政策。截至 2021 年 2 月，北京大兴国际机场航站楼面积为 78 万平方米；民航站坪设 223 个机位，其中 76 个近机位、147 个远机位；有 4 条运行跑道，东一、北一和西一跑道宽 60 米，分别长 3 400 米、3 800 米和 3 800 米，西二跑道长 3 800 米，

宽 45 米。2020 年，北京大兴国际机场共完成旅客量吞吐量 1 609.144 9 万人次，同比增长 413.3%，全国排名第 17 位；货邮吞吐量 77 252.9 吨，同比增长 949.3%，全国排名第 35 位；飞机起降 133 114 架次，同比增长 532.4%，全国排名第 18 位。北京大兴国际机场航站楼是世界首个实现高铁下穿的航站楼，双层出发车道为世界首创，有效保证了旅客进出机场效率。机场跑道在国内首次采用"全向型"布局，在航空器地面引导、低能见度条件运行等多方面运用世界领先航行新技术，确保了运行效率和品质。机场在全球枢纽机场中首次实现了场内通用车辆 100% 新能源，是中国国内可再生能源利用率最高的机场。

依据北京"一市两场"的定位目标，在功能定位上，北京大兴国际机场定位为大型国际航空枢纽、国家发展一个新的动力源、支撑雄安新区建设的京津冀区域综合交通枢纽；北京首都国际机场定位为大型国际航空枢纽、亚太地区重要复合枢纽、服务于首都核心功能。在这个双枢纽的带动下，京津冀地区将形成一个机场群，天津的滨海国际机场将成为北方的国际航空货运中心，石家庄正定机场重点发展航空快件集散及低成本航空。

二、上海浦东国际机场和上海虹桥国际机场

上海浦东国际机场是中国三大国际机场之一，与北京首都国际机场、香港国际机场并称中国三大国际航空港。上海浦东国际机场位于上海浦东长江入海口南岸的滨海地带，距离虹桥机场约 40 千米。

浦东机场一期工程 1997 年 10 月全面开工，1999 年 9 月建成通航。一期建有一条长 4 000 米、宽 60 米的 4E 级南北向跑道，两条平行滑行道，80 万平方米的机坪，共有 76 个机位，货运库面积达 5 万平方米；同时，装备有导航、通信、监视、气象和后勤保障等系统，能提供 24 小时全天候服务。

浦东航站楼由主楼和候机长廊两大部分组成，均为三层结构，由两条通道连接，面积达 28 万平方米，到港行李输送带 13 条，登机桥 28 座；候机楼内的商业餐饮设施和其他出租服务设施面积达 6 万平方米。

根据 2017 年 11 月官网信息显示，浦东机场有两座航站楼和三个货运区，总面积为 82.4 万平方米，有 218 个机位，其中 135 个客机位。浦东机场拥有 4 条跑道，分别为 3 800 米 2 条，3 400 米、4 000 米各 1 条。截至 2016 年年底，浦东机场已吸引了 37 家航空公司在此运营全货机业务，全货机通航 31 个国家、112 个通航点，每周全货机起降近 1 000 架次。2016 年，机场旅客吞吐量为 6 598.21 万人次，同比增长 9.8%；货邮吞吐量为 342.53 万吨，同比增长 5%；起降架次为 47.99 万次，同比增长 6.8%；上述指标分别位居中国第 2 位、第 1 位、第 2 位。2017 年，浦东机场年旅客吞吐量为 7 000.43 万人次，其自 2006 年超过美国达拉斯沃斯堡机场和法国戴高乐机场。截至 2017 年年底，已有 110 家航空公司开通了飞往上海两大机场的定期航班，连通全球 47 个国家和地区的 297 个通航点。

上海虹桥国际机场位于中国上海市长宁区和闵行区交界处，距市中心 13 千米，为 4E 级民用国际机场，是中国三大门户复合枢纽之一、国际定期航班机场、对外开放的一类航空口岸和国际航班备降机场。

上海虹桥国际机场始建于 1921 年，于 1950 年重建；2010 年启用 2 号航站楼及第二跑道；2014 年底启动 1 号航站楼改造及东交通中心工程，并于 2018 年全面竣工。上海虹桥国际机场建筑面积 51 万平方米；航站楼面积 44.46 万平方米，拥有跑道两条，分别长 3 400 米、3 300 米；停机坪约 48.6 万平方米，共有 89 个机位。2017 年，上海虹桥国际机场旅客吞吐量 4 188.41 万人次，同比增长 3.5%；货邮吞吐量 40.75 万吨，同比下降 5%；起降架次 26.36 万架次，同比增长 0.6%；上述指标分别位居中国第 7 位、第 9 位、第 10 位。2019 年吞吐量全国排名第八。

三、广州白云国际机场

广州白云国际机场是国内三大航空枢纽之一，始建于 20 世纪 30 年代，于 2004 年 8 月 5 日转场正式启用，新机场位于市北的花都区，与市中心海珠广场直线距离为 28 千米，交通极为便利。2010 年 10 月 30 日，广州地铁三号线北延段正式开通，市民乘坐地铁直达机场，实现飞机地铁无缝衔接。转场以来，各项业务得到迅猛发展，转场当年旅客吞吐量就超过了 2 000 万人次，2010 年成功跻身 ACI（国际机场协会）全球机场旅客满意度测评"世界十佳服务机场"。2017 年实现旅客吞吐量 6 583.69 万人次，全球机场排名第 13 位。相比上一年度增加旅客 600 多万人次、增幅达 10.2%，在全球客流量排名前 13 位的机场中，无论是旅客增量还是增速都名列第一。

根据规划，广州白云国际机场的年旅客吞吐量将于 2010 年达到 2 500 万人次。但实际上新机场落成后，仅用一年时间（即从 2004 年 8 月 4 日至 2005 年 8 月 3 日）旅客吞吐量就已超过 2 210 万人次，机场扩建的需求日益明显。白云机场扩建工程于 2012 年 8 月正式动工，建设项目包括第三条跑道及滑行系统、T2 航站楼、站坪及空管、供油等配套设施。2015 年 2 月 5 日，第三跑道已经投入运营，T2 航站楼 2018 年 4 月 26 日投入使用。未来，还将加快第四、第五跑道、东四西四指廊、三号航站楼和 APM 系统建设的三期扩建工程，加快推进货运设施建设。扩建工程的建设将进一步满足珠三角及华南地区日益增长的航空运输需求，加快推进白云机场成为世界级航空枢纽的建设步伐。

白云机场所在地广州，是华南地区最大的进出口岸和重要的交通枢纽，凭借其得天独厚的地理位置及海、陆、空层次分明的交通体系，具有覆盖东南亚、连接欧美澳、辐射内地各主要城市的天然网络优势。目前，白云机场是中国南方航空公司、中国东方航空公司、深圳航空公司、九元航空公司和龙浩航空公司的基地机场；截至 2017 年年底，与超过 75 家中外航空公司建立了业务往来，航线通达国内外 210 多个通航点，其中国际及地区航点近 90 个，航线网络覆盖全球五大洲。未来，白云机场将打造集航空运输、高铁、地铁、城际轨道和高速公路多种交通方式于一体的交通中心和

换乘枢纽，实现泛珠三角、珠三角地区城市与白云机场之间的有效衔接，与广州港、南沙自贸区一道在国家"一带一路"倡议和新一轮对外开放大格局中发挥更大、更重要的作用。

四、深圳宝安国际机场

深圳宝安国际机场是中国境内集海、陆、空联运为一体的现代化国际空港，也是中国境内第一个采用过境运输方式的国际机场。深圳宝安国际机场于 1991 年 10 月正式通航。它是中国第一家由地方自筹资金兴建的机场。在近 30 年的发展历程中，深圳宝安国际机场的发展创造了令世界瞩目的奇迹。实现通航以来，深圳宝安国际机场旅客吞吐量和货邮吞吐量高速增长，多年来一直保持全国第四大机场的地位，经济效益居全国同行业首列。

2011 年，长 3 800 米、宽 60 米的机场第二跑道投入使用。该跑道飞行等级为 4F，可以满足目前世界上最大型客机起降，其中包括"空中巨无霸"——空客 A380 客机。2013 年，深圳宝安机场新航站楼正式启用。新航站楼可分为航站主楼、十字指廊候机厅、远期卫星指廊三个部分，总建筑面积为 45.1 万平方米，共提供 62 个近机位和 14 个临近主体的远机位，为深圳的腾飞插上了翅膀。另外，卫星厅工程项目也已正式动工，2021 年建成启用后，将更好地支撑深圳国际航空枢纽建设和城市经济社会发展。

深圳宝安机场坚持客货并举的发展战略，2018 年客货运业务均保持了良好的发展态势。客运方面，在国内客运业务持续稳定增长的基础上，深圳宝安机场加快国际航线网络布局，促进业务结构持续优化，2018 年深圳机场迎送旅客 4 934.9 万人次，同比增长 8.2%，其中国际旅客吞吐量达 395.3 万人次，同比增长 33.8%，国际客流量在客流总量中的占比进一步提升。在货运方面，深圳宝安机场通过完善货运航线网络、优化货物通关环境，促进货运业务发展，全年货邮吞吐量达 121.9 万吨，同比增长 5.1%。截至 2018 年年底，深圳宝安机场的国际货运航线网络通达全球 14 个货运枢纽。为带动机场进口货物量进一步提升，深圳宝安机场还联合机场海关推出了生鲜货物"空中报关"新模式，有效缩短了空运鲜活货物的通关时间，提升了通关效率。据统计，该政策实施后，深圳宝安机场进口生鲜货物运输量月均提升至 100 吨以上，相比过去增长近两倍。

客货运业务发展良好，不仅增强了深圳机场的核心竞争力，也提升了机场对区域经济发展的集聚带动能力。围绕服务区域经济发展和大空港建设，深圳宝安机场积极探索发展临空经济，相继引入航空航天产业创新园、深圳机场凯悦酒店等配套设施和项目，空港区域也逐渐由复合交通枢纽向交通枢纽牵引、产业特色鲜明、城市功能完善的最具特色航空城的转变，机场集团呈现出"客、货、城"三大板块协调发展的新格局。

作为公共服务平台和城市窗口，深圳宝安机场始终坚持"以人民为中心"的发展理念，聚焦旅客需求，加大新技术、新设施应用，在行业内率先探索数字化转型之路，致力于打造集安全与服务于一体的"未来机场"。

单元五 民航企业

民航企业是指从事和民用航空业有关的各类企业。其中最主要的是航空运输企业，即航空公司，它们是民用航空业生产收入的主要来源。其他类型的航空企业都是围绕着航空运输企业开展活动的。

一、中国主要航空公司概况

1. 中国航空集团公司

中国航空集团公司的前身是 1988 年成立的中国国际航空公司。中国国际航空股份有限公司英文名称为"Air China Limited"，中文简称为"国航股份"，英文简称"Air China"，CA 为其国际标准两字代码，999 为其标准结算代号。中国航空集团公司的历史并不长，2002 年 10 月 11 日，根据国务院批准通过的《民航体制改革方案》，以中国国际航空公司为基础，联合中

微课：中国主要航空公司

国航空总公司（基地位于浙江杭州）和中国西南航空公司（基地位于四川成都），正式成立了中国航空集团公司，并联合三方的优质航空运输资源，组建了新的中国国际航空公司。2004 年 9 月 30 日，经国务院国有资产监督管理委员会批准，由中国航空集团公司、中国航空（集团）有限公司作为发起人，中国国际航空股份有限公司在北京正式成立。同年 12 月 15 日，其股票在香港和伦敦成功上市。

目前，中国航空集团公司共有包括中国国际航空股份有限公司在内的直属企业7 家，三级以上企业 136 家。其经营业务涵盖航空客运、航空货运及物流两大核心产业，涉及飞机维修、航空配餐、航空货站、地面服务、机场服务和航空传媒六大相关产业，以及金融服务、航空旅游、工程建设与信息网络四大延伸服务产业。

中国航空集团公司是中国唯一载国旗飞行的民用航空公司及世界最大的航空联盟——星空联盟成员、2008 年北京奥运会航空客运合作伙伴，具有国内航空公司第一的品牌价值（世界品牌实验室 2016 年 6 月评测为 1 156.89 亿元），在航空客运、货运及相关服务诸方面，均处于国内领先地位。国航承担着中国国家领导人出国访问的专机任务，也承担许多外国元首和政府首脑在国内的专包机任务，这是国航独有的国家载旗航空公司的尊贵地位。中国航空集团公司总部设在北京，辖有西南、浙江、重庆、天津、上海、湖北、贵州、西藏和温州分公司，华南、华东基地等，中国航空集团公司主要控股子公司有中国国际货运航空有限公司、深圳航空有限责任公司、大连航空有限责任公司、北京航空有限责任公司、中国国际航空内蒙古有限公司、澳门航空有限公司、国航进出口有限公司、成都富凯飞机工程服务有限公司、中国国际航空汕头实业发展公司等，合营公司主要有北京飞机维修工程有限公司（Ameco）、四川

国际航空发动机维修有限公司，另外，中国航空集团公司还参股国泰航空、山东航空等公司，是山东航空集团有限公司的最大股东。

截至 2016 年 12 月 31 日，中国航空集团公司（含控股公司）共拥有以波音、空中客车为主的各型飞机 623 架，平均机龄为 6.36 年；经营客运航线已达 378 条，其中国际航线 102 条，地区航线 14 条，国内航线 262 条；通航国家（地区）41 个，通航城市 176 个，其中国际 64 个，地区 3 个，国内 109 个；通过与星空联盟成员等航空公司的合作，将服务进一步拓展到 192 个国家的 1 330 个目的地。2011 年 6 月 28 日，中国航空集团公司获得国际权威服务评级机构 Skytrax 的四星级认证，并于 2012 年 6 月 12 日荣获国际航协第 68 届年会暨全球航空运输峰会自助服务"便捷旅行"项目金奖。2018 年 5 月，中国航空集团公司在"世界十大最安全航空公司"中名列第五位，在"世界十大综合竞争力航空公司"排行榜上名列第四位。

公司标志的含义：凤是一只美丽吉祥的神鸟。选用凤作为航徽，希望这神圣的生灵及有关它的美丽传说给天下带来安宁，带来吉祥和幸福。同时，航徽又是 VIP 的美术字体，体现了新国航力争让每位乘客都感受到其提供的高水平的贵宾服务（图 5-18、图 5-19）。

图 5-18　中国航空集团公司的标志　图 5-19　中国航空集团公司的奥运图装飞机

2．中国南方航空集团公司

中国南方航空股份有限公司（简称南航）成立于 2002 年 10 月 11 日，是以中国南方航空（集团）公司为主体，联合新疆航空公司、中国北方航空公司组建而成的大型国有航空运输集团，是国务院国资委直接管理的三大骨干航空集团之一，主营航空运输业务，兼营航空客货代理、飞机发动机维修、进出口贸易、金融理财、建设开发、传媒广告等相关产业。

中国南方航空股份有限公司是国内运输飞机最多、航线网络最密集、年客运量最大的航空公司。2018 年，南航旅客运输量达 1.4 亿人次，连续 40 年居中国各航空公司之首。截至 2019 年 1 月，南航运营包括波音 787、777、737 系列，空客 A380、A330、A320 系列等型号客货运输飞机超过 840 架，是全球首批运营空客 A380 的航空公司。机队规模居亚洲第一、世界第三。

2011 年，南航被国际航空服务认证权威机构 SKYTRAX 授予"四星级航空公司"称号；2012 年、2013 年连续获评《财富》（中文版）"最受赞赏的中国公司 50 强""中国年度最佳雇主 30 强""社会责任百强企业"；2014 年，南航获评美国《环球金融》"中国之星"最佳航空公司；2015 年，南航获评空客公司"全球空客 A330 杰出运行航空公司"，中国物流业最高奖项"金飞马奖"和"中国品牌价值百强物流企业奖"等；2016 年和 2017 年，南航连续获评《财富》（中文版）中国企业 500 强；2016年获评 SKYTRAX "全球最受喜爱航空公司"第 13 名，居中国内地航空公司之首；2017 年南航被评为中国质量协会全国"用户满意标杆"企业；2018 年 6 月，南航荣获中国民航飞行安全最高奖"飞行安全钻石二星奖"，是中国国内安全星级最高的航空公司。南航"十分"关爱基金会被国务院国资委授予"中央企业优秀志愿服务项目"及中央企业首批十佳志愿服务品牌。在英国独立品牌评估与咨询公司 Brand Finance发布的"2017 年全球最有价值航空公司品牌 50 强"排行榜中，南航位列第六，获得AAA 品牌评级，居中国航空公司首位。

目前，南航每天有 2 000 多个航班飞至全球 40 多个国家和地区、224 个目的地，提供座位数 30 万个。通过与天合联盟成员密切合作，航线网络延伸到全球 1 062 个目的地，连接 177 个国家和地区。近年来，南航持续新开和加密航班网络，强化中转功能，利用第六航权，全力打造"广州之路"国际航空枢纽，广州国际和地区通航点超过 50 个，形成了以欧洲、大洋洲两个扇形为核心，以东南亚、南亚、东亚为腹地，全面辐射北美、中东、非洲的航线网络布局，已成为中国大陆至大洋洲、东南亚的第一门户枢纽。南航积极响应国家倡议，为推动"一带一路"建设提供有力支撑。在"一带一路"重点涉及的南亚、东南亚、南太平洋、中西亚等区域，南航已经建立起完善的航线网络，航线数量、航班频率、市场份额均在国内航空公司中居于首位，已成为中国与沿线国家和地区航空互联互通的主力军。目前，南航在"一带一路"沿线 38 个国家和地区的 68 个城市开通了 172 条航线，年承运旅客 1 500 多万人次。

南航以"阳光南航"为文化品格，以"连通世界各地、创造美好生活"为企业使命，以"顾客至上、尊重人才、追求卓越、持续创新、爱心回报"为核心价值观，大力弘扬"勤奋、务实、包容、创新"的南航精神，致力于建设具有全球竞争力的世界一流航空运输企业。

南航的企业标识由一朵抽象化的大红色木棉花衬托在宝蓝色的飞机垂直尾翼图案上组成，航徽色彩鲜艳，丰满大方。南方航空股份有限公司选择木棉花作为航徽，其公司总部设在广州，木棉花可显示公司地域特征，也可顺应南方人民对木棉花的喜爱和赞美。另一方面是因为木棉花象征坦诚、热情，以此塑造公司的形象，表示公司将始终用坦诚、热情的态度为广大旅客、货主提供尽善尽美的航空运输服务。中国南方航空企业标识如图 5-20 所示。

图 5-20 中国南方航空企业标识

3．中国东方航空集团公司

中国东方航空集团公司（简称"东航"），总部位于上海，是我国三大国有骨干航空运输集团之一，前身可追溯到1957年1月在上海成立的第一支飞行中队。2002年，以原东航集团公司为主体，兼并原中国西北航空公司、联合原云南航空公司的基础上组建而成中国东方航空集团公司。东航集团经过数年的调整优化和资源整合，截至2017年年底，东航集团总资产超过2 760亿元，形成以航空客运为核心主业，以航空物流、航空金融、航空地产、航空食品、融资租赁、进出口贸易、航空传媒、实业发展、产业投资等为相关协同产业的"1+9"现代航空服务集成体系。

作为东航集团核心主业的中国东方航空股份有限公司，1997年在纽约、香港、上海三地作为首家中国航企挂牌上市。MU为其国际标准两字代码，781为其标准结算代号。目前，东航在全球拥有11家分公司、50家海外营业部及办事处，同时拥有包括上海航空有限公司、东方航空云南有限公司、中国货运航空公司、中国联合航空公司等在内的24家全资及控股子公司。

东航借助天合联盟，构建起以上海为核心枢纽、通达全球177个国家1 074个目的地的航线网络，年旅客运输量超过1.1亿人，位列全球第七，"东方万里行"常旅客可享受天合联盟20家航空公司的会员权益及全球超过600间机场贵宾室。公司运营着超过650架、平均机龄为5.39年的全球最年轻大型机队，拥有中国规模最大、商业和技术模式领先的75架互联网宽体机队，在中国民航中首家开放手机等便携式设备使用。

东航致力于以精致、精准、精细服务为全球旅客创造精彩旅行体验，近年来荣获中国民航飞行安全最高奖——"飞行安全钻石奖"，连续7年获评全球品牌传播集团WPP"最具价值中国品牌"前50强，连续3年入选品牌评级机构Brand Finance"全球品牌价值500强"，在运营品质、服务体验、社会责任等领域屡获国际国内殊荣。

公司标识的含义：一只银色的小燕子翱翔在蓝天红日之间，象征翱翔天际的飞机，燕子也被视为东方文化的载体，体现了东方温情。东航航徽最大的改动是这只燕子图形，新的设计将它彻底从圆形的笼子中解放出来。原来的燕子造型有不少直线，新设计则大部分改为圆弧，整体流线型的处理使它看上去更加舒展，仿佛看到一只挣脱束缚后奔向自由、奔向蓝天的燕子，如图5-21所示。

图5-21　中国东方航空企业标识

4. 海航集团有限公司

海航集团有限公司（简称海航）于 2000 年 1 月经国家工商行政管理局批准组建，是一家以航空旅游、现代物流和现代金融服务为三大支柱产业的现代服务业综合运营商，产业覆盖航空、物流、金融、旅游、置业、商业、机场管理和其他相关产业，海航集团对所从事的产业实行专业性产业管理模式。2016 年，海航集团资产总规模逾10 000 亿元，年营业收入达 6 000 亿元，员工 41 万余人。

海航集团旗下参控股航空公司有 18 家，开通至国内外 240 个城市的航线近 2 600 条，年旅客运输量逾 1.2 亿人次；旗下运营全货机 28 架，运营管理及合作机场 16 家，机场年旅客吞吐量逾 5 200 万人次；旗下海南航空连续八年获评 SKYTRAX 全球五星航空公司，并于 2018 年跻身"全球最佳航空公司 TOP10"榜单第 8 位；旗下海口美兰国际机场为全球第八家、中国内地首家 SKYTRAX 五星级机场。

航空运输业以海南航空股份有限公司为龙头企业，所辖企业有中国新华航空有限责任公司、长安航空有限责任公司、山西航空有限责任公司、扬子江快运航空有限公司等。海航是中国民航第一家 A 股和 B 股同时上市的航空公司。公司于 1993 年 1 月由海南省航空公司经规模化股份制改造后建立，1993 年 5 月 2 日正式开航运营，注册资本为 7.3 亿元。海航是中国四大航空公司之一，拥有波音 787、波音 767、波音 737系列和空中客车 A330 系列为主的年轻豪华机队，适用于客运和货运飞行，为旅客打造独立空间的优质头等舱与宽敞舒适的全新商务舱。截至 2017 年 8 月，共运营飞机 185架，其中主力机型为波音 737-800 型客机，宽体客机为 31 架。自 1993 年创业至今，海航集团经历 26 年的发展，从单一的地方航空运输企业发展成为跨国企业集团。海航集团以航空运输主业为核心发展方向，以航空租赁、航空技术为辅助支撑平台，夯实主业可持续发展的根基，致力于打造中华民族的世界级航空品牌。

海南航空企业标志的环形构图为大鹏金翅鸟。大鹏金翅鸟双翼巨大，如庄子《逍遥游》所说："其翼若垂天之云。"凭此如垂天之云的双翼，"海南航空"将为中华民族而振翅高飞，其势将无穷而无限。海南航空企业标识如图 5-22 所示。

图 5-22　海南航空企业标识

5. 上海航空股份有限公司

上海航空股份有限公司（简称上航）成立于 1985 年 12 月 30 日，以经营国内干线客货运输为主，同时，从事国际和地区航空客、货运输及代理。上海航空立足上海航空枢纽港。2010 年 1 月 28 日，以东航换股吸收合并上航的联合重组顺利完成，上航成为新东航的成员企业。2010 年 5 月 28 日，作为东航全资子公司的上海航空有限公司正

式挂牌运营。上航拥有以波音及空客为主的先进机队100余架，开辟国内航线百余条，还通达了日本、韩国、泰国、澳大利亚、新加坡、吉隆坡、布达佩斯、香港、澳门和台北等17条中远程国际及地区航线，年运输旅客为1 239.54万人次。

上海航空标识主体呈变形简化的白鹤，象征吉祥、如意、展翅飞翔，并将公司名称的缩写"SAL"也组合进图案中，鹤翅与颀长的鹤颈连成的柔和曲线代表"S"，鹤头代表"A"，鹤翅与鹤尾相连代表"L"。外形呈上海的"上"字，整体为红尾翼上翱翔的白鹤。上航将鹤作为标识的主体，就是祝愿公司万事如意，勇往直前，如图5-23所示。

上海航空公司
SHANGHAI AIRLINES

图5-23　上海航空企业标识

6. 深圳航空有限公司

深圳航空有限责任公司（简称深航）成立于1992年11月，1993年9月17日正式开航，是由深圳汇润投资有限公司、中国国际航空股份有限公司、全程物流（深圳）有限公司和亿阳集团有限公司4家企业共同投资经营的股份制航空运输企业，主要经营航空客、货、邮运输业务。2005年11月，深圳航空有限责任公司完成股权转让，成为国内目前最大的民营控股航空公司。2010年3月22日通过增资，中国国际航空持有深航股权由原先的25%增至51%，成为深航的控股股东。

截至2015年年底，深航主体共拥有波音737，空客320、319等各类型客机170余架，经营国内、国际航线近200余条。2018年5月，深航获"世界十佳美丽空姐"榜首。2020年10月，被评为全国交通运输系统抗击新冠肺炎疫情先进集体。

深航的企业标识"民族之鹏"是中国传统文化和现代文化集合的图腾。图案和谐融汇，红金吉祥映衬，凝聚东方文化的精髓。"民族之鹏"标识代表深航"沉稳、诚信、进取"的理念，如图5-24所示。

深圳航空
Shenzhen Airlines

图5-24　深圳航空企业标识

7. 四川航空股份有限公司

四川航空股份有限公司（简称川航）的前身是成立于1986年9月19日的四川航空公司。2002年8月29日，四川航空股份有限公司正式成立，是由四川航空公司为主联合中国南方航空股份有限公司、上海航空股份有限公司、山东航空股份有限公司、成都银杏餐饮有限公司共同发起设立的跨地区、跨行业、跨所有制、投资主体多元化的股份制航空公司。

川航总部设在四川成都双流国际机场，是中国国内最大的全空客机队航空公司，同时，在重庆和昆明分别设有分公司。作为中国最具特色的航空公司之一，川航以安全为品牌核心价值，持续安全飞行 30 年，现运营中国国内最大的全空客机队 150 余架飞机，执飞国内、地区、国际航线超过 270 条，航线网络覆盖亚洲、欧洲、大洋洲、北美洲及非洲。每年为近 3 000 万旅客提供深具"中国元素，四川味道"的航空服务，服务质量及航班正常率位居中国民航前列，获评"服务最佳航空公司"，蝉联"中国质量奖提名奖"。

2018 年 9 月 4 日，中华全国总工会正式批复，决定授予成功处置险情的四川航空 3U8633 航班机长刘传健同志全国五一劳动奖章、四川航空 3U8633 航班机组全国工人先锋号。

川航的航徽是一只海燕，它奋力翱翔、志存高远的气质，与川航人"咬定青山"的企业精神紧密契合。圆圈代表地球，四条波浪纹寓意百川赴海、奔流涌进、上善若水、厚德载物，同时，对应川航"真、善、美、爱"的核心价值观，象征着川航从内陆起飞，萃取陆地文明的稳定持重与海洋文明的外向开拓，以"东成西就，南北纵横，上山出海，网络塔台"的战略布局，架起一座座贯通南北、连通中外的空中金桥。四川航空企业标识如图 5-25 所示。

图 5-25 四川航空企业标识

二、国际主要航空公司概况

1. 美国联合航空公司

美国联合航空公司（United Airlines）成立于 1926 年，其当时的身份是作为波音航空运输公司、太平洋航空运输公司、国家航空运输公司和瓦尼航空公司四家公司的管理公司，现在是 UAL 股份公司的主要子公司。1994 年大多数美国联合航空公司的雇员购买了公司 55％的股份，交换条件是对工资和福利等做出让步，这使得美国联合航空公司成为世界上最大的大多数股份由雇员持有的航空公司。

微课：国际主要航空公司

美国联合航空公司总部位于美国伊利诺伊州 Elk Grove Village，邻近其主要基地芝加哥奥黑尔国际机场。美国联合航空公司在中国被称为"美联航"，以与中联航（中

国联合航空）区别。美联航是 1997 年成立的星空联盟的创始成员之一。

2010 年 5 月 3 日，美国联合航空公司与美国大陆航空公司正式宣布合并，沿用联合航空（United Airlines，Inc.）的名称，新联合航空总部将设在芝加哥，形成纽约、芝加哥和洛杉矶为三大枢纽，对外延伸至亚洲、拉丁美洲和欧洲的巨大航空网络。2016 年美国联合航空公司拥有员工 86 000 多人，总共拥有飞机 741 架，包括 A319、A329、波音 727-200、737、747、757、767、777、787 等机型，平均机龄为 14.3 年。其企业标识如图 5-26 所示。

图 5-26　美国联合航空公司企业标识

2. 美国航空公司

美国航空公司（American Airlines）隶属于 AMR 集团。AMR 集团是世界航空业很多领域的领先者，如定期的航空运输，信息技术在航空业、旅游业的开发和应用，以及其他与航空业相关的一系列服务，包括管理、培训和咨询。

美国航空公司成立于 1930 年，目前是世界最大的客运航空公司，每天有 3 600 个航班往来于 290 个航站，拥有 964 架飞机。其企业标识如图 5-27 所示。

American Airlines

图 5-27　美国航空公司企业标识

2013 年 2 月 14 日，美国航空公司原母公司 AMR 公司与全美航空公司原母公司全美航空集团宣布合并，并获得双方董事局批准，联手组建全球航空业巨无霸。

美国航空公司致力提供卓越的全球飞行体验，公司共飞往 50 多个国家和地区的 260 多个城市。美国航空的机队由近 900 架飞机组成，每日从芝加哥、达拉斯、沃斯堡、洛杉矶、迈阿密和纽约六大枢纽起飞的航班数量超过 3 500 个班次。

3. 英国航空公司

英国航空（British Airlines）又称不列颠航空（简称英航），总部设在英国伦敦希思罗机场，以伦敦希思罗机场（Heathrow Airport）作为枢纽基地。英国航空公司的历史可以追溯到 1924 年成立的帝国航空，是英国历史最悠久的航空公司。英国航空公司是全球最大的国际航空客运航空公司之一，全球七大货运航空公司之一。英航是"寰宇一家"航空联盟的创始成员之一。

英国航空公司通过英国地中海航空（British Mediterranean Airways）、南非商务航空（Comair）、洛根航空（Loganair）、丹麦太阳航空（Sun Air）等提供全球航线网络。英国航空公司飞行网络遍布世界各地 130 多个国家、200 多个目的地。

英国航空公司是欧洲乃至世界上最知名的航空公司之一，也是世界上历史最悠久的航空公司之一。英航秉承提供优质服务的传统而享誉盛名。满意服务从人做起，英航的服务浓缩了英国人所擅长的服务精神，无处不包含着尊贵、个性。以"必须超越顾客的期待"的品牌理念不断创新求变，造就了英航在国际航空市场上领导品牌的形象。英国航空公司企业标识如图 5-28 所示。

BRITISH AIRWAYS

图 5-28　英国航空公司企业标识

4. 大韩航空

大韩航空的前身是成立于 1962 年的韩国航空公社（Korean Air Lines），是韩国最大的航空公司，同时，也是亚洲颇具规模的航空公司之一。大韩航空是"天合联盟"航空联盟的创始成员之一。

2002 年，大韩航空成为当年足球世界杯官方客运合作航空公司；2006 年，在波音公司和空中客车公司发布的全球统计调查中，大韩航空创下了运航期世界最低航班延误率（0.15）的纪录；2007 年，大韩航空与中国中外运空运发展股份有限公司合作成立银河国际货运航空有限公司；2008 年，大韩航空建立的独立经营的名为"Air Korea"的低成本航空公司投入运营。

大韩航空业务类型涉及乘客、货物航空运输、维护服务、餐饮、酒店等。大韩航空以首尔仁川国际机场为国际枢纽港，而金浦机场则为国内枢纽港。航线延伸至欧洲、非洲、亚洲、大洋洲、北美洲及南美洲。

截至 2019 年 3 月底，大韩航空已拥有 167 架飞机，包含空客 380、330 系列和 300 系列，以及波音 777 系列、737 系列和 747 系列。大韩航空运营飞往 44 个国家和地区的 124 个城市（其中包括韩国的 13 个城市）的定期航班。

大韩航空的标识设计为强调公司的形象，使用韩国国旗中的阴、阳原则，并引用"太极"纹样中的红色和蓝色的和谐统一，以传达动力的感觉，如图 5-29 所示。

KOREAN AIR

图 5-29　大韩航空企业标识

5. 新加坡航空公司

新加坡航空公司（Singapore Airlines）成立于 1947 年，曾称为马来亚航空公司，简称新航。

20 世纪 70 年代是新航发展最快的一段时期，公司业务扩展到印度次大陆和亚洲的 22 个城市。20 世纪 80 年代，新航开拓了美国、加拿大和欧洲的业务，而后又开辟了

非洲航线。

2004年2月3日，新航开通新加坡至美国洛杉矶的每天不停站直航航班，当时创下全球最长不停站商业飞行的航线纪录。

新航首架A380飞机在2007年10月25日正式投入服务，由新加坡出发前往悉尼，A380首次商业飞行受到媒体关注，而这次航班所得全部捐给慈善机构。现在新航运营的A380飞行到悉尼、东京、伦敦、北京、巴黎等城市。

新航的排名位居世界前列，是亚洲第8大航空公司和全球国际乘客人数排第6的航空公司。新航一直被誉为非常舒适和非常安全的航空公司，主要原因是该公司拥有最年轻的飞机群，飞机的平均机龄为6.6年。民航业权威杂志《世界航运》在1994年郑重宣布新航荣获"20年国际民航卓越服务大奖"；1997年，美国《Conde Nast Traveller》杂志，第9度评选新航为最佳航空公司；1997年，世界知名的Zagat Airline Survey则连续第4年评定新航为世界最佳航空公司；2018年5月，新航在"世界十大最安全航空公司"中名列第二位。新加坡航空企业标识如图5-30所示。

图5-30　新加坡航空企业标识

三、其他类型的航空企业

1. 中国民航信息集团公司

中国民航信息集团公司（简称"中国航信"）正式组建于2002年10月，是专业从事航空运输旅游信息服务的大型国有独资高科技企业，是隶属于国务院国资委管理的中央企业。其前身是中国民航计算机信息中心，至今已有30余年的发展历史。中国民航信息网络股份有限公司是在2000年10月，由中国民航计算机信息中心联合当时所有国内航空公司发起成立，2001年2月在香港联交所主板挂牌上市交易。2008年7月，中国民航信息集团有限公司以中国民航信息网络股份有限公司为主体，完成主营业务和资产重组并在香港成功整体上市。截至2017年6月30日，中国航信总资产为211.55亿元，总部设在北京，近60家分子公司及非控股公司遍布全国及海内外。

作为市场领先的航空运输旅游业信息技术和商务服务提供商，中国航信被行业和媒体誉为"民航健康运行的神经"，所运营的信息系统列入国务院监管的八大重点系统之一。中国航信是全球第三大GDS（航空旅游分销系统提供商），拥有全球最大的BSP数据处理中心。中国航信市场体系：下属分公司10家、全资子公司19家、控股公司13家、联营公司9家、集团其他分子公司8家，遍布全国各地和海内外，为近40家国内航空公司、20余家外国及地区航空公司、200余家国内机场、约8000家机票销售代理提供技术支持和本地服务，服务范围延伸至 300 多个国内城市、100 多个国际城市。

中国航信所运营的计算机信息系统和网络系统扮演着行业神经中枢的角色，是民航业务生产链条的重要组成部分，中国航信也是国资委监管企业中唯一以信息服务为主业的企业。提供的航空信息技术服务由一系列的产品和解决方案组成。服务对象主要包括国内外航空公司、机场、销售代理、旅行社、酒店及民航国际组织，并通过互联网进入社会公众服务领域。其主要业务包括航空信息技术服务、结算及清算服务、分销信息技术服务、机场信息技术服务、航空货运物流信息技术服务、旅游产品分销服务、公共信息技术服务七大板块，以及与上述业务相关的延伸信息技术服务。经过三十余年的不断开发和完善，形成了相对完整、丰富、功能强大的信息服务产品线和面向不同对象的多级系统服务产品体系，极大地提高了行业参与者的生产效率。

企业数次荣膺中国信息化 500 强，拥有 28 项国家发明专利授权，是国家首批获得信息系统集成及服务资质运行维护分项一级资质的企业。2010 年以来连续六年获评"中国软件服务业企业信用评价 3A 级企业""中国十大创新软件企业"等荣誉。2015 年，公司股票被国际著名公司摩根士丹利纳入其 MSCI 中国指数。2016 年，又先后被纳入恒生综合大中型股指数、沪港通及深港通的名单中。公司在资本市场的关注度、资金吸引力和市场价值持续稳步提升。面向未来，中国航信将按照公司制定的发展战略和发展目标，推动企业不断做强做优做大，致力成为具有国际竞争力的一流综合信息服务企业。

2. 中国航空油料集团公司

中国航空油料集团有限公司（以下简称"中国航油"）是以原中国航空油料总公司为基础组建的国有大型航空运输服务保障企业，是国内最大的集航空油品采购、运输、储存、检测、销售、加注为一体的航油供应商，国务院授权的投资机构和国家控股公司试点企业，国务院国资委管理的中央企业。主营产业可分为航油业务板块、油化贸易板块、物流业务板块和国际业务板块等四大业务板块。

中国航油控股、参股 20 多个海内外企业，构建了遍布全国的航油、成品油销售网络和完备的油品物流配送体系，以航油业务为核心，积极开展相关多元化业务，面向国际，通过资本运作、资源整合、品牌经营和集团化运作，实现持续、快速、健康增长。在全国 215 个机场、海外 46 个机场拥有供油设施，为全球 300 多家航空客户提供航油加注服务，在 25 个省、市、自治区为民航及社会车辆提供汽柴油与石化产品的批发、零售、仓储和配送服务，在长三角、珠三角、环渤海湾和西南地区建有大型成品油及石化产品的物流储运基地。

中国航油已成为亚洲第一大航油供应商。2017 年 7 月，以 2016 年营业收入245.881 亿美元荣登《财富》世界 500 强第 439 位。中国航油 2011 年首次入榜，连续七年榜上有名，历年排名位次为 431、318、277、314、321、484 和 439。

中国航油已正式加入了国际航空运输协会、国际航煤联合检查集团、美国试验和材料协会等多个极具影响力的国际组织，具有参与国际航油市场标准制定的发言权，持续保持安全生产"零事故、零伤害、零污染"的良好态势。

3. 中国航空器材集团公司

中国航空器材集团有限公司（简称"中国航材"）是国务院国有资产监督管理委员会管理的中央企业，是专门从事飞机采购及航空器材保障业务的专业公司。公司的前身是中国航空器材公司，1980年10月经国家进出口管理委员会批准成立，是中国民航系统成立的第一家公司。1996年3月更名为"中国航空器材进出口总公司"。2002年10月，民航运输及服务保障企业联合重组，成立了三家航空运输集团公司和三家航空服务保障集团公司，"中国航空器材进出口集团公司"作为三家航空保障集团公司之一，经国务院批复正式组建。2007年12月更名为"中国航空器材集团公司"。2017年，完成公司制改制，建立了现代企业制度下的董事会管理体系，更名为"中国航空器材集团有限公司"。

中国航材是国内最大的、中立的、第三方飞机采购及航材保障综合服务提供商，主要业务涉及航空器整机保障服务、航空器材保障服务、技术装备及机场业务保障服务、通用航空发展及保障服务等领域，在航空业界具有较高的知名度和良好的品牌形象，与国内各航空公司及国际知名的飞机制造厂商、发动机制造厂商、航材供应商等均保持着长期的密切合作。

中国航材集团公司成立之后，在继续巩固传统飞机和航材贸易业务的基础上，努力拓展新业务领域，努力建立集贸易分销与物流、航空维修与制造、航空租赁、地面设备与工程为一体的新型业务体系，成功实现业务转型并获得长足发展。中国航材集团公司将努力发展成为航材贸易、分销及相关物流业务的引领者，航空维修与制造目标细分市场的重要参与者，中国航空租赁业务的先行者和民航地面设备与工程服务的主要提供者。

拓展阅读 ///

民航客机之最

1. 世界上最快的民航客机

目前世界上大型民航飞机的飞行速度为800～1000千米/时，在高亚音速范围之内，如果想飞得更快就必须突破音障的考验。那么，飞机的结构、外形、蒙皮材料等都要随之改变。

世界上最快的民航飞机——"协和号"在1976年正式投入运营，成为当时世界上唯一一种超音速客机。"协和号"重约175吨，载客100名。在16 000～18 000米的高空，可以超音速2倍的速度来飞行，从伦敦到纽约只需要三个多小时。由于其飞行速度比地球自转还要快，所以如果您乘坐"协和号"向西飞行，可以追赶太阳，感受到"日不落"的奇景。但是因为成本等原因，该机型已经退役。

2．世界上载客最多的民航客机

当人们想形容一件东西很大时，一个词总闪现在我们眼前——"巨无霸"，空中"巨无霸" A380 正是目前世界上载客最多的民航客机。

A380 最多可载客 840 名，航程可达 1.48 万千米。起落装置轮子更是有 22 个之多。超大的机身可以配置多种豪华娱乐场所。很多 A380 上设立了健身房、浴室、餐厅、酒吧等娱乐场所，为旅客的飞行增添乐趣。2002 年 1 月，A380 的第一组机翼开始建造；2005 年 1 月 18 日首架 A380 在空客厂房中诞生；2005 年 4 月 27 日，首架 A380 试飞成功。A380 的投入使用也打破了波音 747 飞机在远程超大形宽体客机市场上 30 年的垄断地位。

3．世界上航程最远的民航客机

如果选出目前世界上航程最远的民航客机，无疑是波音 777—200 LR。777—200 LR 于 2006 年 2 月正式投入服务。波音公司将其命名为"环球客机"，从名字便能明白其超远的航程是多么突出了。2005 年 11 月 10 日，一架 777—200LR 客机从香港国际机场起飞，途经太平洋，穿过美国，横跨大西洋抵达伦敦，全程约 21 601 千米，打破了商用客机不停靠站长途飞行的纪录。

模块小结

飞机载运的旅客、货物、邮件等都来自地面，因此就需要一个场所提供民航运输的空中与地面的衔接服务，这个场所就是民用机场。本章主要介绍民用机场的概况、构成与功能、机场候机楼区、我国大型机场及民航企业。

民航机场的功能区主要包括飞行区、助航设施和地面运输区三个部分。

候机楼区又称航站楼区，它是地面交通和空中交通的结合部，是机场对旅客服务的中心地区，是机场的主要建筑物。

民航企业是指从事和民用航空业有关的各类企业，其中最主要的是航空运输企业，即航空公司，它们是民用航空业生产收入的主要来源。

思考与练习

一、填空题

1．机场的定义为供飞机、_____和_____而划定的一块地域或水域，包括域内的各种建筑物和设备装置。

2．民航机场可分为_____、_____和_____三大类。

3．在国外_____通常是指为适应个别地区空管需求，可提供短程国际航线起降的机场。

4. 机场是航空运输系统网络的节点，按照其在该网络中的作用，通常可以分为_____、_____和_____。

5. 根据机场所在城市性质、地位不同，民航机场可以分为_____机场、_____机场、_____机场和_____机场四个等级。

6. 民航机场的功能区主要包括_____、_____和_____三个部分。

7. _____是机场的重要地面设施，是机场内供飞机滑行的规定通道。

8. _____是机场为飞机上下旅客、装卸货物和邮件、加油、停放或维修而划定的一个区域。

二、选择题

1. （多选）关于飞行区的说法，下列正确的有（　　　）。
    A. 飞行区是指飞机运行的区域　　　　B. 飞行区分为空中部分和地面部分
    C. 飞行区空中部分是指机场的空域　　D. 地面运输区是指跑道和滑行道

2. （多选）关于机坪的说法，下列正确的有（　　　）。
    A. 机坪分为停放和登机机坪
    B. 飞机在停放机坪进行装卸货物和加油
    C. 飞机在停放机坪过夜、维修和长时间停放
    D. 飞机可在机坪上任意进出滑行道

3. 航空地面灯光系统主要包括（　　　）。
    A. 跑道灯光、仪表进近灯光、目视坡度进近指示器
    B. 跑道灯光、仪表进近灯光
    C. 跑道灯光、目视坡度进近指示器
    D. 仪表进近灯光、目视坡度进近指示器

4. 跑道按使用目视飞行规则和仪表飞行规则分为（　　　）。
    A. 非精密进近跑道和精密进近跑道
    B. 目视跑道和仪表跑道
    C. I类跑道和II类跑道
    D. 目视跑道和精密进近跑道

三、简答题

1. 民航机场按进出机场的航线业务范围划分为哪几类？

2. 机场飞行区等级由哪两部分组成？

3. 道面标志主要包括哪些？

4. 标记牌按照功能划分为哪两大类？

5. 候机楼主要包括哪几种基本构型？

6. 航站楼按照从客流出发和到达所经历的流程划分为哪几个区域？

模块六

民航运输

1. 了解民航运输的基本概念、航线网络的分类及特点、民航运输的属性。

2. 熟悉民航旅客运输流程、电子客票的使用流程及改签；熟悉客票体系及对特殊旅客的服务。

3. 了解民航货物运输的基本概念及特点；熟悉航空货运的分类、运输流程、民航快递业务和危险货物运输、货物的托运及货物损失索赔。

通过本模块的学习，能了解客货运输中相关的流程，并对相关的客票、运价、货物收运、赔偿等问题有进一步的认知。

1. 具有分析问题、解决问题的能力。

2. 具有良好的团队合作、吃苦耐劳、爱岗敬业的职业精神。

案例
导入

　　2010 年 10 月 22 日，旅客一行七人欲乘某次航班由西安前往上海，在机场办理登机牌时突然被告知因航空公司客票超售，其中一人不能登机，万般无奈，其中一位消费者只能被迫改乘其他航班。旅客投诉后，该公司表示补偿消费者 200 元，旅客认为补偿金额过低。

　　案例分析：机票超售是国际航空界通行的一种销售方式，近年来逐渐被我国各航空运输企业所采用，其目的是减少航班中的座位虚耗、减少不必要的资源浪费，为更多旅客提供便利，同时提高航空公司收益。近年来，由于超售引发的消费者投诉不断上升，引起民航局的高度重视。民航局于 2007 年和 2011 年先后两次下发通知，对规范客票超售工作提出了具体要求：一是航空公司办理航班座位超售业务，应当充分考虑航线、航班班次、时间、机型、衔接航班等情况。二是航空公司应制定航班座位超订、超售实施办法，实施办法应包含旅客享有权利、优先登机规则和补偿办法等内容。三是航空公司应将实施办法在公司网站、售票场所及办理乘机手续柜台等处予以公告。四是当出现超售时，航空公司应首先寻找自愿放弃座位的旅客，并与旅客协商给予一定的奖励或补偿。五是航空公司制定的优先登机规则不得带有歧视性。当没有足够的旅客自愿放弃座位时，航空公司可以根据优先登机规则拒绝部分旅客登机。六是航空公司应为被拒绝登机的旅客提供相应的服务并给予一定的补偿。补偿的数额由航空公司自行制定并以适当方式公布。本案例中，承运人没有按照民航局的要求寻找志愿者，且没有主动给予旅客补偿，其做法是不符合相关规定的。

单元一 民航运输概述

一、民航运输的基本概念

民航系统生产运行主要是旅客和货物、邮件等运输的正常进行。在这个过程中涉及很多基本理论、概念等，这里主要对航路、航线、飞行方式等进行介绍。

1. 航路

民航运输服务时，航空器跨越天空在两个或多个机场之间的飞行，为了保障飞行安全，必须在机场之间的空中为这种飞行提供相对固定的飞行线路，使之具有一定的方位、高度和宽度，并且在沿线的地面设有无限电导航设施。这种经政府有关当局批准的、飞机能够在地面通行的导航设施指导下沿具有一定高度、宽度和方向在空中飞行的空域，称为航路。

2. 航线

航线是指经过批准开辟的连接两个或几个地点的航空交通线。其确定飞行的具体方向、起讫与经停地点，并根据空中交通管制的需要，规定了航线的宽度和飞行高度。

根据我国相关规则规定，我国的航线按照起讫点、经停地点的归属不同可分为国际航线、国内航线和地区航线三种。

（1）国际航线。国际航线是指飞行的路线连接两个国家或两个以上国家的航线。在国际航线上进行的运输是国际运输，一个航班如果它的始发站、经停站、终点站有一点在外国领土上都叫作国际运输。

（2）国内航线。国内航线是指在一个国家内部的航线，又可分为干线、支线和地方航线三大类。

1）国内干线。国内干线是指联结国内航空运输中心的航线。这些航线的起止点都是重要的交通中心城市，在这些航线上航班数量大、密度高、客流量大，如京—广线、京—沪线和上海—乌鲁木齐航线等。

2）国内支线。国内支线是指将各中小城市和干线上的交通中心联系起来的航线。支线上的客流密度远小于干线，支线上的起止点中有一方是较小的空港，因此，支线上使用的客机大都是 150 座以下的中、小型飞机。

3）地方航线。地方航线是指把中小城市联结起来的航线。客流量很小，一般只飞行 50 座左右的飞机，它和支线的界限不是很明确，过去一般把省内航线称为地方航线，现在国外把支线和地方航线统称为区域性航线。

（3）地区航线。地区航线是指在一国之内，各地区与有特殊地位的地区之间的航线。

3. 飞行方式

民航旅客运输是通过定期飞行和不定期飞行两种基本方式来完成的。

（1）定期飞行。定期飞行包括班期飞行和加班飞行。班期飞行是根据班期时刻表，按照规定的航线，定机型、定日期、定时刻的旅客运输方式，是民航运输生产的基本形式。在我国每年有 90% 以上的运输任务是通过定期飞行完成的。加班飞行则是根据临时性的需要，如春节、黄金周等客流激增情况下，在班期飞行以外增加的飞行，是对班期飞行的有益补充。

（2）不定期飞行。不定期飞行一般指的是包机飞行，相关包机单位同航空公司签署包机协议，租用航空公司的确定型号的民航飞机，用以载运旅客、货物或客货兼载的运输形式，总费用通常包括包机费、调机费和留机费。承担运送我国党、政领导人和外国国家元首或重要外宾的包机称为专机，我国国家领导人出访均乘坐由中国国际航空公司提供的专机。

4．班期时刻表

将各航空公司的航线、航班及其班期和时刻等，按一定的顺序汇编成册，称为班期时刻表。班期时刻表是航空运输企业组织日常运输生产的依据，也是航空公司向社会各界和世界各地用户介绍航班飞行情况的一种业务宣传资料。

5．航班

根据班期时刻表，飞机由始发站起飞，按照规定的航线并经过确定的经停站至终点站或直接到达终点站的运输生产飞行称为航班。

航班可分为去程航班和回程航班。从基地出发的飞行为去程航班；返回基地的飞行为回程航班。

6．班次

班次是指航班在单位时间内飞行的次数，通常以一周为标准来计算飞行的班次。班次是根据运量的需要和运输的能力确定的。在某条航线或某个机场的航空公司的班次数量，标志着该航空公司的市场占有率。

二、航线网络的分类及特点

航线网络是否合理是衡量一个国家民航运输发达程度的重要因素，同时，也是判断一个航空公司运营效率的重要依据。每个航空公司都希望自己拥有最有效率的航线网络。当今全球主流的航线网络结构划分如下：

1．城市对式

城市对式是指从各城市之间的客流和货流的需要出发，建立城市与城市之间直接通航的航线结构。其适用于客货流量较大的机场之间。旅客只需要一次登机就可以到达自己的目的地，但是这种结构需要航空公司提供更多的飞机来执行任务，而且在一些中小城市之间对飞没有办法保障有充足的客源，这给航空公司的经营带来较大压力。城市对式结构是民航航线网络结构的最初阶段，我国大部分航线属于此类。

2．城市串式

城市串式结构的特点是在城市对式的基础上发展而来的，是指飞机从始发地到目的地途中经停一次或多次，在中途机场进行客货补充，以弥补起止机场间的客货源不足，形成串珠状的航线网络。这种结构具有能够提高飞机的利用率、载运率和客座率，能够节省运力等优势；但容易造成航班延误，影响正常的运力调配。由于经停站较多，一旦延误，会影响整个航程乃至整个网络中的运力调配。

3. 中枢辐射式

中枢辐射式航线网络结构是目前最先进的结构，它以大城市为中心，大城市之间建立点对点的干线航线，用大型宽体民航机来执行，同时，以支线航线形式由大城市辐射至附近各中小城市，用小型的支线民航机来执行，以达到会集和疏散旅客与货物的目的。这种结构既可以使大城市之间旅客人数增加，从而提高航班密度方便旅客出行，又可以提高中小城市的飞机上座率，从而降低公司运行成本。这种航线网络结构的优点是能够节省大量资金，将有限的资金集中于大型中心骨干机场的建设，促使现有运力发挥最大效率，提高航班密度和客座利用率，提高中心机场的利用率。然而这种网络势必增加旅客中转次数，给旅客旅行带来不便，但从航空公司成本和旅客出行方便的双重角度来看，中枢辐射式是目前最好的解决方案。目前，全球旅客运输量最大的空港美国亚特兰大机场就是全美东部地区的中枢机场。广州白云国际机场是我国第一个以中枢机场理念设计并建造的机场，我国民航管理部门和各航空公司也在逐步整合各自资源，建设自己的中枢辐射式航线网络结构。

三、民航运输的属性

1. 商品性

民航运输所提供的产品是一种特殊形态的产品——空间位移，产品单位是"人千米"和"吨千米"。民航运输的商品属性是通过旅客在民航运输市场的购买行为实现的。

2. 服务性

民航运输业属于第三产业，是服务性行业，它以提供空间位移的多寡反映服务的数量，又以服务手段和服务态度反映服务的质量。这一属性决定了承运人必须不断扩大运力来满足日益增长的产品需求，遵循"旅客第一，用户至上"的原则，为旅客提供安全、便捷、舒适、正点的优质服务。

3. 国际性

民航运输已成为现代社会最重要的交通运输形式之一，是国际政治往来和经济合作的纽带，这其中既包括国际友好合作，也包括国际竞争，其在服务、运价、技术协调、经营管理和法律法规的制定实施等方面，都要受国际统一标准的制约和国际民航运输市场的影响。

4. 准军事性

航空活动首先应用于军事领域，之后才转为民用。现代战争中制空权的掌握是取得战争主动地位的重要因素，因此，很多国家在法律中规定，民航运输企业所拥有的机群和相关人员在平时服务于国民经济建设，同时作为军事后备力量，在战时或紧急

状态时，民用航空即可依照法定程序被国家征用，以满足军事需求。

5. 资金、技术、风险密集性

民航运输业是一项高投入的产业，无论是运输工具还是其他运输设备都价值昂贵、成本巨大，因此其运营成本非常高。民航运输业由于技术要求高、设备操作复杂、各部门间相互依赖程度高，所以运营过程中风险也较大。任何一个国家的政府和组织都没有相应的财力，像补贴城市公共交通一样补贴本国的民航运输企业。出于这个原因，民航运输业在世界各国都被认为不属于社会公益事业，而必须以盈利为目标才能维持其正常运营和发展。

6. 自然垄断性

由于民航运输业投资巨大，资金、技术、风险高度密集，投资回收周期长，对民航运输主体资格限制较严，市场准入门槛高，使得民航运输业在发展过程中形成自然垄断。

拓展阅读

国内主要航线及其分布特征

一、国内主要航线

目前，我国国内航线达 1 200 多条，它们形成一个复杂的航线网络。根据国内航线的分布特征，可将其分成若干个放射状系统，每个系统均以某一机场为中心。根据放射系统的数字特征，同时，考虑中心机场与联结机场的客货吞吐量大小，可确定几个最重要的放射系统，它们的辐射航线共同构成国内航线的骨架。

1. 以北京为中心的辐射航线

该系统通过 100 多条辐射航线与全国重要的旅游城市、行政中心、贸易中心、交通枢纽相连。系统中的主要航线用机场三字代码表示如下。

重要直飞航线：PEK-CAN、SHA、PVG、SHE、SIA、NKG、CTU、KMG、XMN、HGH、SZX、KWL、HRB、DLC、CGQ、HET、HFE、URC、CKG、HAK、TSN、HKG。

2. 以上海为中心的辐射航线

该系统有辐射航线 100 多条。该系统的航线从东部沿海向北、南、西三面辐射，与全国各大城市直接相连。

重要直飞航线：SHA、PVG-PEK、CAN、CTU、KWL、HGH、NKG、SIA、SHE、DLC、CGQ、HRB、WUM、FOC、XMN、CKG、KMG、URC、HAK、SZX、LXA、HKG。

3. 以广州为中心的辐射航线

该系统有辐射航线 90 多条。该系统的航线从南部沿海向内地及沿海地区辐射，与全国各主要机场直接相连，并在南部沿海形成地区性的航线网。

重要直飞航线：CAN-PEK、SHA、PVG、CTU、KWL、HGH、KMG、KHN、NKG、NNG、WNZ、SHE、DLC、CGQ、WUH、XMN、SIA、SWA、HAK、CKG、URC。

以上三个系统的辐射航线，基本构成了中国国内航线的骨架，再加上以西安、成都、昆明、重庆、沈阳、大连、武汉、乌鲁木齐等重要机场为中心形成的若干放射系统共同组成了国内的主要航线网。

4. 以香港为中心的辐射航线

中国民航称之为地区航线，特指香港和澳门特别行政区与内地的航线。该航线是国内航线的组成部分，也是联系国际航线的重要桥梁。航线以香港为中心向内地几十个大中城市辐射。近几年来，香港与内地的联系更加紧密，贸易额迅速上升，旅游者不断增多，各种往来频繁，预计该系统在中国航空运输中的作用将进一步加大。

主要直飞航线：HKG-PEK、DLC、TSN、SHE、SHA、PVG、NGB、DLC、TAO、HGH、FOC、KMG、CKG、SIA、CTU、XMN、SWA。

5. 以昆明、成都、西安等大中型机场为中心的辐射航线

除上述大机场外，国内其他大中型机场还有成都、昆明、重庆、西安、乌鲁木齐、深圳、杭州、武汉、沈阳、大连、青岛等，这些机场的辐射航线主要由通往三大机场的航线及这些机场之间的航线组成。

二、国内航线的分布特征

（1）我国国内航线集中分布于哈尔滨—北京—西安—成都—昆明以东的地区，其中又以北京、上海、广州的三角地带最为密集。整体上看，航线密度由东向西逐渐减小。

（2）国内主要航线多呈南北向分布，在此基础上，又有部分航线从沿海向内陆延伸，呈东西向分布。

（3）航线多以大中城市为中心向外辐射，由若干个放射状的系统相互连通，共同形成全国的航空网络。

（4）航线结构以城市对式为主，并开始向轮辐式航线结构优化；航线客货运量以干线为主，支线网络尚未形成，运量较低。

世界主要航线

国际航线主要集中在北半球的中纬度地区，大致形成一个环绕纬度带的航空带。航线密集地区位于北美、欧洲和东亚等经济发达地区，跨洲飞行的航线中欧亚航线、北太平洋航线和北大西洋航线最为繁忙。

1. 西半球航线

西半球航线是指航程中的所有点都在西半球的航线。西半球航线是连接南北美洲的航线，又称拉丁航线。

拉丁航线北美地区的点主要是美国南部的迈阿密、达拉斯及西岸和东岸

的门户点，墨西哥的墨西哥城，中美的圣何塞、太子港；航线在南美的点主要在哥伦比亚的波哥大，巴西的巴西利亚、里约热内卢、圣保罗，智利的圣地亚哥，阿根廷的布宜诺斯艾利斯等城市。

拉丁航线不长，除自成体系外，还常常与太平洋航线和大西洋航线相连，成为这些航线的续程航段。南美洲的美丽风光正被人们所认同，越来越多的亚洲人取道美国中转南美。太平洋航线中转拉丁航线的城市主要是迈阿密、圣何塞或洛杉矶、墨西哥城等。大西洋航线多取道波哥大或巴西的城市中转。

2．东半球航线

东半球航线是指航程中的点都在东半球的航线。东半球是世界上航线最多的区域，如新马泰航线、澳洲游航线等。

3．北大西洋航线

北大西洋航线历史悠久，是连接欧洲与北美的最重要的国际航线。北美和欧洲同是世界上航空最发达的地区，欧洲的中枢机场如伦敦、巴黎、法兰克福、马德里、里斯本等和北美的主要城市相连，使北大西洋航线成为世界上最繁忙的国际航线。由于这条航线历史悠久，飞行的航空公司多，竞争非常激烈。尽管这条航线经济意义和政治意义都十分重大，但却不是世界上经济效益最好的航线。

4．南大西洋航线

相对北大西洋航线而言，南大西洋航线开辟时间较晚，它是指航程经过南部大西洋的航线。南大西洋航线具体指航线在南大西洋地区和东南亚间，经过大西洋和中非、南非、印度洋岛屿，或直飞的航线。

随着南美旅游和经济的开发，南美地区的门户城市和目的地城市越来越多，传统经北美到南美的航线已经不能满足需要，南大西洋航线正是应市场需要开辟的航线。值得注意的是，这条航线是经印度洋和大西洋南部的航线，并非经亚欧大陆。

5．北太平洋航线

北太平洋航线是连接北美和亚洲之间的重要航线。它穿越浩瀚的太平洋及北美大陆，是世界上最长的航空线。这条中枢航线通常以亚洲的东京、首尔、香港、北京、广州等城市集散亚洲各地的客货，以北美的温哥华、洛杉矶、旧金山、芝加哥、西雅图等城市集散美洲大陆的客货。如国内的旅客选择乘坐南航或国航、东航的航班去北美或南美地区，一般在广州或北京、上海出发直飞洛杉矶、纽约、旧金山、温哥华。如果旅客选择国泰、美西南、美 AA 或 UA 等航空公司的航班，多数中转到亚洲的东京、首尔、新加坡等地再直飞北太平洋航线。外国航空公司在北美地区直飞的目的地点相对更丰富些，如芝加哥、迈阿密、亚特兰大、华盛顿等城市。目前，国内航空公司在北美地区只有 4 个直飞的口岸城市目的地点，但通过共享航班旅客也可以到达美国中部或东部的很多城市。

6．南太平洋航线

按照国际航协的规则，南太平洋航线是经过北美连接南美和西南太平洋地区的航线，该航线不经过北部和中部太平洋。这些航线中的城市大都具有典型的自然风光，是目前推崇的生态旅游的新开辟航线。

7．欧亚航线

欧亚航线是连接欧洲和远东的航线，包括俄罗斯航线、西伯利亚航线、远东航线。

8．北极航线

北极航线也称极地航线，是穿越北极上空的重要航线，用于连接北美和欧洲、亚洲的城市。2001 年 2 月 1 日，北极航路正式开通，标志着从北美东海岸到亚洲之间空运市场的发展迈出了重要的一步。2001 年 7 月 15 日，南航北极航路验证飞行成功。中国南方航空公司的大型 B777 型 2055 号飞机在纽约起飞，往北飞过美国和加拿大领空，经过北极区域，再飞过俄罗斯和内蒙古的新航路，经过 14 小时的飞行到达北京。2001 年 8 月 16 日—19 日，中国国际航空公司使用 B747—400 型飞机跨越北极，圆满完成了北京至纽约极地飞行验证任务。国航开通的北极航线，纽约至北京，单程仅需 13 小时，比过去减少了 3 个多小时的飞行时间。由于北京至纽约航线是直飞，免除了过去中途经停的诸多不便，减轻了旅客旅途的劳顿。北极上空气流平缓，颠簸较少，也提高了旅客乘机的舒适度。另外，这条航线飞机较少，不存在其他航路空中通道拥挤的状况，也为航空公司节省了燃油，降低了飞机飞行成本。

9．环球航线

环球航线，是指航线中经过太平洋和大西洋两大水域，以东向或西向绕地球飞行的航线。一些航空公司联盟推出环球旅行优惠价格，让人们在出行方面更加方便。

单元二　民航旅客运输

一、民航旅客运输流程

根据民航旅客运输的不同要求，民航旅客运输可分为国内旅客运输和国际旅客运输。下面以旅行程序为基础分别做简要介绍。

1．国内旅客的航空旅行程序

（1）购票。旅客凭有效身份证明可以在航空公司直属售票

微课：民航旅客运输业务

处、航空公司官网、航空公司呼叫中心、手机 APP、第三方网络购票平台或代理售票处等购买机票，作为乘机旅行的凭证。

（2）办理乘机和托运行李手续。旅客来到机场国内出发大厅，提供有效身份证明，在机场的人工值机柜台或自助值机终端办理座位确定及行李托运手续，取得登机牌。也可以通过手机 APP 办理电子登机牌，或者在网上直接打印登机牌，然后按航空公司规定的时间到人工柜台办理行李托运手续。

（3）安全检查。为了确保飞行安全，避免不法分子威胁乘客安全，机场都设有隔离区域，进入隔离区必须通过安全检查，这一过程由驻场安检员完成，以确定旅客没有携带危害航空安全的物品进入隔离区。

（4）候机。旅客持盖有国内安检章的登机牌到国内候机大厅休息等候登机广播。为了方便旅客，候机厅提供购物、娱乐、休闲等设施。

（5）登机。当登机时间到来，旅客排队在登机牌上标明的指定登机口登机。在登机闸口，由地勤人员负责核实登机牌数目和登机旅客人数，并引导旅客登机，旅客按照登机牌上指定的座位对号入座。如果有特殊旅客，应安排优先登机。

（6）乘机旅行。乘机旅行是民航旅客运输的实现环节。根据服务等级和航程要求，由空中乘务人员为旅客提供客舱安全指导和多样化的餐饮服务。

（7）下机、领取行李。飞机安全着陆后，空中乘务人员组织旅客有秩序下机。如有重要旅客要优先安排下机；如有特殊旅客，空乘和地勤人员要协助其最后下机；有托运行李的旅客可根据相关指示在指定航班行李提取处提取行李，在检查无误后离开机场到达区。

（8）离开机场。我国境内各机场均提供便捷的机场至市区的运输服务。

以上是国内旅客民航运输的一般流程。但由于各机场规模和硬件设施的差异，以上某些步骤可能会有相应简化或合并。

2. 国际旅客的航空旅行程序

（1）护照和签证。在进行国际旅客运输时要求旅客取得本国的有效护照及目的地国和过境国的有效签证，这是进行国际航空旅行的必备条件。护照是一个国家的公民出入本国国境和到国外旅行或居留时，由本国发给的一种证明该公民国籍和身份的合法证件。签证是一个国家的出入境管理机构（如移民局或其驻外使领馆），对外国公民表示批准入境所签发的一种文件。

（2）航程设计和购票。国际旅行的运价计算十分复杂，在满足旅客要求的条件下为旅客合理安排旅行路线，力争使用最低廉的票价满足旅客需要。确定旅行路线后，要查询相关航程票价和所涉及的各国税费。这一步是国际旅客运输最复杂和关键的一环。

（3）办理乘机和托运行李手续。旅客来到机场国际出发大厅，提供有效护照、签证，在旅客机票上预订的航段所列明的承运航空公司的值机柜台或其指定代理的柜台办理座位确定及行李托运手续，取得登机牌。

（4）海关和卫检。国际旅行涉及出入境，按照始发国的相关要求，需要对旅客携带的行李和现金等项目进行检查，确定其不违反规定。卫生检查检疫部门确定旅客的健康情况符合目的国的要求。

（5）安检和边检。国际安检和国内安检要求及流程相似。"9·11"事件发生后，各国对安全检查要求日益严格。边防检查由公安部出入境管理司负责，核查旅客旅行文件的真伪，统计我国出境人员数量和去向。按照国际司法规定，旅客通过边检后就已经离开国境。

（6）候机。旅客持盖有国际安检章的登机牌到国际候机大厅休息等候登机广播。国际候机区为公共管理区域，除购物和娱乐设施外，还设有免税商店可供旅客购买一定数量的国际免税商品。

（7）登机。当登机时间到来，旅客在登机牌上标明的指定登机口排队登机。在登机闸口，由地勤人员负责核实登机牌数目和登机旅客人数，并引导旅客登机。如果有特殊旅客，应安排优先登机。

（8）乘机旅行。各航空公司都在其运营的国际航线上选派了最优秀的机组团队，他们往往是其最高服务水平的代表。

（9）下机。飞机安全着陆后，组织旅客有秩序下机。如有重要旅客要优先安排下机；如有特殊旅客，空乘和地勤人员要协助其最后下机。

（10）通过移民关卡。旅客下机后根据指示牌引导前往移民关卡，出示护照、签证等相关旅行文件；移民局官员确定上述文件真实无误后放行。通过移民关卡后，标志着旅客已经进入目的国国境。

（11）领取行李、过海关通道。入境手续完毕后，有托运行李的旅客可根据相关指示在指定航班行李提取处提取行李。各国都规定了一定限度的物品是免税的，如有超出部分，要加收额外的关税。

（12）离开机场。各国机场均提供便捷的机场至市区的运输服务，包括的士、巴士、轨道运输等方式。

二、电子客票

客票是旅客乘机和交运行李的凭证，由承运人（航空公司）开出，是旅客和承运人之间的运输契约。1993 年，世界上第一张电子客票在美国西南航空公司诞生，结果大获成功。2000 年 3 月 28 日，南航推出了内地首张电子客票，电子客票给乘客带来了诸多便利，并降低了航空公司成本。电子客票克服了纸质客票容易丢失、损坏的难题；电话订座、网上购票减少了中间环节，使旅客购票更为快捷。旅客可以在异地订购机票，不需要送票、取票，直接到机场凭预订电子客票时的有效身份证件办理乘机手续。根据 IATA 的强制规定，从 2006 年 10 月 16 日起，停止向我国国内各大机票代理人发放 BSP 纸质客票，而到 2007 年年底在全世界实现 BSP 客票 100%电子化。

电子客票是普通纸质机票的一种电子映像，是一种电子号码记录，它作为世界上最先进的客票形式，依托现代信息技术，实现无纸化、电子化的订票、结算和办理乘机手续等全过程，对于旅客来讲，它的使用与传统纸质机票并无差别。它可以像纸质机票一样执行出票、作废、退票、换开、改转签等操作。

电子客票的使用流程：查询某次航班的电子客票；将乘机人信息详细准确地填写；票款在银行网站完成支付；客服人员将在半小时内电话核实，发送电子客票号到乘客邮箱；旅客持有效身份证件原件到机场电子客票柜台领取登机牌；通过安检顺利搭乘航班。如需报销可领取"行程单"作为凭证。目前，电子客票使用《航空运输电子客票行程单》作为旅客购买电子客票的付款凭证或报销凭证，不作为机场办理乘机手续和安全检查的必要凭证使用。电子客票行程单票样如图 6-1 所示。

图 6-1　电子客票行程单票样

1. 旅客信息

国内旅客按旅客身份证件上的旅客全名填写；对按正常票价的 50% 付费的儿童旅客，在姓名后加 CHD（Child）；对按正常票价的 10% 付费的婴儿旅客，在姓名后加 INF（Infant），在客票签注栏内注明陪伴人客票的号码，在陪伴人客票签注栏内注明婴儿客票的号码；5～12 周岁无成人陪伴儿童旅客的姓名后注明 UM（Unaccompanied Minor）＋年龄，12～16 周岁无成人陪伴儿童旅客的姓名后注明 YP（Young Passenger）＋年龄；其他特殊旅客应在其姓名后注明相应代码字样，见表 6-1。

表 6-1　特殊旅客相应代码

代码	含义
VIP	重要的旅客
VVIP	非常重要的旅客
CIP	工商界要客
CBBG	行李放入客舱自行照管，并占用座位的付费旅客
COUR	商业信使
DIPL	外交信使

续表

代码	含义
EXST	占用一个座位以上的付费旅客
SP（可不填）	加在旅客姓名之后，以说明于无自理能力，此旅客须予以帮助
STCR	使用单价的旅客

2. 电子客票的改签

电子客票改签包括客票变更和客票签转两项。

旅客购买定期客票后，由于个人原因或航空公司安排失误（如航班取消、提前、延误、航程改变或承运人未能向旅客提供已经订妥的座位或舱位等级，或未能在旅客的中途分程地点或目的地停留，或造成旅客已经订妥座位的航班衔接错失）而要求变更乘机日期、航班、航程、座位级别或乘机人，称为客票变更。按照变更原因不同，客票变更可分为自愿变更和非自愿变更。

旅客购票后，如要求改变原客票的指定承运人，称为客票签转。按照签转原因不同，客票签转可分为自愿签转和非自愿签转。

（1）客票自愿变更的有效性规定：

1）要求变更的客票必须在客票有效期内，逾期的无效客票不得变更。

2）要求变更的客票不得违反票价限制条件，如承运人提供的较低折扣机票往往都附加"不得签转""不得变更"等限制条款，客票的变更工作一定要遵循限制条款。

3）变更航程或乘机人，均应按退票处理，重新购票。

4）客票变更后，客票的有效期仍按原客票出票日期或开始旅行日期计算。

5）旅客要求变更航程、乘机日期，必须在原定航班离站时间前提出。

（2）客票自愿签转的有效性规定：

1）要求签转的客票必须无签转限制，且旅客未在航班规定的离站时间前 72 小时以内改变过航班、日期。

2）旅客应在航班规定离站时间 24 小时以前提出签转要求。

3）在保证新承运人与原承运人有票证结算关系且新承运人的航班有可利用座位的情况下，方可办理客票签转。

（3）客票非自愿变更的有效性规定：

1）由承运人原因造成的变更，承运人有义务安排航班将旅客送达目的地或中途分程地点，票款、逾重行李费和其他服务费用的差额多退少不补。

2）由于承运人原因造成旅客舱位等级变更时，票款的差额多退少不补，如经济舱改为头等舱，不再收取差额，头等舱改为经济舱，应退还票价差额。

（4）客票非自愿签转的有效性规定：由承运人原因造成的签转，承运人在征得旅客及续程承运人同意后，办理签转手续，并为旅客优先安排有可利用座位的后续航班。

3．电子客票的退票

旅客购票后，由于旅客原因或承运人原因，不能在客票有效期内完成部分或全部航程，而要求退还部分或全部未使用航段票款，称为退票。退票可分为非自愿退票、自愿退票和旅客因病退票三种。

（1）非自愿退票。非自愿退票是指因航班取消、提前、延误、航程改变或承运人不能提供原定航班座位等原因，旅客提出的退票。旅客提出非自愿退票，承运人应该退还全部票款，不收取退票费。若航班在非规定的航站降落，旅客要求退票，原则上退还由降落站至旅客到达站的票款，但不得超过原付款金额。

（2）自愿退票。自愿退票是指由于旅客原因，未能按照运输合同（客票）完成全部或部分航空运输，在客票的有效期内提出的退票。旅客提出自愿退票，各航空公司应根据旅客购买客票折扣、舱位不同，收取不同的退票手续费。一般来说，旅客购买较低折扣的机票，退票时扣除退票手续费费率较低；相反，旅客购买较高折扣的机票，退票时扣除的手续费费率较高。特价折扣舱位客票一般不得自愿退票。

（3）旅客因病退票。旅客因病退票是指旅客因个人身体健康原因未能全部或部分完成机票中所列明的航程而提出的退票。旅客因病要求退票，必须在航班规定离站时间前提供县级（含）以上医疗单位出具的医生诊断证明（如诊断书、病历、旅客不能乘机的证明），免收退票费。患病旅客陪伴人员要求退票，应与患病旅客同时办理退票手续，免收退票费。

三、客票体系

民航运价随运输对象的类别、运输方式、运输距离的不同而发生变化。根据客舱布局、餐食及服务标准的等级差别，在大型客机上可分为经济舱票价，公务舱票价，头等舱票价，儿童、婴儿票价体系。

1．经济舱票价

空运企业国内航班上向旅客提供经济舱座位，每人免费交付的行李限额为 20 千克。其正常票价以国家对外公布的直达票价为基础。

2．公务舱票价

空运企业在有公务舱布局的飞机飞行的国内航班上向旅客提供公务舱座位。公务舱座位比经济舱宽，但比头等舱窄；餐食及地面膳宿标准低于头等舱，高于经济舱；每人免费交付的行李限额为 30 千克。2010 年 6 月 1 日，中国民航局、国家发改委发布通知，对民航国内航线头等舱、公务舱票价实行市场调节价。国航率先宣布从 2010 年 7 月 1 日调整主要集中在商务航线和宽体客机运营航线上的 43 条航线。调整后，北京至上海、深圳至广州航班的公务舱票价最高为经济舱全价的 1.8 倍，其他航线公务舱票价最高为经济舱全价的 1.5 倍，尚未调整的其他航线则维持公务舱的 1.3 倍的票价级别。东航的调幅最大，其上海至北京航线的公务舱价格为经济舱的 2 倍，其他上海始发的航线公务舱为经济舱的 1.8 倍，其余国内航线公务舱为经济舱的 1.5 倍。南航主要上调公商务航线两舱全价票，部分旅游航线的两舱则推出了更低的折扣位。根据具体航线、机型、座位等级的不同，南航公务舱票价也由原经济舱全价的 130％调整为 120％～180％。

3．头等舱票价

在有头等舱布局的飞机飞行的国内航班时，空运企业向旅客提供头等舱座位。头等舱的座位较公务舱座位宽敞且舒适，为旅客免费提供的餐食及地面膳宿标准高于公务舱，每人免费交运行李的限额为 40 千克。价格调整后的航班，如国航北京至上海、深圳至广州的航班的头等舱票价最高为经济舱全价的 2.3 倍，其他航线头等舱票价最高可为经济舱全价的 2 倍；东航上海至北京航线的头等舱价格调整后，为经济舱价格的 2.5 倍，其他上海始发的航线头等舱为经济舱全价的 2 倍，其余国内航线头等舱为经济舱价格的 1.8 倍。南航头等舱价格也由原经济舱全价的 150％调整为 145％～280％。尚未调整价格的其他航班，则维持头等舱 1.5 倍的票价级别。

4．儿童、婴儿票价体系

旅行开始之日起，年满 12 周岁的儿童购买全票；旅行开始之日起，年满 2 周岁、未满 12 周岁的儿童应按适用成人全票价的 50％收费，儿童票免收机场建设费，燃油附加费减半；旅行开始之日起，未满 2 周岁的婴儿，按适用成人全票价的 10％收费，不单独占用一个座位，无免费行李额，仅可免费携带一只摇篮或可折叠式婴儿车；如需要单独座位，需购买儿童票。婴儿票免收机场建设费和燃油附加费；5 周岁以下的儿童乘机，须有成人陪伴而行，如无成人陪伴，不予接收；5 周岁（含）以上、12 周岁以下无成人陪伴儿童乘机时，应在购票前提出申请，经承运人同意后方可购票乘机；每位成人旅客所带未满 2 周岁的婴儿超过一个时，其中只有一个可按成人全票价的 10％付费，其余按成人全票价的 50％付费。

在线答题

四、特殊旅客服务

1．VIP 要客服务

VIP 要客是指非常重要的旅客。要客是指具备重要政治地位、社会地位、经济地位的旅客。要客登机时，应按要客单上的称呼致意，尊称其头衔，并尽快接过其手提行李，引导入座。在飞行过程中，在不影响其他旅客的前提下，为要客提供特殊服务。下机时要客享有最先下机权。VIP 要客可分为重要旅客和工商界重要旅客两类。

（1）重要旅客可分为最重要旅客和一般重要旅客。最重要旅客（Very Very Important Person，VVIP），包括中共中央总书记、中原政治局常委、委员、国家主席、副主席、人大常委会委员长、国务院总理、政协主席、国家元首、政府首脑等；一般重要旅客（Very Important Person，VIP），包括省部级党政负责人（含副职）、各大军区级（含副职）以上的负责人、著名科学家、院士、社会活动家等及公使、大使级外交使节。

（2）工商界重要旅客（Commercially Important Person，CIP），包括工商业、经济、金融界有重要影响的人士。

2．老年旅客服务

老年旅客通常是指年龄超过 60 周岁的男性或年龄超过 55 周岁的女性申请按老年

旅客接待的旅客。年满 60 周岁的旅客，如果身体健康状况良好，可按普通旅客承运。年龄超过 70 周岁的老人乘机必须出具县级以上医疗机构出具的《健康证明书》。

空乘人员应热情搀扶需要帮助的老年旅客上下飞机，主动帮助提拿、安放随身携带的物品，安排座位，帮其系安全带并示范解开的方法，主动为其介绍客舱服务设备、卫生间的位置及使用方法。老年旅客上机后乘务员应主动送上毛毯，并应主动告知飞行距离、飞行时间，介绍客舱服务设备。旅途飞行中，乘务员要经常看望并了解老年旅客的需要。老年旅客的餐饮服务，尽量送热饮，主动介绍供应的餐食，搀扶其下机并交代地面服务人员给予照顾。

3. 婴儿和无成人陪伴儿童旅客

婴儿旅客是指出生满 14 天以上但年龄不满 2 周岁的旅客。婴儿乘飞机是不占用座位的，可以由成人抱着或者放在机上摇篮里。每航班接收婴儿的最大数额应少于该航班机型的座位总排数，即每相连的一排座位不能安排多于一名婴儿。婴儿上机前乘务长应事先指定一名乘务员帮助带婴儿的旅客提拿随身携带的物品、安排座位、介绍客舱服务设备。飞行中，乘务员要提供细微的服务，如调整通风口，避免通风口直接对着婴儿及其陪伴人员，向陪伴人员征询婴儿喂食、喂水的时间和分量及有无特殊要求等。飞机下降时，乘务员应提醒陪伴人员唤醒婴儿，以避免出现压耳状况。

对于单独乘机出行的 5 ～ 12 周岁无成人陪伴的儿童旅客，民航地面服务人员应事先了解其相关情况，并在把其送上飞机时向乘务长说明其目的地和接收成人的姓名，双方签字完成交接工作。飞机飞行中，乘务长需要把无成人陪伴儿童旅客安排在方便乘务员照看的座位并指定一名乘务员主要负责照管，如在饮食上尽量照顾其生活习惯和心理需求，经常观察其是否有不适应或不舒服的状况等。飞机下降时，乘务员要叫醒正在睡觉的无成人陪伴儿童旅客，并妥为照料，以避免出现压耳状况。飞机降落后，乘务员应向来接机的成人介绍儿童旅客的情况，如无成人来接，要把其详细情况告诉地面服务人员，双方签字完成交接工作。

4. 病残旅客

病残旅客是指由于身体或精神上存在缺陷或病态，在航空旅行中不能自行照料自己，需由他人帮助照料的旅客。病残旅客的接收规定如下：

（1）必须事先（飞机起飞前 72 小时，其中担架旅客为飞机起飞前 1 周）提出特殊服务申请，并由工作人员填开特殊服务申请通知单。

（2）对于需要特别照顾的旅客，必须出示医生的诊断证明和适宜乘机的证明，经承运人同意后方可承运。

（3）传染病及精神病患者或健康状况可能对其他旅客或自身造成危害的旅客，不予承运；虽未患病，但需要他人照顾的年迈老人，视为病残旅客；先天残疾，但已习惯独立生活的人，不视为病残旅客；病残旅客原则上需要医生或家属陪同。

病残旅客须经机场地面有关部门批准后方能购票乘机。乘务员要事先了解旅客状况，协助旅客亲属办理登机手续，并为其安排位于客舱前部或靠近过道的座位。运输担架旅客时，若担架随机，乘务员应协助将旅客和担架安排在不影响过往通道的适当位置；若担架不随机，乘务员要在旅客座椅上铺垫毛毯、枕头，根据病情让旅客躺卧。飞机飞行中，乘务长应指定专人负责照顾病残旅客，经常观察、询问旅客病情，根据情况妥善处理。送餐时，乘务员应协助旅客取用餐食，适时给予帮助，但对先天残疾的旅客，还应注意避免过分关注而导致旅客心理不安。飞机降落后，乘务员应及时联系地面服务人员，并协助旅客整理、提拿手提物品，护送病残旅客最后下机。

5. 孕妇旅客

怀孕32周或不足32周的孕妇（除医生诊断不适宜乘机者外）可按一般旅客运输。怀孕超过32周的孕妇乘机，应提供在乘机前72小时内开具的由医生签字、医疗单位盖章的诊断证明书一式两份，内容包括旅客姓名、年龄、怀孕日期、预产期、旅行航程、日期及是否适宜乘机等，同时，填写特殊旅客乘机申请书一式两份，经承运人同意后方可购票乘机。怀孕超过36周，不予接受运输。孕妇旅客登机时，乘务员应主动帮助其提拿、安放随身携带物品，调整通风口，主动介绍客舱服务设备，并在起飞和下降前给孕妇旅客在小腹下部垫毛毯或枕头。若遇孕妇机上分娩，乘务员应立即报告机长，同时，参照紧急处理方案采取相应措施。

拓展阅读

民航局解禁飞机使用电子设备

2017年9月18日，交通运输部审议通过了第五次修订的《大型飞机公共航空运输承运人运行合格审定规则》。民航局飞行标准司副司长朱涛在新闻发布会上表示，2017年10月起，航空公司可以根据评估结果来决定在飞机上使用何种便携式电子设备。民航局的规定引发了网上关于空中Wi-Fi的热烈讨论。目前，东航、国航、南航、海航等公司都开始尝试飞机上提供Wi-Fi服务，如东航已经在70架宽体客机上实现了机上互联网服务。2017年10月18日上午，东航MU5103客机在万米高空进行了党的十九大开幕会的实时直播，乘客使用空中Wi-Fi就能聆听习近平总书记的讲话。

专家点评：政策全面开禁飞机上使用手机等便携式电子设备是一大喜事，但是政策放开不等于立刻解禁，具体推行仍需时日，旅客也切勿挑战目前"飞行全程关闭手机"的法规。后续航空公司经安全评估后放开限制，旅客们就能在巡航中使用"飞行模式"的手机看电影、听音乐。

以前在飞机上开手机是所有民航人和旅客的梦想，难以想象有一天它会变成现实。今天依靠科学技术的支撑和民航人的不懈努力，飞机的性能和舒适度不断提升，空中Wi-Fi即将普及。以往认为不可能的事情，现在都即将成为现实。

单元三 民航货物运输

一、民航货物运输的基本概念及特点

1. 民航货物运输的基本概念

民航货物运输是现代航空物流业务中的重要组成部分，也是国际贸易中贵重物品、鲜活货物和精密仪器运输必不可缺的方式。

（1）货物。货物是指除邮件和凭"客票及行李票"托运的行李外，已经或将要用飞机运输的任何物品，包括凭航空货运单运输的行李。

（2）航空货运单。航空货运单是指托运人或托运人委托承运人填制的、托运人和承运人之间为在承运人的航班上运输货物所订立合同的初步证据。

（3）航空邮件。航空邮件是指由邮政部门交由航空运输企业运输的邮件，主要包括信函、印刷品、邮包、报刊等。

（4）航空快递。航空快递是指具有航空快递经营资格的企业使用专业快件标志，按托运人的要求，以最快的速度、门到门的服务，在托运人、承运人与收货人之间进行运输和交接货物的业务。

2. 民航货物运输的特点

民航货物运输是众多货物运输方式中的一种，与其他运输方式相比民航货运有着明显的优势，当然也存在一些不足。下面简要介绍民航货物运输的特点。

（1）运输速度快。民航货物运输使用当今民用运输中速度最快的工具——飞机，现代的大型民航运输机能以 900 千米／时左右的速度巡航飞行。速度快是民航货运的最大优势和主要特点，十分适合如海鲜、鲜花、活体动物等易腐性强、对运输时间要求严格的货物的运输。

（2）货物损坏率低。由于民航运输的安全性和高价值性，民航货运地面操作流程的各个环节要求及管理都十分严格，与其他运输方式相比，货物的破损率大大降低。加之飞机大部分时间在平流层飞行，颠簸较少，提高了货物运输的安全性。目前，越来越多的客户把体积较大、重量较重的精密机械产品也委托了民航运输，因为这类货物易撞损。

（3）长距离运输性好。现在的大型民航机都可以做到长距离不间断飞行，2007 年年底交付的空客 A380 可以完成不经停的环球飞行。与其他运输方式相比，在相同的时间内民航运输可以实现最大的跨度，这一优势特别是在洲际和跨洋运输中更为显著。一批货物从中国飞到英国通常需要 17 个小时，而采用远洋运输等方式则需要 20 天左右。

（4）节省仓储成本。因为民航运输的方便、快捷，可以极大地提升生产企业的物流速度，从而节省企业存货的储存费用、保管费用和积压资金利息的支出，加快产品流通速度，加快企业资金周转速度。有很多高价值的电子产品采用民航运输就是看重了这一优势。

（5）运价高、载量小。运价高是由于民航货运采用了高运输成本的飞机作为载运工具，这是不可优化的。民航货运价格往往是海运价格的十倍以上，因此，通过民航运输的货物经常是高附加值的产品。

载运量小是由飞机的性能所决定的，受飞机设计和制造工艺的限制，为了达到适航要求，飞机不能太大。目前投入商用的最大民航机 B747—400 的全货机最大载重为 119 吨。

（6）易受恶劣天气限制。民航运输为了保障安全飞行，对天气条件的要求较高。遇到暴雨、台风、浓雾、大雪等恶劣天气，航班就无法正常飞行，会带来民航货运的延误，尤其对时间要求较高的鲜活易腐货物影响更大。

二、航空货运相关责任人

1．承运人

承运人是指包括接受托运人填开的航空货运单或保存货物记录的航空承运人和运送或从事承运货物或提供该运输的任何其他服务的所有航空承运人。

2．代理人

代理人是指在航空货物运输中，经授权代表承认的任何人。航空货运代理人是伴随着航空货运市场的繁荣而发展起来的，它通常接受航空公司委托人的委托，专门从事航空组织工作，如揽货、接货、订舱、制单、报关、交运、转运等，为货主和承运人提供各种服务，从而获得一定的报酬。

3．托运人

托运人是指为货物运输与承运人订立合同，并在航空货运单或货物记录上署名的人。

4．收货人

收货人是指承运人按照航空货运单或货物运输记录上所列名称而将货物交付的人。

三、航空货运的形式与分类

（一）货运形式

航空货运按形式大致可分为普通货物运输、急件运输、航空快递、包机运输、特种货物运输。

1．普通货物运输

普通货物是指托运人没有特殊要求，承运人和民航当局对货物没有特殊规定的货物运输方式。普通货物运输按一般运输程序处理，运费为基本价格。

微课：民航货邮运输业务

2．急件运输

急件运输是指必须在 24 小时之内发出，收货人急于得到的货物。急件货物运费费率是普通货物运费费率的 1.5 倍，航空公司要优先安排舱位运输急件货物。

3．航空快递

航空快递是由承运人组织专门人员，负责以最早的航班和最快的方式把快递件送交收货人的货运方式。快递的承运人可以是航空公司、航空货运代理公司或专门的快递公司。快递的方式有三种：第一种是机场到机场，收货人在机场等候；第二种是门到门的快递服务，承运人从发货人处取货，并将货物在规定时间直接送到收货人的所在地址；第三种是由快递人派专人随机送货。快递运输安全、快速、准确，目前已经形成航空货运中的一个重要组成部分，其中大部分的运量是以第二种方式进行的，运输的货物以文件、样品、小件包裹为主。快递的费用相对昂贵，一般按距离分档计价，除运费外，还要加收中转费和地面运输杂费。

4．包机运输

包机运输是指包机人和承运人签订包机合同，机上的吨位由包机人充分利用的货物运输方式。其包括吨位、机上座位和货运吨位。包机的最大载重和运输货物要符合飞行安全的条件和中国民用航空局的有关规定。包括运输的运费按里程计算，如果飞机由其他机场调来，回程没有其他任务时还要收取调机费。调机费也按里程计费，包括调机去程和调机回程。

5．特种货物运输

特种货物运输是指在运输上有特殊要求的货物，如鲜活易腐类、危险品类、超大超重类、活体动物等货物。

（二）特种货物运输的分类

特种货物运输是指对于货物本身的性质、价值、体积或重量等条件需要采取特殊措施，给予特殊处理的货物的运输。主要包括贵重物品、运输鲜活易腐类、危险品类、超大超重类、活体动物类等货物。在《民用航空货物国内运输规则》中对特种货物运输做了明确的规定，其内容和国际货运的规定大体一致。

（1）菌种和生物制品。菌种和生物制品要开具无毒证明才能运输，运输时要远离食物。有毒或对人体有害的这类物品除非特殊批准，否则不予运输。

（2）尸体和骨灰。尸体和骨灰要有有效的死亡证明、入殓证明和火化证明。尸体应经防腐处理，并要求装载容器，确保气味和液体不能外溢，不能和其他货物混装。

（3）活动物。活动物要求开具检疫证明，大量运送要有专人押运，包装要防止动物逃逸，保证通风，底部要防止粪便外溢。

（4）鲜活易腐物品。鲜活易腐物品包装要保证不污染、损坏飞机或其他货物。必要时派人押运，有不良气味的不能装在客运班机货舱内。

（5）贵重物品。贵重物品包括贵重金属、宝石、文物、现钞等。贵重货物的运输时间要尽量缩短，包装坚固，并要注意安全和防范。

（6）超大超重货物。"超大货物"一般是指需要一个以上的集装板才能装下的货物，这类货物的运输需要特殊处理及装卸设备（升降机等）；"超重货物"一般情况下是指每件超过 150 千克的货物，但最大允许货物的重量主要还取决于飞机机型（地板承受力）、机场设施及飞机在地面停站的时间。每件超大超重货物必须事先确定体积重量，以便让航空公司事先做好一切安排，航空公司对未预订妥吨位的超大超重货物不承运。

四、民航货物运输流程

1. 办理托运

外贸企业及工贸企业在备齐货物、收到开来的信用证并经审核（或经修改）无误后，即可办理托运，按信用证和合同有关装运条款，以及货物名称、件数、装运日期、目的地等填写货物托运单提供有关单证，送交外运企业作为预订航班的依据。

2. 安排舱位

外运企业收到托运单及有关单据后，合同承运后根据配载原则、货物性质、货运数量、目的地等情况，结合航班来安排舱位，由承运人签发航空货运单。

3. 装货、装机

外运企业根据航班，代外贸企业或工贸企业从仓库提取货物送入机场，凭装货单据将货物送到指定舱位待运。

4. 签发运单

货物装机完毕，由承运人签发航空总运单，外运企业签发航空分运单。航空分运单包括正本 3 份、副本 12 份。正本第一份交给发货人，第二由外运企业留存，第三份随货同行交给收货人。副本 12 份用于报关、财务结算、国外代理、中转分投等用途。

5. 发出装运通知

货物装机后，托运人即可向收货人发出装运通知，以便对方准备付款、赎单、办理收货等手续。

五、民航快递业务和危险货物运输

（一）民航快递业务

民航快递业务是快递业务为适应经济内在发展规律而采用新型运输方式的货物运输业务。随着经济的发展，这种运输方式越来越受到消费者的欢迎，下面简要介绍相关业务。

民航快递是指具有独立法人资格的企业将进出境货物或物品从发件人所在地通过自身或代理网络运达收件人的一种快速运输方式，主要通过民航运输完成中间主要运

输环节。民航快递业务可分为快件文件和快件包裹两大类。快件文件以商务文件、资料等无商业价值的印刷品为主，也包括金融单证、商业合同、照片、机票等；快件包裹又称小包裹服务，包裹是指一些贸易成交的小型商品、零配件的返厂维修及采用快件运送方式的一些进出口货物和商品。

民航快递运输方式主要可以归纳为国际快递、国内快递两类。

（1）国际快递是指国与国之间的以商业文件和包裹为运送对象的一种快速运送方式。国际快递主要可分为门到门、门到机场、专人派送三类。

1）门到门服务。发件人需要发货时打电话给快递公司，快递公司接到电话后，立即派专门人员到发件人处取件。快递公司将取到的所需发运的快件根据不同的目的地进行分拣、整理、核对、制单、报关。利用最近的航班，通过航空公司（大型快递公司有自己的全货机，如 Fedex、UPS、DHL）将快件运往目标地点。发件地的快递公司通过传真、E-mail、QQ、微信等即时通信工具将所发运快件有关信息（航空运单及分运单号、件数、质量等内容）通告中转站或目的站的快递公司。快件到达中转站或目的地机场后，有中转站或目的地的快递公司负责办理清关、提货手续，并将快件及时送交收货人手中，然后将快件派送信息及时反馈到发件地的快递公司，由公司通知发件人任务完成。

2）门到机场服务。运输服务只到达收件人所在城市或附近的机场。快件到达目的地机场后，当地快递公司及时将到货信息通知收件人，收件人可自己办理清关手续，也可委托原快递公司或其他代理公司办理清关手续，但需额外交纳清关代理费用。采用这种运输方式的多是价值较高，或者目的地海关当局对货物有特殊规定的快件。

3）专人派送。专人派送是指发件地快递公司指派专人携带快件在最短的时间内，采用最便捷的交送方式，将快件送交到收件人手里。在特殊情况下，一般为了确保货物安全、确保交货时间而采用这种方式。

（2）国内快递是指主要在一个国家范围内进行经营快件的行为。我国很多快递公司的快件主要是在我国国内进行运输。

（二）危险货物运输

对于任何运输方式来讲，危险货物都是高风险高利润的项目，通过民用航空器来完成的运输更是如此。在高度重视安全的民航运输中，对危险货物的运输业务要求更是严格。

1. 爆炸物品

爆炸物品是指在外界（如受热、撞击等）作用下，能发生剧烈的化学反应，短时间产生大量气体和热量，导致周围压力急剧上升，发生爆炸，从而对周围环境造成破坏的物品。其包括不具有整体爆炸危险，但具有燃烧、抛射及较小爆炸危险，或仅产生热、光、响声或烟雾等一种或几种作用的烟火物品。爆炸物品通常化学性质非常活泼，在受到摩擦、撞击、震动或遇明火、高热、静电感应或与氧化剂、还原剂接触都有发生爆炸的危险。

确定某种货物是否属于爆炸物品，以及货物发生爆炸后所产生的破坏效应的大小是航空运输中的难点问题。专家通过研究得出用热敏感度、冲击敏感度和爆炸速度三个主要参数来决定某种货物的爆炸危险。

由于民航运输的特殊性，绝大多数的爆炸品通常禁止航空运输，民航客机只能运输 1.4 S 的爆炸品。

2. 气体

《危险品规则》中气体的含义是指在 50 ℃下，蒸汽压高于 300 KPa 或在 20 ℃及标准大气压 101.3 KPa 下完全处于气态。体积、压强和温度是描述气体状态的重要物理量，在常温（20 ℃）常压（1 atm）下，气体的体积很大，无法进行包装和运输，但经过压缩或降温加压处理后，可以将其储存于耐压容器或特制的高绝热耐压容器或装有特殊溶剂的耐压容器中。

3. 易燃液体

易燃液体是指在闭杯闪点试验中温度不超过 60.5 ℃，或者在开杯闪点试验中温度不超过 65.6 ℃时，放出易燃挥发气的液体、液体混合物、固体的溶液或悬浊液。如油漆、清漆、磁漆等，但不包括危险性属于其他类别的物质。

4. 易燃固体、自燃物质和遇水释放易燃气体的物质

燃烧是一种放热、发光的剧烈的氧化反应。燃烧必须具备三个条件：一是有可以燃烧的物质（即燃料）；二是有助燃剂（通常指空气）；三是有火源（或热量）。可燃物遇火源而发生的持续燃烧现象，叫作着火；可燃物遇火源开始持续燃烧所需要的最低温度叫作燃点。燃点越低，说明越容易着火，发生火灾的危险性也越大。燃烧的速度取决于可燃物本质的组成、性质和供氧条件，如果可燃物含碳量高、还原性强，供氧充分，那么燃烧就快。

5. 氧化剂和有机过氧化物

氧化剂是指自身不一定可燃，但可以放出氧气而有助于其他物质燃烧的物质。氧化剂在遇酸、碱、受热、受潮或接触有机物、还原剂后即有分解放出原子氧和热量，引起燃烧或形成爆炸性混合物的危险。氧化剂一般都具有不同程度的毒性，有的还具有腐蚀性。

有机过氧化物是指含有二价过氧基 -O-O 的有机物。有机过氧化物遇热不稳定，它可以放热并因此加速自身的分解。另外，它们还可能具有下列一种或多种特性：易于爆炸分解；迅速燃烧；对碰撞和摩擦敏感；与其他物质发生危险的反应；损伤眼睛。

6. 放射性物质

放射性物质为特定活度大于 70 kBq/kg（0.002 μCi/g）的任何物品或物质。其能自发和连续地放射出某种类型辐射物质，这种辐射对人体健康有害，但却不能被人体的任何感官（视觉、听觉、嗅觉、触觉等）觉察到。这些辐射也作用于其他物质（特别是未显影的照相底片和未显影的 X 光胶片），而且它们可以用合适的仪器探测与测量。

六、货物的托运

（一）托运书

货物托运书是托运人办理货物托运时填写的书面文件，是承运人据以填、开航空货运单的凭据。发货人要凭本人的身份证件填写托运书，这是办理托运手续的第一步。托运书是托运人和承运人之间的运输文件的一部分，由托运人填写，并要提供限制运输货物的有关证明，托运人要为填写内容的正确性负责，货运人员在检查托运书和发送的货物相符后才能办理受理。填写的项目有托运人姓名、地址、收货人姓名及地址、始发站、到达站、代理人的名称、托运人声明价值、货物名称、件数、包装、质量、货运单号码，其中质量和货运单号码由承运人填写，然后由托运人、承运人和经手人签字。

（二）航空货运单

货运单是托运人和承运人之间订立的运输合同，是货物运输的凭证，同时，也是运费收据和保险证明。按民用航空国内货运规则的规定，货运单应由托运人填写，由于货运单内容填写的不正确而造成的损失应由托运人承担。但是由于货运单填写的复杂性，一般的做法是在托运人填写好托运书后，由承运经手人依据托运书来填写货运单，以避免托运人由于不熟悉或缺乏了解造成的填写错误，货运单不得对托运书的内容有所改动，货运单填写的正确性仍然由托运人负责。我国的货运单一式 8 份，其中正本 3 份、副本 5 份。正本第一联交承运人，由托运人签字；第二联交收货人，由托运和承运人签字或盖章，收货人在此联上签字取货；第三联交托运人，由承运人接货后盖章；3 份货运单具有同等效力，其他 5 份副联是用来为其他中间承运人或财务部门留作凭证用的。货运单的基本内容为填写的日期和地点、收货人名称及地址、货物名称、包装方式、件数、质量、体积尺寸、计费、托运人声明等。由于货运单在运输的整个过程中都要发挥作用，是货运过程中最重要的文件，因此，在填写时一定要准确，并要核查，防止出现任何错误。货物托运书应与航空货运单存根联一起装订留存。

（三）货物的收运

1. 对货物的要求

承运人在收运货物时要根据公司自身能力有计划地收运，收运时要检查托运人的证件和限制运输物品的有效证明，同时要检查包装，不符合要求的货物包装要由托运人重新妥善包装后才能运送。为了防止有破坏性的爆炸物夹运，在 24 小时以内发送的急件，要开箱检查或使用专门仪器进行特殊安全检查，其他货物施行一般安全检查。货物包装应坚固、完好，保证货物在运输过程中能防止包装破裂、内物散失、渗漏，不致破坏和污染飞机设备与其他物品。货物包装内不准夹带禁止运输或限制运输的物品、危险品、贵重物品、现钞、证券、保密文件和资料等。

2．对质量等的计算

一般货物按千克计价，余数四舍五入，贵重物品按毛重以 0.1 千克计价，每件体积不超过 100 厘米 × 100 厘米 × 140 厘米，质量不超过 250 千克，超过这个规定限制的，承运人可以根据飞机和机场的装卸能力进行安排，货物的毛重价值每千克超过人民币 20 元的可声明货物价值，同时交纳声明价值附加费。

（四）货物的运送

货运单是货物运送的主要文件，它的副联是为接续承运人设计的，如果一次运输过程中有多个承运人，每个承运人都要有一个副联，作为承运的证据和结算凭证。在货物装运时，每架飞机都要有舱单，舱单是机上货物的清单，舱单的作用是使运输及飞行部门掌握货物的性质和重量以便配重，也是各承运人之间货物交接时的凭证，舱单和货运单一起可作为结算凭据。

货物运送是组织货物运输的基本环节。按照货物运送运输原则，承运人应安全、迅速地将货物运达目的地，这个环节工作的好坏对货物运输质量影响很大。

根据货物性质，承运人按照下列顺序发运货物：

（1）抢险、救火、急救、外交信袋和政府指定急运的物品。

（2）指定日期、航班和按急件收运的货物。

（3）邮件。

（4）有时限、贵重和零星小件物品。

（5）国内、国际中转联程货物。

（6）一般货物按照收运的先后顺序发运。

在线答题

承运人应当建立舱位控制制度，根据每天可利用的空运舱位合理配载，避免出现舱位浪费或货物积压。承运人对始发货物实行计划收运，对中转货物实行吨位分配制度，对急货、鲜活货物要保证对其进行优先运输。承运人应当按照合理或经济的原则选择运输路线，充分利用直达航班，避免货物的迂回运输。承运人运送特种货物，应当建立机长通知单制度。

承运人对承运的货物应当精心组织装卸作业，轻拿轻放，严格按照货物包装上的储运指示标志作业，防止货物出现损坏。承运人应当按装机单、卸机单准确装卸货物，保证飞机飞行安全。承运人还应建立健全监装、监卸制度。货物装卸应有专职人员对作业现场实施监督检查。在运输过程中发现货物包装破损无法续运时，承运人应做好运输记录，通知托运人或收货人，征求其处理意见。

七、货物损失索赔

1．索赔人

索赔人是指在航空运输合同执行过程中有权向承运人或其代理人提出索赔要求的人。具体包括以下几项：

（1）货运单上的托运人或收货人。

（2）持有托运人或收货人签署的权益转让书或授权委托书的法人或个人。

（3）保险公司授权的律师事务所。

2．索赔地点

索赔人一般应在货物的目的站向承运人提出索赔，并由目的站受理。索赔人也可以在货物的始发站或发生损失的经停站提出索赔要求。

3．提出索赔要求时限

（1）索赔人应在下列期限内以书面形式向承运人提出索赔要求：

1）货物明显损坏或部分丢失的，发现后立即提出，最迟应自收到货物之日起14日内提出。

2）其他货物损失，应自收到货物之日起14日内提出。

3）货物延误运输的，应自货物处置权交给指定收货人之日起21日内提出。

4）收货人提不到货物的，应自货运单填开之日起120日内提出。

（2）除能证明承运人有欺诈行为外，索赔人未在上述期限内提出索赔的，即丧失向承运人提出索赔的权利。

4．索赔人应提供的文件

索赔人提出索赔时，应同时提供下列资料：

（1）货运单正本或副本。

（2）货物交付状态记录或注有货物异常状况的货运单交付联。

（3）货物商业发票正本、修复货物所产生费用的发票正本、装箱清单正本和其他必要资料。

（4）货物损失的详细情况和索赔金额。

（5）商检报告或其他关于损失的有效证明。

（6）承运人认为需要提供的其他文件或资料。

5．赔偿处理程序

（1）接受索赔。

1）接受索赔要求的承运人为索赔受理人。索赔受理人应核实索赔人的索赔资格，检查索赔资料是否齐全有效，并对索赔要求进行登记。

2）索赔受理人负责通知各相关承运人，检查是否出现多重索赔或重复索赔，并确定赔偿处理责任人。具体要求如下：

①一票货物只能有一个索赔人。出现两个或两个以上的索赔人时，只能接受一个索赔人的索赔要求。

②收到索赔要求后，应立即书面通知有关航站。

③收到索赔通知的航站，应立即检查本部门的索赔登记，发现该货物已向本航站提出索赔的，应通知发出索赔通知的航站。

④不能确定赔偿处理责任人时，由货航业务主管部门负责确定受理此项索赔的航站，避免出现重复赔偿。

（2）确定责任。确定承运人是否应对此项索赔承担责任。

（3）除能证明是由于承运人的过失造成的损坏，承运人对押运货物的损坏不承担责任；押运活体动物的押运员在押运途中因动物的原因造成的伤害或死亡，承运人不承担责任。

（4）在运输过程中，经证明货物的损坏或者延误等是由托运人或收货人的过错造成或者促成的，应当根据造成或者促成此种损失的过错程度，相应免除或减轻承运人的责任。

（5）除承运人故意行为，由于托运人变更运输造成的货物损失，承运人不承担责任。

（6）因货物毁灭、遗失、损坏或延误等造成的间接损失，承运人不承担责任。

（7）对于不符合索赔条件和不应承担责任的索赔要求，应以书面形式回复索赔人。回复时，应说明不受理或不承担责任的理由，以及所依据的法律或运输合同的条款。属于联程运输方式的货物，应同时通知相关承运人。

6. 处理赔偿所需要的文件

（1）收货人、承运人双方签字的货运单交付联或其副本。

（2）货物运输事故记录和事故调查报告。

（3）货邮舱单。

（4）货物中转舱单。

（5）货物保管记录。

（6）往来查询电报、信函。

（7）始发站、中转站、目的站的有关记录。

（8）索赔人提供的所有资料（如商业发票、检验检疫证明、损失定价、照片等）。

7. 赔偿责任限额

（1）托运人未办理货物声明价值，承运人根据承运人的最高赔偿限额（通常为毛重每千克100元人民币）进行赔偿；如果能够证明货物的实际损失低于承运人的最高赔偿限额，按实际损失赔偿。

（2）托运人办理了货物声明价值，并支付了声明价值附加费的，其声明价值为赔偿限额；如果能够证明托运人的声明价值高于货物的实际价值时，按实际价值赔偿。

（3）航空保险赔偿。

1）如果承运人的飞机及其所承运的货物已在保险公司购买了航空保险，在货物全部或部分损失的情况下，保险公司赔偿免赔额以外的部分的损失，其中货物免赔额为10 000美元。

2）如果托运人为货物单独购买了保险，索赔人应向保险公司索赔，由保险公司对索赔人进行赔偿，承运人对其索赔不予受理。如果保险公司理赔后，可由保险公司向承运人提出追偿，承运人应要求保险公司提供托运人购买的保险单、托运人给保险公司的索赔函、保险公司赔付给索赔人的收据和权益转让书。

8. 诉讼时效

航空运输索赔的诉讼时效为两年，自民用航空器到达目的地点、应当到达目的地点或运输终止之日起计算。

拓展阅读 ///

中国民用航空运输的经济性法规

民航运输业的经济性法规主要是准入、运价和容量限制三类。

中国民航运输业的准入制度主要是通过《中国民用航空国内航线经营许可规定》来规范的。按照《中国民用航空国内航线经营许可规定》要求，中国民航运输在国内航线上实行国内航线经营许可管理，根据空运企业经营类别的不同，可分为核准和登记两种管理制度，其核准和登记工作由航线经营许可评审委员会执行。

中国民航运输的运价管理则是由国家的宏观经济调控和指导机构——国家发展和改革委员会主管。因此，有关运价的调整一般由民用航空局评估经国家发展和改革委员会批准后颁布实施。按照最新的《民航国内航空运价改革方案》要求，中国民航的国内航空运价以政府指导价为主，以现行航空运输企业在境内销售执行的各航线公布票价为基准价（平均每客千米 0.75 元），实行浮动幅度价格管理且票价上浮幅度最高不得超过基准价的 25%（下浮幅度原则上不限，但需要备案）。航空运输企业在政府规定的幅度内，自行制定具体票价种类、水平、适用条件，提前 30 天通过航空价格信息系统报民用航空局、国家发展和改革委员会备案，并对外公布后执行。

关于中国民航运输业的容量限制的管理文件主要有《民航航班时刻管理暂行办法》。容量限制可以转变为时刻管理，无法取得有效时刻表明容量已经被限制。按照《民航航班时刻管理暂行办法》第二章的要求，航班时刻管理机构分别为民用航空局、地区管理局和空管局。其中，民用航空局统一负责全国民航航班时刻管理工作，地区管理局负责辖区内机场的民航航班时刻管理工作。民用航空局空管局和地区管理局承担航班时刻的具体协调、分配与使用监督工作。在时刻的具体分配上，以地区管理局成立协调机场航班时刻的协调委员会为载体，通过投票制开展工作，协调管理航班时刻的分配。

容量限制还会与准入要求进行配合，这样可以保证在本来客流量小、不盈利的航线上避免增加新的进入者，减少过度竞争，减少资源浪费。如《中国民用航空国内航线经营许可规定》第三十四条明确规定，中国民用航空总局和民航地区管理局对新辟独飞的"老、少、边、穷"地区支线航线采取市场培育期保护措施，在两年内不再核准或登记其他空运企业进入经营。

除此之外，为了实现民用航空运输业的均衡发展，特别是为了鼓励航空运输企业开辟"老、少、边、穷"地区的航线，帮助这些地区发展经济，中国民用航空局还相应地制定了一系列补贴措施。详细信息可参阅《民航中小机场补贴管理暂行办法》《支线航空补贴管理暂行办法》等文件。

关于所有权的控制，目前在机场服务领域和导航服务领域由国有资本完全控制地位的情况在相当一段时间内不会改变。特别是导航服务，由于中国国家领空的管理归属于中国人民解放军，民航导航服务是经过特别授权仅在限定的区域内对民用航空运输提供服务的，因此其归属权由国家控制的性质不会在短期内发生改变。相对而言，由于国有资本的投入不足，民航运输业承运人的规模普遍较小，本身有扩大规模的迫切愿望。同时，随着中国经济改革成果的显现，人民收入水平的提高，民间流动资本的规模相当大。在这种条件下，民航业积极鼓励民营资本投入航空运输业的发展，航空运输业的所有权结构发生了很大的变化。现在，国家除仍然对几家主要的航空承运人实行控股外，中小承运人的所有权对本国公民而言已经是完全开放的。

总之，为了促成有效和经济的航空运输系统，国家所采用的经济性法规一般有限制航空公司数量、给特定的航线授权和控制班期等方法。经济性规则还会通过限制外国承运人的进入的方式来保护本国航空公司利益。其中，双边协定就是用来保证不让本国航空公司陷入危机而采取的经济性法规之一。

经济性法规的另一个重要目标是保护消费者的利益。如经济性法规规定，为了取得执照，新航空公司必须证明他们具有承担在一定时期内出现运营亏损的财力。这是为了防止航空公司倒闭，而给机票持有人（旅客）造成服务中断或财务损失。

航空运输业的经济性调控框架是国家政策的一部分，根据国家宏观政策对民用航空运输运营的要求，通过对本国航空运输业的状况、应该受保护的程度、运行方式的研究，制定出本国适用的经济性法规框架。该法规需要明确对国内和国际承运人的管理应该有什么不同，当局应该进行干预的程度要有多大，管理当局能够有效执行等问题。政策的细则可能关系到运价控制、准入限制、容量限制、所有权和并购者，还要考虑到是选择高度控制管理还是希望更自由化的管理。必须产生一个民航运输业的经济法规控制体，这个控制体一般设在民航当局内，但也可以单独设立一个控制体。通常，机场和航空导航服务一般由政府或者政府授权的组织来运营，但现在的机场和航空导航服务也开始进行私有化，因此，需要相应制定确保这两个航空运输系统组成部分的财务安全和杜绝垄断滥用的政策。最后航空运输业的经济性政策还必须与交通运输业中的其他交通方式的相关政策进行协调，这样才能使本国整体交通运输业得以健康发展。

🛩 模块小结

公共航空运输企业是以各种航空飞行器为运输工具，以空中运输的方式运载人员或者货物的企业。本模块主要介绍民航旅客运输和民航货物运输的内容。

根据民航旅客运输的不同要求，民航旅客运输可以分为国内旅客运输和国际旅客运输，民航货物运输是现代航空物流业务中的重要组成部分，也是国际贸易中贵重物品、鲜活货物和精密仪器运输必不可缺的运输方式。

思考与练习

一、填空题

1. 经政府有关当局批准的、飞机能够在地面通行导航设施指导下沿具有一定高度、宽度和方向在空中飞行的空域，称为_____。

2. _____是指经过批准开辟的连接两个或几个地点的航空交通线。

3. 根据我国相关规则规定，我国的航线按照起讫点、经停地点的归属不同分为_____、_____和_____三种。

4. 根据班期时刻表，飞机由始发站起飞，按照规定的航线并经过确定的经停站至终点站或直接到达终点站作运输生产飞行称为_____。

5. _____是指航班在单位时间内飞行的次数。

6. 电子客票改签包括_____和_____两项。

7. 旅客购票后，如要求改变原客票的指定承运人，称为_____。

8. 根据客舱布局、餐食及服务标准的等级差别，在大型客机上可分为_____、_____、_____。

9. 国际快递主要分为_____、_____、_____三类。

二、选择题

1. 北京—上海航线属于（　　）。
   A. 国内航线　　B. 国际航线　　　　C. 地区航线　　　D. 支线航线

2. 东京—上海航线属于（　　）。
   A. 国内航线　　B. 国际航线　　　　C. 地区航线　　　D. 支线航线

3. 香港—上海航线属于（　　）。
   A. 国内航线　　B. 国际航线　　　　C. 地区航线　　　D. 支线航线

4. 客票包括（　　）。
   A. 乘机联　　　　　　　　　　　B. 旅客联
   C. 运输合同条件和声明　　　　　D. 以上都应包括

5. 客票是由（　　）填开的。
   A. 承运人　　　　　　　　　　　B. 授权代理人
   C. 承运人或代表承运人　　　　　D. 以上都不对

6. 客票是（　　）和客票上所列旅客之间运输合同的初步证据。
   A. 出票人　　B. 承运人　　　　　C. 代表承运人　　D. 授权代理人

7. 国内客票的（　　）作为旅客回执。
   A. 财务联　　B. 出票人联　　　　C. 乘机联　　　　D. 旅客联

8.（多选）退票分为（　　）。

A．非自愿退票
B．自愿退票

C．旅客因病退票
D．强行退票

9．INF表示（　　）。

A．儿童票
B．婴儿票

C．占用座位的行李
D．使用担架旅客

10．（多选）下列（　　）周岁的儿童可按无成人陪伴儿童承运。

A．3
B．6
C．10
D．4

11．特种运输货物不包括（　　）。

A．宝石
B．玻璃制品
C．汽油
D．木乃伊

12．航空货运中最先应该发运下列（　　）货物。

A．救灾抢险物品
B．贵重物品

C．急件
D．中转物品

三、简答题

1．简述国内旅客的航空旅行程序。

2．简述国际旅客的航空旅行程序。

3．民航货物运输的特点有哪些？

4．航空货运按形式大致可分为哪几类？

5．特种货物运输包括哪些？

6．民航危险货物运输包括哪些？

模块七

客舱设备

1. 了解客舱设备管理与乘务员专业能力，熟悉客舱设备的组成、飞机客舱部分的结构。

2. 熟悉旅客设备的使用、乘务员设备的使用。

3. 掌握机上应急设备的使用，即撤离通道和应急出口、陆上应急撤离设备、水面应急撤离设备。

通过本模块的学习，能熟练操作旅客设备、乘务员设备，能使用飞机上的应急设备。

1. 有效地计划并实施各种活动；了解并遵守各种行为规范和操作规范。

2. 听取他人的意见，积极讨论，通过共同努力，达成一致意见。

3. 在小组内开展团队协作，信任团队成员，开展合作时注重礼节。

案例
导入

　　一位带着 6 个月宝宝的妈妈独自乘机。乘务员发现后主动帮助拿行李并指点入座。为避免宝宝压耳朵，乘务员贴心地提醒妈妈，在飞机起飞与降落时给孩子喂些水或牛奶，不要让宝宝睡着。宝宝在接触新环境时有些不适应，乘务员立即送上机上的小礼品来吸引宝宝的注意力。宝宝睡觉时，乘务员为宝宝盖上毛毯，并在妈妈的手臂下垫上毛毯。提供餐食时，乘务员将餐食放在邻座的小桌板上，并帮她打开食物包装，取出刀叉，以方便使用。用餐后又立即收走餐盒，以便她有足够多的空间来照顾宝宝。机上有专供妈妈给宝宝换尿布的洗手间，乘务员主动告诉妈妈洗手间的位置及使用方法。当飞机到达目的地后，乘务员帮助妈妈整理好行李物品，送至机舱门口。年轻的妈妈特别感动，一再表示感谢，并对怀里的宝宝说："当你长大后我们还来坐飞机。"

　　案例分析：随着当前国内经济的飞速发展，航空旅客的不断增多，乘坐飞机出行的现象越来越普遍，而客舱服务与体验则是旅客们选择航空公司时的重要考虑因素。贴心、耐心、细心和温馨的服务不仅能够给旅客带来乘机的安心感和愉悦感，而且有利于航空公司树立自身的良好形象。在本案例中这位乘务员为独自带着 6 个月宝宝的妈妈提供了细致入微、关怀备至的服务便是一个典范。

　　结合本案例，从为旅客提供更优质的客舱服务的角度，乘务组人员应不断地提升自己的观察能力、理解能力和沟通能力，在提供服务的过程中应多留意身份特殊的旅客，如老年人、孕妇、儿童及行动不太方便的旅客，主动和他们沟通。乘务团队内部也要积极沟通和配合，通过合理分工和有序协调为旅客提供全过程的周到的服务。特别是当旅客主动反映问题的时候，多一些聆听和理解，少一些推脱和说辞，学会换位思考，设身处地为旅客着想。当旅客们感受到乘务员提供的真诚服务时，也自然会以友好平和的心态回应，客舱氛围和秩序也将更加和谐有序。在为旅客提供优质服务的基础上，航空公司也将得到更好的可持续性发展和经济效益的创收。

单元一　客舱设备概述

一、客舱设备的组成

民用航空器的客舱主要由驾驶舱、前乘务员服务舱、旅客头等舱、旅客公务舱、中乘务员服务舱、旅客经济舱和后乘务员服务舱组成。驾驶舱、乘务员服务舱根据不同机型设计有所不同，旅客座位也因飞机的机型不同排列也不同。客舱中的盥洗室分别位于前、中、后乘务员服务舱的附近，紧靠乘务员工作室。

一般来说，飞机上直接与飞行相关的设置主要包括驾驶舱内的正、副驾驶员座椅，旅客舱内的旅客座椅及机上乘务员座椅，衣帽间、储藏室和包括分舱板、天花板、顶部行李箱、座椅面罩和地毯的客舱内装饰，厨房柜，机组人员与旅客应急撤离和救生设备，盥洗室，供水系统与污水处理系统等。这些设备和设施根据用户的要求，可以有各种不同的布局和数量。

二、飞机客舱部分的结构

1．客舱内座椅和人行通道的布置

根据客舱内部的通道数量，可将客机分为单通道客机和双通道客机。

（1）单通道客机，一般为窄体客机。波音737、波音757、A320系列（包括A318、A319、A320、A321）、麦道82、麦道90等机型皆为单通道客机。在单通道喷气客机的客舱内，通常头等舱座椅采用2-2布局（2表示双联座椅，2-2布局即表示每排有两个双联座椅）；其经济舱采用3-3布局或3-2布局。

（2）双通道客机，一般为宽体喷气客机。波音747、波音767（半宽体机型）、波音777，空客A300、A310、A330、A340、A380等机型属于双通道客机。波音公司新研制的波音787也是宽体客机，其竞争对手空中客车公司的新机型A350号称"超宽体客机"，客舱内部比波音787客舱还要宽。这些宽体机的客舱，少则每排安排有6到8个座位，多则每排安排有9到10个座位。通常头等舱采用2-2-2布局；公务舱采用2-3-2布局或2-4-2布局；经济舱为3-4-3布局，甚至3-5-3布局。宽体机载客数量大，设置两条人行通道，可方便旅客的进出和机上服务人员来回推动小车递送饮料和食品，有些机型的通道宽度，允许两位空乘人员并排推送小车。

2．客舱行李箱的布置

为了保持客舱内的美观、整齐，确保飞机飞行途中的安全，现代喷气客机客舱内的手提行李和杂品箱，已全部采用了封闭式的行李箱，专门供旅客放置手提行李和其他零散物品。它和天花板一起构成了舱顶，大型客机设置有2排或4排头顶行李箱。2

排的头顶行李箱，设置在客舱两侧的顶部；4排的头顶行李箱，除客舱左、右侧设置了行李箱外，在中顶棚中间部分，沿机身纵轴方向也设置两排行李箱。但也有一些客机取消了中间两排行李箱，使顶棚显得更宽大，这样在客舱内放映电影或电视录像时，银幕可以升高，视野可以开阔，视觉效果更加理想。

3．厨房和盥洗室的布置

客机的舒适性除取决于客舱座位的安排外，还同机身内各辅助舱，如厨房间、盥洗室、储物柜等的安排有很大关系。厨房间和盥洗间的数量是由客座数和飞行续航时间（或航程）决定的。它们的位置则取决于是否方便乘务员的服务及旅客的使用。

在线答题

（1）厨房的布局。现代宽体喷气客机由于载客数量多，它的厨房间和食品柜的数量都要相应增加。食品柜的上部是电烤箱、饮料箱、冷藏箱等，下部是手推车和废物箱。

为了充分利用客舱的空间来安置旅客，有些喷气客机的厨房间设置在客舱的地板下，如DC-10客机提供了两种厨房布置方案，一种是上部厨房系统；另一种是下部厨房系统。其下部厨房系统设置在头等舱的地板下，冷饮柜则设置在头等舱的后面，地板下的厨房容积达38立方米，有两部升降机将配制好的食品送到头等舱和普通舱之间的服务中心。下部厨房可容纳7个食品柜和1个冷冻柜。这些装置能供应600份热餐，所有的食品柜如在飞机上拆装仅需7分钟。

（2）盥洗室的布局。现代客机都设置多个盥洗室，如波音747，按混合式布置时，除空勤组有单独的盥洗室外，头等舱有2个盥洗室，经济舱的盥洗室多至11个，分别设置在前部（3个）、中部（4个）、尾部（6个）。A310和波音767客机的盥洗室各有5个。

每个盥洗室内都有相当完善的盥洗设备，如盥洗台、镜子、刮须刀插座、化学便桶、卫生用品箱、废物箱等。另外，还有LSU（盥洗室服务组件）、"请即回座"信号灯、服务员呼唤按钮等。

三、客舱设备管理与乘务员专业能力

在民航乘务员国家职业标准中，对乘务员的专业能力的要求大部分和客舱设备管理的内容精密程度相关，每个操作环节都涉及客舱设备管理的内容。详细要求见表7-1。

表7-1　乘务员工作内容与技能及知识要求

职业功能	工作内容	技能要求	相关知识
一、客舱服务	（一）旅客登机前准备	1．能检查经济舱、厨房、盥洗室等服务设施状况 2．能检查经济舱食品、酒水、卫生等服务用品配备状况 3．能检查经济舱卫生状况	1．预先准备程序及要求 2．服务设施检查标准 3．服务设施管理标准及要求 4．清舱规定

职业功能	工作内容	技能要求	相关知识
一、客舱服务	（二）起飞前准备	1. 能迎接旅客并引入客舱 2. 能为旅客提供报纸、杂志 3. 能指导旅客摆放行李 4. 能操作客舱门分离器	1. 旅客行李物品存放与保管的要求 2. 特殊行李占座规定 3. 报纸、杂志分发要求 4. 分离器操作规定
	（三）空中服务	1. 能在正常情况下进行两种语言广播 2. 能指导旅客使用客舱服务设施 3. 能保持客舱、厨房和盥洗室清洁	1. 正常情况下广播要求 2. 服务设施操作规范 3. 客舱服务管理规定
	（四）餐饮服务	能为经济舱旅客冲泡茶水、咖啡	1. 烘烤餐食的方法和要求 2. 经济舱茶、咖啡冲泡的要求及方法
	（五）落地后管理	1. 能处理飞机滑行期间旅客站立、开启行李架等不安全行为 2. 能对客舱、厨房、盥洗室进行清舱检查	1. 落地后安全管理规定 2. 客舱检查规定
二、安全保障	（一）应急设备检查与使用	1. 能识别应急设备标志及中英文名称 2. 能检查和使用灭火器、氧气瓶等应急设备 3. 能在正常和应急情况下开启、关闭舱门和应急出口	1. 应急设备标志 2. 应急设备中英文名称 3. 应急设备的使用和注意事项 4. 舱门和应急出口操作标准要求
	（二）安全介绍	能进行氧气面罩、救生衣等客舱安全演示	1. 客舱安全简介内容 2. 客舱安全演示规范动作的要求
	（三）安全检查	1. 能对旅客安全带系扣、行李架关闭等情况进行客舱安全检查 2. 能对经济舱客舱、厨房、盥洗室设备进行安全检查	1. 客舱安全检查标准 2. 进、出驾驶舱的有关规定 3. 禁烟规定
三、应急处理	（一）失火处置	1. 能处置烧水杯失火 2. 能处置烤箱失火 3. 能处置洗手间失火	烧水杯、烤箱、洗手间失火处置方法
	（二）应急处理	1. 能进行陆地有准备的应急撤离 2. 能进行水上有准备的应急撤离 3. 能进行无准备的应急撤离	1. 应急撤离程序 2. 撤离时的指挥口令 3. 撤离后的工作程序

拓展阅读

2018 年 5 月 14 日上午 7：00 多，川航由重庆飞往拉萨的 3U8633 航班在成都区域巡航阶段，驾驶舱右座前风挡玻璃破裂脱落，机组实施紧急下降。在民航各保障单位密切配合和机组正确处置下，飞机于 7：46 分安全备降成都双流机场，所有乘客平安落地，有序下机并得到妥善安排。备降期间右座副驾驶面部划伤、腰部扭伤，一名乘务员在下降过程中受轻伤。受此影响，双流机场采取单道运行。

据当天执飞航班机长刘传健回忆，事发时在没有任何征兆情况下，只听见"轰"一声，风挡玻璃就突然爆裂了。巨大的"吸力"让副驾驶的半个身体都悬挂到了窗外，副驾驶系着安全带。再看舱内物品，瞬间都飞了起来。

万米高空之上，飞机驾驶舱风挡玻璃整个脱落，是很罕见的！该航班显示的高度是 9 800 米，速度每小时 900 千米，温度大概是 -40 ℃，还要面对缺氧。在高速、低温、缺氧状态下让一个正常人去操纵一架飞机是十分困难的。若在平原飞，即使发生了客舱失压也较容易处置，可用最快速度下降到一万英尺（3 048 米）高度，到这个高度后，温度、速度及缺氧程度都可以得到缓解，这时候驾驶员就能从容操纵飞机了。可是从成都到拉萨是高原飞行，整个飞行过程都是在山区间，在这种条件下既不能下降高度，也不能下降到安全高度，所以驾驶员操纵起来非常困难。

根据执飞航班机长刘传健描述，当时驾驶舱风挡玻璃突然爆裂，让整个飞机也大幅度振动起来，驾驶舱噪声大得难以想象，无线电里传出的声音已根本听不到，与此同时机上的许多设备也都出现了故障。

某资深机长说："我们几乎在每年的复训中都会穿插这个科目的训练，但是每次不是刻意强调风挡玻璃破裂（平时模拟），就是空中炸弹把舱门炸开了，或者增压系统增压失效导致这种情况等，但是处置方法几乎都是一样的，那就是首先要戴好氧气面罩，因为一旦失压首先面临的不是极寒天气，而是缺氧的问题，驾驶员只有在正常供氧情况下，才能有清醒的头脑进行后面的驾驶操纵，所以我们都有这方面的训练。"

单元二　客舱设备的使用

一、旅客设备的使用

（一）座椅

1. 驾驶员座椅

机长座椅位于驾驶员前部左侧，安装在地板座椅滑轨上；副驾驶员座椅位于驾驶

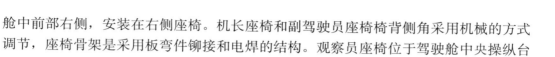

舱中前部右侧，安装在右侧座椅。机长座椅和副驾驶员座椅椅背侧角采用机械的方式调节，座椅骨架是采用板弯件铆接和电焊的结构。观察员座椅位于驾驶舱中央操纵台的后部，与驾驶舱后部左侧的电源中心侧隔板相连接。

　　2. 旅客座椅

　　大多数的旅客座椅可以调节。调节时按压座椅扶手内侧的按钮便可将椅背向后倾斜15°，同时，椅背也可向前压倒。但是部分靠近舱门和紧急窗口的旅客座椅是固定不能调节的。旅客座位之间的扶手是活动的，可以抬起和放下。我国飞机上紧靠客舱通道的座位扶手通常也是固定的，但是有些航空公司尤其是国外航空公司会要求选装所有活动的座椅扶手，以方便坐轮椅及残疾旅客使用。头等舱的旅客座椅增加了脚蹬的功能，加大了座椅向后倾斜的角度，而且在地板之间安装了滑轨可前后移动，加宽的座椅使旅客乘坐时更加舒适。

（二）安全带

　　在每个旅客座位上都装有安全带。当机上"系好安全带"指示灯亮起时，服务人员必须提醒旅客系好安全带。具体操作方法是拉出安全带，将一端的钢片插入另一端的锁扣，揭开时掀起锁扣一侧的连接片，拉出钢片即可。另外，飞机上还配备加长安全带，供特殊旅客使用。在配备加长安全带时，应注意检查确认安全带的型号与机上其他安全带的通用性。

　　我国民用航空总局设有适航司，各管理局都设有适航处，另有三个适航审定中心，分设上海、西安、沈阳。适航审定中心的宗旨是保障民用航空安全，维护公众利益。审定中心依据《中华人民共和国民用航空器适航管理条例》《中国民用航空规章》《适航管理程序》《适航制令》《适航通知》《技术标准规定》等系列规章，办理合格装机检查。安全带就是依据《安全带技术标准》和《安全带最低性能要求》，通过适航审定后，才装上飞机的，它本身的质量是有保证的。

（三）小桌板

　　小桌板固定在前排座椅的背后，可供旅客摆放物品、书写文档、就餐等。在飞机起飞和下降时要收起并固定小桌板。

（四）座位上方的服务面板

　　在旅客座位上方的服务面板上配备呼唤铃、阅读灯、通风口和氧气面罩。呼唤铃供旅客发生紧急情况和需要提供帮助时呼叫乘务员使用。呼叫时按压呼唤铃，红色警示灯亮起，会使服务员服务舱舱顶的蓝色警示灯同步显示。当乘务员完成服务后再次按压呼唤铃，红色警示灯会熄灭。阅读灯供旅客阅读时使用，尤其在夜间飞行或在飞机起飞降落时，由于客舱灯光被调暗，需要阅读的旅客可按压阅读灯按钮，阅读灯亮起，关闭时再次按压按钮即可。通风口用来调节空气气流，在天气过热或当旅客发生晕机、昏厥时，可将通风口顺时针旋转打开，对准旅客释放新鲜空气气流。氧气面罩

是在客舱发生释压的情况下进行救助的吸氧设备。

（五）旅客行李架

在客舱顶部两侧各配备封闭式行李架。宽体客机除客舱两侧的行李架外，在客舱中部的旅客座位上方同样设有背靠背的两排行李架，供旅客摆放和固定行李。使用行李架时乘务员应注意确认行李架的安全锁锁住扣牢，以防飞机在起飞、下降或发生颠簸时行李滑落砸伤下方的旅客。同时，旅客座位下方也可以摆放行李，但是在舱门和紧急出口处不能摆放任何物品。

（六）遮光板

遮光板与客舱的舷窗连接，用于遮挡阳光。在飞机起飞和下降时必须将遮光板打开。

（七）救生衣

救生衣通常存放在旅客座椅下方或头顶的行李架内。当飞机进行水上迫降时，取出救生衣经头部穿过，将带子由后向前扣好系紧。待飞机停稳打开舱门离开机体时，拉动救生衣两侧的红色充气手柄充气，发生充气不足时，可拉出救生衣两侧的充气管，用嘴向里充气。夜间迫降时注意拔掉救生衣下端的电池销，救生衣上的灯会自动发亮。为了在紧急情况下区分旅客和机组成员，机组人员救生衣的颜色为橘红色，旅客的救生衣颜色为明黄色或黄色。

（八）盥洗室

飞机的盥洗室位于客舱的前、中、后部。使用时从里面拴好，门外显示有人。乘务员在服务过程中要经常检查清理盥洗室。盥洗室内还备有氧气面罩和呼唤铃等紧急设备。当发生释压时，正在盥洗室的旅客要立即拉下氧气面罩，坐在马桶上吸氧。当盥洗室的呼唤铃被按压时，门外壁板右上方的琥珀灯和乘务员服务舱舱顶的警示灯同时同色亮起，当看到琥珀灯亮起时，乘务员要迅速去确认情况，以便帮助旅客。盥洗室内的烟雾探测器可以探测烟雾和火灾。当盥洗室内的烟雾或温度达到一定标准时，烟雾探测器会自动发出响亮的警报声，机组成员要立刻到达现场确认状况，及时处理。烟雾探测器安装在盥洗室的天花板上，在正常情况下，烟雾探测器的指示灯显示绿色，发生报警时指示灯显示红色。当烟雾或火灾排除后，警报声自动停止，指示灯恢复成绿色。

（九）紧急出口

紧急出口也称翼上出口，位于客舱中部靠近机翼前后的位置。发生紧急情况时，客舱内所有的出口指示灯和通道指示灯会自动亮起，指引旅客从最近的出口撤离。操作时，乘务员应注意翼上出口外的现场状况，遵循开启原则，在确认无烟、无火、无障碍物的情况下，自己或请求援助者帮助打开并抛出紧急出口，迅速拉出警示绳并挂在机翼上的小孔中，并组织旅客快速撤离。

（十）安全须知

安全须知应摆放在旅客座位前方的口袋内，上面有详细的设备、机型、紧急设备介绍和应急处置的方法及图示。乘务员应提醒旅客尽早阅读。

（十一）清洁袋

清洁袋同安全须知同样摆放在旅客座位前方的口袋内。使用时取出清洁袋，撕开粘连，放置垃圾或暂装呕吐物。乘务员要注意检查安全须知和清洁袋的数量，及时进行补充。

（十二）娱乐设备

普通飞机的娱乐设施只有音乐，由乘务员统一操作。新式更新的飞机机型配备无线通信系统可供旅客使用，并且客舱中或每个座位前还安装了视频装置，座椅扶手内侧装有耳机的插孔，旅客可收看、收听多个频道的节目。乘务员会在飞机平飞后发放耳机并在下降前回收耳机、关闭娱乐系统。

二、乘务员设备的使用

1. 氧气面罩
每个乘务员座位上方备有两个氧气面罩，发生释压时可拉下面罩进行吸氧，使用方法与旅客氧气面罩的使用方法相同。

2. 内话系统
内话系统是机组与旅客之间进行通话的设备。不同的飞机机型其内话系统的操作略有差异，但都具有乘务员与驾驶舱通话、各服务舱乘务员之间通话、驾驶舱和乘务员对旅客进行广播的功能。

3. 客舱照明系统
在内话系统的操作面板上装有客舱和厨房电源的控制按钮，可以控制客舱和厨房中的照明效果。在飞机起飞和下降过程中乘务员会调暗客舱灯光，服务时将客舱灯光全部打开，而在夜间飞行时只留下顶灯。乘务员回到座位后可以关闭厨房的部分灯光，打开自己座位上方的阅读灯，但在起飞、下降时要关闭服务舱内的灯。乘务员登机后要注意检查操作面板上应急灯的正常显示。

4. 手电筒
每个乘务员座椅下方的柜子里都有一个机上手电筒。乘务员登机后要检查手电筒的电源，确认手电筒被固定在支架上，绿色显示灯亮表明充电完后可正常使用。机上手电筒只有在发生紧急情况、电源切断和迫降时才可使用。使用后要放回支架，手电筒会自动充电，并要登记在"客舱记录本"上。

5. 防烟面罩

防烟面罩供乘务员和机组人员在客舱封闭区域失火或出现浓烟时使用，可以保护灭火者的眼睛和呼吸道不受火与烟的侵害。防烟面罩的种类大致可分为两种，即头部防烟面罩和至胸部的防烟面罩。防烟面罩的使用时间为 15 分钟左右，戴上面罩后只能通过面罩前部的送话器与外界联系。机组人员登机后要仔细检查确认防烟面罩的位置、数量、包装是否完好，使用完毕后要放回原位固定，并且要记录在"客舱记录本"上。

6. 麦克风

麦克风通常位于前后舱门内壁板中，是在飞机电源被切断、内话系统失灵或撤离时用来联系、组织机上人员的设备。使用时按压把手上的按钮对准话筒进行喊话。

7. 应急发报机

应急发报机是在飞机遭遇紧急情况时向外界发出求救信号的紧急设备。

8. 客舱记录本

客舱记录本仅用来登记、记录客舱设备的使用、损坏和发生的问题。此项工作通常由前舱的乘务员或乘务长完成，登记时要注明设备的使用情况、数量、种类、位置、名字等详细信息，以便机务人员快速准确地更换和修理设备。

9. 衣帽间

衣帽间位于乘务员服务舱附近，主要功能是机组人员和旅客用来挂放西服或大衣。开启和关闭时要注意扣好锁住门体。

10. 烤箱

机上的烤箱只能用于加热食物，通常不具备微波功能。烤箱的数量根据飞机型号和旅客座位而定。启动烤箱前要设定温度与时间，到达时间后烤箱会自动停止工作。加热前应确认烤箱内无纸片、塑料、干冰等物品。严禁在烤箱内存放任何服务用品、用具和餐盒，并且注意不要将食物过近地靠在烤箱内的工作风叶上，以免风叶转动打破餐盒将食物旋入烤箱内机中引起火灾。在飞机起飞和着陆前必须切断烤箱电源。

11. 餐车

飞机上的餐车可分为全车和半车。无论何种餐车，其功能都是用来存放各类食品、饮料、服务用品和用具的，使用长餐车服务时，必须有两人同时操作，餐车上摆放的实物不要过高过多；半餐车可由一人操作，服务过程中注意刹车的踩放。服务后要及时将餐车归位，踩上刹车锁好车门。

12. 加水表

通常位于后服务舱辅助舱门的上方或左侧乘务员座位上方的控制板上，用来显示飞机的载水量。加水表有 5 个水位显示：E（无水）、1/4、1/2、3/4、F（满水）。按下水表中间的按钮，水表显示载水量。乘务员应在旅客登机前完成水表检查工作，确保飞行中的服务用水供应。

13. 洗手池

服务舱内的洗手池可供乘务员洗水和排放剩水，切记不可向里倒牛奶、咖啡、果肉饮料等。因为洗手池内连接的设备是将水质物品汽化然后排出机体外，而不是将污水储存起来带回地面处理，所以将过浓或带有杂质的液体倒入洗手池后，会使飞机因无法将其汽化而造成洗手池堵塞的严重后果。

单元三 机上应急设备

飞机在遭遇事故的情况下，使乘员（包括机组人员和旅客）迅速安全撤离是首要任务。在飞机上增加救生设备主要出于当飞机迫降在陆地和水面上时可以使乘客迅速撤离的考虑。

一、撤离通道和应急出口

现代大型客机载客量大，按国际民航组织（ICAO）的标准，要求全部机上人员在紧急情况下能在90秒内撤离。在客舱设计时，通道有一定的宽度，距离通道最远的座位只能和通道相隔两个座位，通道内不得堆放任何物品，以保证通行顺畅。客舱中预先划分了撤离的分区，每个分区有专用的撤离路线通往指定的应急出口。这些路线图和出口都印在了飞机上的《乘客须知》小册子中。

飞机上的出口除正常的登机门和服务门外，还根据旅客的数量设置了若干应急出口。在驾驶舱有机组的应急出口，在客舱每个撤离分区都有相应的应急出口。应急出口上有拉手，并有用红色字体印出的打开方法，在紧急状态下，空乘人员应熟练打开机门和应急出口并指导旅客撤离。

二、陆上应急撤离设备

（1）充气撤离滑梯。大型客机的出口距离地面多数在2米以上，必须有梯子帮助乘客才能平安到达地面，因此，在登机门和应急出口处的地板下都装有撤离滑梯，这种滑梯用不透气的软性织物或材料制成，平时以不充气状态折叠存放在地板下的隔框内，在应急情况下打开后自动充气，在6秒之内充气完毕，滑梯在出口外竖起，乘客应脱鞋以仰卧姿势双腿伸直跳入滑梯滑到地面。

（2）应急定位发射机。飞机机身内有应急定位发射机，在飞机迫降后会自动发出位置信号，撤离的人员应带上飞机上的便携式定位发射机，撤离至安全区后，立即打开，发出定位信号，以便搜索人员发现。定位发射机的工作范围在30千米左右，可以连续工作48小时。

（3）其他设备。有扩音器、急救药箱、救生斧、护目镜、防护头盔、救生索、照

明灯等。扩音器是在乘务人员指挥旅客撤离时使用的；急救药箱用于伤病救护；救生斧在应急出口旁，在飞机迫降时，如果因机体变形出口无法打开时，可使用救生斧将出口劈开；护目镜和防护头盔是在舱内出现烟雾时使用的；救生索是一根结实的橡胶绳索，紧固在应急出口旁，驾驶员和乘务员依靠它先于乘客滑到地面进行救生滑梯安置，组织乘客地面活动等工作；飞机上有应急照明设备，在飞机上供电停止还能提供一定时间的照明，另外，还有手提照明灯，以备乘员离开飞机时使用。

三、水面应急撤离设备

陆上撤离设备的大部分在水面撤离时都要使用，水面撤离设备还有以下几种：

（1）救生衣。救生衣在座椅之下，拿出后穿上，拉动拉手自动充气，救生衣的颜色为橘红色，便于救援人员发现。

（2）水上撤离滑梯。水上撤离滑梯与陆上撤离滑梯是相同的，但它要落在水里，固定起来相对困难，旅客上滑梯之前要穿好救生衣，因此，在使用时需要机组人员更多地指导和帮助。撤离完成后，撤离滑梯可作为漂浮设施。

（3）救生筏。救生筏也是充气的漂浮设施，根据撤离人数不同有不同的规格。最大的可载 48 人，小的可载 10 人，筏体颜色也是橘红色。筏上备有桨、锚，有的还配有打气设备。

（4）其他水上生物品。其他水上生物品包括海水淡化药品、海水染色剂、压缩食品、指南针等。

拓展阅读 ///

民航飞机的救生设施和逃生技巧

民航飞机经过百年的发展已经达到了较高的安全水平，但是为了以防万一，民航飞机上设有各种救生装置，在紧急逃生过程中掌握必备逃生技巧也十分必要。

1. 救生设施

由于民航客机的事故一般发生在飞机的起飞和着陆阶段，现代民航客机上的救生设施一般多用于紧急迫降情况，这些设施包括应急出口、应急滑梯、救生艇、救生衣、应急供氧、灭火设备等。

（1）应急出口：民航客机上的应急出口可以确保飞机在紧急迫降时乘客和机组人员能够迅速安全地撤离飞机。应急出口一般在飞机机身的前段、中段、后段都有醒目的标志，而且每个应急出口处都有应急滑梯和应急绳索。

（2）应急滑梯：事故处置中会看到应急滑梯的身影。由于现代大型民航客机的机舱门离地有三四米，为了在飞机迫降时使旅客迅速撤离，每个应急出口和机舱门都备有救生滑梯。救生滑梯由尼龙胶布胶接而成，平时折叠好后放在门上专用箱内，上面写有"救生滑梯"字样。当飞机迫降遭遇要使用时，只要把滑梯的一端挂在客舱地板的专用钩上，再将舱门打开，应急滑梯便会自动充气鼓胀，变得十分有弹性。

（3）救生艇：也称救生筏，是当飞机迫降在水面时应急脱离飞机所使用的充气艇。平时救生艇排净气体，并且折叠包装好以后储存在机舱顶部的天花板内，需要时可立即取出并充气使用。现代民航客机所携带的救生艇数量根据飞机的载客数而定，当飞机迫降在水面时，应急滑梯也可作为救生艇使用。

（4）救生衣：是飞机在水面迫降后，供单人使用的水上救生器材，可以确保紧急情况下旅客在水中的安全。救生衣放在每个旅客的座椅下，在救生衣上同时标有使用说明，而且乘务员也会给旅客作详细示范。

（5）应急供氧：现代民航客机上还备有应急供氧设施，每个旅客座位上方都有一个氧气面罩储存箱，当舱内气压降低到海拔 4 000 ～ 4 500 米气压值时，氧气面罩便会自动脱落，只要拉下戴好即可。

（6）灭火设备：所有民航客机上都配有各种灭火设备，例如干粉灭火器、水灭火器等，为防止意外的发生，也可以及早发现消灭火灾隐患。

除此之外，现代民航客机上还有应急救生电台及自动发报的呼救装置，用于紧急呼救，急救药箱可用来救治伤员，其他还有应急照明、食物、饮料等。

2．逃生技巧

首先，登机时看清楚紧急出口。飞机飞行遭遇意外时，先回忆紧急出口的位置，不要盲目跟随人流跑动。飞机发生紧急情况时，紧急出口是最重要的逃生通道。实际上，意外发生时，很多人会慌乱地来回跑动或一拥而前。旅客登机时，看清楚并记牢自己的座位与紧急出口的距离，是非常重要的。通常飞机发生事故时，机舱内漆黑一片，所以请不要盲目地跟随人流跑动，注意观察过道内的荧光条，并抓紧时间回忆紧急出口的位置。如果发现紧急出口也已经起火或被浓烟包围，那么，就要向着有光亮的地方跑。黑暗中，有光的地方往往就是逃出飞机的通道。

客机起飞后 3 分钟与降落前 8 分钟是最危险的时段。调查数据显示，有80% 的空难发生在这两个时间段内。因此，在此期间，旅客需要保持警惕。不要登机后立即呼呼大睡。起飞前播放的安全须知都是在飞机遭遇紧急情况时的处理措施，需仔细倾听并记在心中，这些信息对于逃生十分重要。

其次，褪去身着的坚硬物品。高跟鞋、眼镜、丝袜等都可能妨碍逃生，要及时除去。如果机组已经发出了迫降预警，旅客们首先要做的是，确认安

全带是否扣好系紧。飞机发生事故时会产生强大的冲击力，这也会对旅客的身体产生致命伤害。而安全带在这时就会发挥出重要作用。

当然，等到飞机着陆或停稳后，顺利地解开安全带也颇为关键。建议旅客登机入座后，可以重复几次系、解安全带的动作，以防万一。

从飞机发出迫降预警开始，乘务组便会向旅客发出指令。所有旅客一定要听从指挥，不要自作主张。

有组织的逃生比相互拥挤争抢，获得生存的概率更大。为了避免因外物对飞机应急滑梯造成损害，请褪去高跟鞋、眼镜等尖硬物品。另外，丝袜等易燃物品应及时褪去，防止被火烧伤。

再次，用湿手帕捂住口鼻。发生意外时，要避免吸入有害气体，并赶在火势更加严重前逃离。

在瞬间发生的空难里，乘务组如果无法发挥作用，旅客的首要任务是保持冷静。而一旦飞机迫降后起火，浓烟便会在短时间内弥漫机舱。实际上，多数遇难旅客的死因是吸入了有毒浓烟。浓烟被吸入人体后的瞬间，旅客便会失去意识。这便意味着逃生过程的终止。

因此，保护好口鼻，避免直接吸入有害气体是最关键的处置方法。在航程开始后，空乘人员会向旅客分发餐前的湿纸巾。请不要将它丢掉。湿纸巾可以过滤掉一些有害气体，延长逃生时间。同时旅客必须要与时间赛跑。飞机发生事故时，如果伴有起火冒烟，旅客一般只有不到两分钟的逃生时间。一定要赶在火势严重前逃离飞机。

另外，逃离飞机后迎风快跑，顺风跑动的幸存者可能会受到二次伤害。对于有人曾经提出的机舱内安全座位区的说法，从飞机构造上看，机舱内的任何一个位子的安全性都是相同的。

每次空难后飞机着地的姿态都不尽相同，这便意味着，安全区每次都不同。

模块小结

本模块主要介绍了飞机上的客舱设备和应急设备，分别从旅客和乘务员使用的角度加强对客舱设备和应急设备的使用、运行和管理的认识。

民用航空器的客舱主要由驾驶舱、前乘务员服务舱、旅客头等舱、旅客公务舱、中乘务员服务舱、旅客经济舱和后乘务员服务舱组成。

飞机在遭遇事故的情况下，使乘员（包括机组人员和旅客）迅速安全撤离是首要任务。在飞机上增加救生设施主要出于当飞机迫降在陆地和水面上时可以使乘客迅速撤离的考虑。

思考与练习

一、填空题

1. 根据客舱内部的通道数量，可将客机分为_____和_____。

2. 在旅客座位上方的服务板上备有_____、_____、_____和_____。

3. _____是机组与旅客之间进行通话的设备。

4. 客舱内的防烟面罩的种类大致可分为两种，即_____和_____。

5. _____是在飞机遭遇紧急情况时向外界发出求救信号的紧急设备。

6. 飞机在遭遇事故的情况下，_____是首要任务。

二、选择题

1. 下列物品中不属于客舱的应急设备的是（　　　）。

　　A．应急出口　　　　　　　　　B．应急供氧

　　C．麦克风　　　　　　　　　　D．灭火设备

2. 飞机上的安全带种类不包括（　　　）。

　　A．婴儿安全带　　　　　　　　B．乘务员安全带

　　C．成人安全带　　　　　　　　D．特小号安全带

三、简答题

1. 民用航空器的客舱主要由哪几部分组成？

2. 飞机内设驾驶员座椅和旅客座椅分别有什么要求？

3. 水面撤离设备包括哪几种？

4. 陆上应急撤离设备包括哪些？

模块八
民航法律基础知识

1. 了解国际民用航空组织 ICAO、国际航空运输协会、国际机场理事会、国际航空电信协会。

2. 了解芝加哥公约、华沙公约、海牙协定书等。

3. 了解《民用航空法》。

通过本模块的学习，能在实践中应用民航相关法律法规解决实际问题。

1. 分析自己与他人的思考过程，学习他人的思考和学习方法。

2. 学会检查监督管理，具有分析问题、解决问题能力。

3. 具有良好的团队合作、沟通交流的能力，具有吃苦耐劳的坚韧精神。

案例
导入

　　旅客乘坐某航空公司海南至上海的航班，托运过程中行李遗失，行李内有消费者旅行用品及购买旅游纪念品价值 8 000 元，托运行礼重 17 公斤，但是航空公司只同意按照每公斤 100 元的标准，补偿旅客 1 700 元。

　　案例分析：根据《中华人民共和国民用航空法》（以下简称《民用航空法》）第一百二十五条规定："因发生在航空运输期间的事件，造成旅客的托运行李毁灭、遗失或者损坏的，承运人应当承担责任。"同时承运人应按照《国内航空运输承运人赔偿责任限额规定》中第三条第三款"对旅客托运的行李和对运输的货物的赔偿责任限额，为每公斤人民币 100 元"的规定，向旅客做出赔偿。该案中，旅客所托运的行李为 17 公斤，托运时未向承运人申请声明价值的赔偿，因此承运人按照托运行李共赔偿 1 700 元，符合我国法律规定。

单元一　国际民航组织机构

一、国际民航组织

国际民航组织（International Civil Aviation Organization，ICAO）是联合国的一个专门机构，为促进全世界民用航空安全、有序地发展而成立。1944 年 11 月 1 日至 12 月 7 日，52 个国家的代表在美国芝加哥举行国际民用航空会议，签订了《国际民用航空公约》，并决定成立过渡性的临时国际民用航空组织。1947 年 4 月 4 日《芝加哥公约》生效。国际民用航空组织正式成立，5 月 13 日成为联合国的一个专门机构，简称国际民航组织。民航组织总部设在加拿大蒙特利尔，负责制定国际空运标准和条例，是所有缔约国在民航领域中开展合作的媒介。会徽标识如图 8-1（a）所示。

图 8-1　国际民航组织及国际航空运输协会标识
（a）国际民航组织；（b）国际航空运输协会

国际民航组织的权利能力和行为能力主要表现在以下几个方面：

（1）协调国际民航关系。成立多年来，国际民航组织充当协调人，努力在国际民航的各领域协调各国的关系，在协调各国民航关系上发挥过不可替代的作用，制定统一的标准，促进国际民航健康、有序地发展。

微课：国际性民航组织

（2）解决国际民航争议。国际民航组织不仅参与国际条约的制定，还以条约缔约方的身份签订国际条约，解决民航争议。

（3）特权和豁免。国际民航组织各成员国代表和该组织的官员在每个成员国领域内，享有为达到该组织的宗旨和履行职务所必需的特权与豁免。

（4）参与国际航空法的制定。在国际民航组织的主持下，制定了很多涉及民航各方面活动的国际公约，从《芝加哥公约》及其附件的各项修正到制止非法干扰民用航空安全的非法行为，以及国际航空私法方面的一系列国际文件。

二、国际航空运输协会

国际航空运输协会（International Air Transport Association，IATA）是一个由世界各

国航空公司所组成的大型国际组织，总部设在加拿大的蒙特利尔，执行机构设在日内瓦。会徽标识如图 8-1（b）所示。IATA 的宗旨是为了世界人民的利益，促进安全、正常而经济的航空运输，对于直接或间接从事国际航空运输工作的各空运企业提供合作的途径，与国际民航组织及其他国际组织通力合作。与监管航空安全和航行规则的国际民航组织相比，它更像是一个由承运人组成的国际协调组织，管理在民航运输中出现的诸如票价、危险品运输等问题，其主要职能包括国际航空运输规则的统一、业务代理、空运企业间的财务结算、技术合作、参与机场活动、协调国际航空客货运价、航空法律工作和帮助发展中国家航空公司培训高级和专门人员等，通过航空运输企业来协调和沟通政府间的政策，并解决实际运作的问题。截至 2016 年 11 月，国际航空运输协会共有 265 个会员。年度大会是最高权力机构；执行委员会有 27 个执行委员，由年会选出的空运企业高级人员组成，任期三年，每年改选 1/3，协会的年度主席是执委会的当然委员。常设委员会设有运输业务、技术、财务和法律委员会；秘书处是其办事机构。

三、国际机场理事会

国际机场理事会（Airports Council International，ACI），原名为国际机场联合协会（Air-ports Association Council International），于 1991 年 1 月成立，1993 年 1 月 1 日改称国际机场理事会。国际机场理事会是全世界所有机场的行业协会，是一个非营利性的组织，其宗旨是加强各成员与全世界民航业组织、机构的合作，包括政府部门、航空公司和飞机制造商等，并通过这种合作促进建立一个安全、有效、环境和谐的航空运输体系。

国际机场理事会的发展目标有以下几个方面：

（1）保持和发展世界各地民用机场之间的合作，相互帮助。

（2）就各成员机场所关心的问题，明确立场，形成惯例，以"机场之声"的名义集中发布和推广这些立场与惯例。

（3）制定加强民航业各方面合作的政策和惯例，形成一个安全、稳定、与自然环境相适应的高效的航空运输体系，推动旅游业和货运业乃至各国与世界经济的发展。

（4）在信息系统、通信、基础建设、环境、金融、市场、公共关系、经营和维修等领域内交流有关提高机场管理水平的信息。

（5）向国际机场理事会的各地区机构提供援助，协助其实现上述目标。

国际机场理事会目前设有 5 个常务委员会，分别为技术与安全委员会、环境委员会、经济委员会、安全委员会、简化手续和便利客户流程委员会，就其各自范围内的专业制定有关航空规定和政策。

四、国际航空电信协会

国际航空电信协会（Society International De Telecommunication Aeronautiques，SITA）是国际民航组织认可的一个非营利的组织，是航空运输业中领先的电信和信息技术解决方案的集成供应商。

　　1949 年 12 月 23 日，由荷兰、法国、英国、瑞士、莎伯那等 11 家欧洲航空公司的代表在比利时的布鲁塞尔创立。SITA 建立并运行着两个数据处理中心。一个位于美国的亚特兰大的旅客信息处理中心，主要提供自动订座、离港控制、行李查询、航空运价和旅游信息；另一个设在伦敦的数据处理中心，主要提供货运、飞行计划处理和行政事务处理业务。

　　中国民航于 1980 年 5 月加入 SITA。中国民航通信网络与 SITA 相联通，实现了国内各个航空公司、机场航空运输部门与外国航空公司和 SITA 亚特兰大自动订座系统联通，实现大部分城市订座自动化。中国民航还部分使用了 SITA 伦敦飞行计划自动处理系统，在商定的航线采用自动处理的飞行计划。

拓展阅读

国际民航日历届主题

2015—2018 年　共同努力以确保不让任何国家掉队

2014 年　庆祝航空运输合作进展 70 年暨庆祝《芝加哥公约》70 年

2013 年　发展以满足 21 世纪航空运输的挑战

2012 年　航空：您与世界可靠的联系纽带

2011 年　团结一致实现全球可持续的航空运输

2010 年　促进全球航空安全的、有保障的和可持续的发展

2009 年　以航空让世界腾飞的 65 年

2008 年　人为因素：提高航空人员素质

2007 年　全球航空运输——可持续的经济、社会和文化发展的驱动力量

2006 年　安全和保障

2005 年　绿化航空

2004 年　国际合作是解决全球航空挑战的方案

2003 年　为国际民航公约 60 周年制定国际民航标准

2002 年　纪念动力和持续飞行 100 周年

2001 年　各国之间的飞行——人民之间的对话

2000 年　执行标准和建议措施——航空安全和效率的关键

1999 年　增进世界友谊和了解

1998 年　安全飞入 21 世纪

1997 年　通过全球合作加强飞行安全

1996 年　利用卫星使民用航空更安全

1995 年　国际民航组织准备就绪迎接全球航空运输业的需要

1994 年　纪念国际民用航空公约签署五十周年

单元二　国际航空法

航空法（Air Law）是规定领空主权、管理空中航行和民用航空活动的法律规范的总称，是调整民用航空活动及其相关领域中产生的社会关系的法律规范。

一、芝加哥公约

鉴于国际民用航空的未来发展对建立和保持世界各国之间与人民之间的友谊及了解大有帮助，而其滥用足以威胁普遍安全；鉴于有需要避免各国之间和人民之间的摩擦并促进其合作，世界和平有赖于此。因此，各签署国政府议定了若干原则和办法，使国际民用航空按照安全和有秩序的方式发展，并使国际航空运输业务建立在机会均等的基础上，健康和经济地经营。国际民用航空组织于 1944 年 12 月 7 日通过《国际民用航空公约》（The International Civil Aviation Covenant），因其在美国城市芝加哥签订，故又称其为《芝加哥公约》。根据《芝加哥公约》的规定，1947 年 4 月 1 日，国际民航组织正式成立。

《芝加哥公约》由四部分组成，共有 22 章，94 项条款，现将部分条款摘录如下。

第一条　主权

各缔约国承认每一国家对其领土之上的空域具有完全的和排他的主权。

第二条　领土

本公约所指一国的领土，应认为是在该国主权、宗主权、保护或委任统治下的陆地区域及与其邻接的领水。

第三条　民用航空器和国家航空器

一、本公约仅适用于民用航空器，不适用于国家航空器。

二、用于军事、海关和警察部门的航空器，应认为是国家航空器。

三、一缔约国的国家航空器，未经特别协议或其他方式的许可并遵照其中的规定，不得在另一缔约国领土上空飞行或在此领土上降落。

四、各缔约国承允在发布关于其国家航空器的规章时，对民用航空器的航行安全予以应有的注意。

第四条　民用航空的滥用

各缔约国同意不将民用航空用于和本公约的宗旨不相符的任何目的。

第五条　不定期飞行的权利

各缔约国同意其他缔约国的一切不从事定期国际航班飞行的航空器，在遵守本公约规定的条件下，不需要事先获准，有权飞入或飞经其领土而不降落，以及作非商业性降落，但飞经国有权令其降落。为了飞行安全，当航空器欲飞经的地区不得进入或缺乏适当航行设施时，各缔约国保留令其遵循规定航路或获得特准后方许飞行的权利。

此项航空器如为取酬或收费而载运旅客、货物、邮件但非从事定期国际航班飞行，在遵守第七条规定的情况下，亦有上下旅客、货物或邮件的特权，但上下的地点所在国家有权规定其认为需要的规章、条件或限制。

第六条　定期航班

除非经一缔约国特准或其他许可并遵照此项特准或许可的条件，任何定期国际航班不得在该国领土上空飞行或进入该国领土。

第七条　国内载运权

各缔约国有权拒绝准许其他缔约国的航空器为取酬或收费在其领土内装载前往以其领土内另一地点为目的的旅客、邮件和货物。各缔约国承允不缔结任何协议在排他的基础上特准任何其他国家或任何其他国家的空运企业享有任何此项特权，也不向任何其他国家取得任何此项排他的特权。

第八条　无人驾驶航空器

任何无人驾驶而能飞行的航空器，未经一缔约国特许并遵照此项特许的条件，不得无人驾驶地在该国领土上空飞行。各缔约国承允对此项无人驾驶的航空器在向民用航空器开放的地区内的飞行一定加以管制，以免危及民用航空器。

第九条　禁区

一、各缔约国由于军事需要或公共安全的理由，可以一律限制或禁止其他国家的航空器在其领土内的某些地区上空飞行，但对该领土所属国从事定期国际航班飞行的航空器和其他缔约国从事同样飞行的航空器，在这一点上不得有所区别。此种禁区的范围和位置应当合理，以免空中航行受到不必要的阻碍。一缔约国领土内此种禁区的说明及其随后的任何变更，应尽速通知其他各缔约国及国际民用航空组织。

二、在非常情况下，或在紧急时期内，或为了公共安全，各缔约国也保留暂时限制或禁止航空器在其全部或部分领土上空飞行的权利并立即生效，但此种限制或禁止应不分国籍适用于所有其他国家的航空器。

三、各缔约国可以依照其制定的规章，令进入上述第一款或第二款所指地区的任何航空器尽速在其领土内一指定的机场降落。

第十条　在设关机场降落

除按照本公约的条款或经特许，航空器可以飞经一缔约国领土而不降落外，每一航空器进入一缔约国领土，如该国规章有规定时，应在该国指定的机场降落，以便进行海关和其他检查。当离开一缔约国领土时，此种航空器应从同样指定的设关机场离去。所有指定的设关机场的详细情形，应由该国公布，并送交根据本公约第二部分设立的国际民用航空组织，以便通知所有其他缔约国。

第十一条　空中规章的适用

在遵守本公约规定的条件下，一缔约国关于从事国际空中航行的航空器进入或离开其领土或关于此种航空器在其领土内操作和航行的法律和规章，应不分国籍，适用于所有缔约国的航空器，此种航空器在进入或离开该国领土或在其领土内时，都应该遵守此项法律和规章。

第十二条　空中规则

各缔约国承允采取措施以保证在其领土上空飞行或在其领土内运转的每一航空器及每一具有其国籍标志的航空器，不论在何地，应遵守当地关于航空器飞行和运转的现行规则和规章。各缔约国承允使这方面的本国规章，在最大可能范围内，与根据本公约随时制定的规章相一致。在公海上空，有效的规则应为根据本公约制定的规则。各缔约国承允保证对违反适用规章的一切人员提起诉讼。

第十三条　入境及放行规章

一缔约国关于航空器上的旅客、机组或货物进入或离开其领土的法律和规章，如关于入境、放行、移民、护照、海关及检疫的规章，应由此种旅客、机组或货物在进入、离开或在该国领土内时遵照执行或由其代表遵照执行。

第十四条　防止疾病传播

各缔约国同意采取有效措施防止经由空中航行传播霍乱、斑疹伤寒（流行性）、天花、黄热病、鼠疫以及各缔约国随时确定的其他传染病。为此，各缔约国将与负责关于航空器卫生措施的国际规章的机构保持密切的磋商。此种磋商应不妨碍各缔约国所参加的有关此事的任何现行国际公约的适用。

第十五条　机场费用和类似费用

一缔约国对其本国航空器开放公用的机场，在遵守第六十八条规定的情况下，应按统一条件对所有其他缔约国的航空器开放。为安全和空中航行便利而提供公用的一切空中航行设施，包括无线电和气象服务，由各缔约国的航空器使用时，应适用同样的统一条件。

一缔约国对任何其他缔约国的航空器使用此种机场及航行设施可以征收或准许征收的任何费用：

一、对不从事定期国际航班飞行的航空器，应不高于从事类似飞行的本国同级航空器所交纳的费用。

二、对从事定期国际航班飞行的航空器，应不高于从事类似国际航班飞行的本国航空器所交纳的费用。

对有此类费用应予公布，并通知国际民用航空组织，但如一有关缔约国提出意见，此项使用机场及其他设施的费用应由理事会审查。理事会应就此提出报告和建议，供有关的一国或几国考虑。任何缔约国对另一缔约国的任何航空器或航空器上所载人员或财物不得仅因给予通过或进入或离开其领土的权利而征收任何规费、捐税或其他费用。

第十六条　对航空器的检查

各缔约国的有关当局有权对其他缔约国的航空器在降落或离开时进行检查，并查验本公约规定的证件和其他文件，但应避免不合理的延误。

第十七条　航空器的国籍

航空器具有其登记的国家的国籍。

第十八条　双重登记

航空器在一个以上国家登记不得认为有效，但其登记信息可由一国转移至另一国。

第十九条 管理登记的国家法律

航空器在任何缔约国登记或转移登记，应按该国的法律和规章办理。

第二十条 标志的展示

从事国际空中航行的每一航空器应载有适当的国籍标志和登记标志。

第二十一条 登记的报告

各缔约国承允，如经要求，应将关于在该国登记的某一特定航空器的登记及所有权情况提供给任何另一缔约国或国际民用航空组织。此外，各缔约国应按照国际民用航空组织制定的规章，向该组织报告有关在该国登记的经常从事国际空中航行的航空器所有权和控制权的可提供的有关资料。如经要求，国际民用航空组织应将所得到的资料提供给其他缔约国。

第二十二条 简化手续

各缔约国同意采取一切可行的措施，通过发布特别规章或其他方法，以便利和加速航空器在各缔约国领土间的航行，特别是在执行关于移民、检疫、海关和放行等法律时防止对航空器、机组、旅客和货物造成不必要的延误。

第二十三条 海关和移民程序

各缔约国承允在其认为可行的情况下，按照依本公约随时制定或建议的措施，制定有关国际航行的海关和移民程序。本公约的任何规定不得解释为妨碍设置豁免关税的机场。

第二十四条 关税

一、航空器飞抵、飞离或飞经另一缔约国领土时，在遵守该国海关规章的条件下，应准予免税暂时放行。一缔约国的航空器在到达另一缔约国领土时所载的燃料、润滑油、零备件、正常设备及机上供应品，在该航空器离开该国领土时，如仍留置航空器上，应免纳关税、检验费或类似的国家或地方税款和费用。此种豁免不适用于卸下的任何物品或任何数量的物品，但按照该国海关规章允许的不在此列，此种规章可以要求上述物品应受海关监督。

二、运入一缔约国领土的零备件和设备，供装配另一缔约国的从事国际空中航行的航空器或在该航空器上使用，应准予免纳关税，但须遵守有关国家的规章，此种规章可以规定上述物品应受海关监督和管制。

第二十五条 航空器遇险

各缔约国承允对在其领土内遇险的航空器，采取其认为可行的援助措施，并在本国当局管制下准许该航空器所有人或该航空器登记国的当局采取情况所需的援助措施。各缔约国搜寻失踪的航空器时，应在按照本公约随时建议的各种协同措施方面进行合作。

第二十六条 失事调查

一缔约国的航空器如在另一缔约国的领土内失事，并导致死亡或重伤或表明航空器或航行设施有严重技术缺陷时，失事所在地国家应在该国法律许可的范围内，依照国际民用航空组织建议的程序，着手调查失事情况。航空器登记国应有机会指派观察

员在调查时到场，主持调查的国家应将关于此事的报告及调查结果通知航空器登记国。

第二十七条 不因专利权的主张而扣押航空器

一、一缔约国从事国际航行的航空器，被准许进入或通过另一缔约国领土时，不论降停与否，另一缔约国不得以该国名义或以该国任何人的名义，基于航空器的构造、机构、零件、附件或操作有侵犯航空器进入国依法发给或登记的任何专利权、设计或模型的情形，而扣押或扣留该航空器，或对该航空器的所有人或经营人提出任何权利主张，或进行任何其他干涉、缔约各国并同意在任何情况下，航空器所进入的国家对航空器免予扣押或扣留时，均不要求缴付保证金。

二、本条第一款的规定，也适用于一缔约国在另一缔约国领土内航空器备用零件和备用设备的存储，以及使用并装置此项零件和设备以修理航空器的权利，但此项存储的任何专利零件或设备，不得在航空器进入国国内出售或转让，也不得作为商品输出该国。

三、本条的利益只适用于本公约的参加国并且是：（一）国际保护工业产权公约及其任何修正案的参加国；或（二）已经颁发专利法，对本公约其他参加国国民的发明予以承认并给予适当保护的国家。

第二十八条 航行设施和标准制度

各缔约国承允在它认为可行的情况下：

一、根据依本公约随时建议或制定的标准和措施，在其领土内提供机场、无线电服务、气象服务及其他空中航行设施以便利国际空中航行。

二、采取和实施根据本公约随时建议或制定的有关通信程序、简码、标志、信号、灯光及其他操作规程和规则的适当的标准制度。

三、在国际措施方面进行合作，以保证航空地图和图表能按照本公约随时建议或制定的标准出版。

第二十九条 航空器应备文件

缔约国的每一航空器在从事国际航行时，应按照本公约规定的条件携带下列文件：

一、航空器登记证。

二、航空器适航证。

三、每一机组成员的适当的执照。

四、航空器航行记录簿。

五、航空器无线电台执照，如该航空器装有无线电设备。

六、列有旅客姓名及其登机地与目的地的清单，如该航空器载有旅客。

七、货物舱单和详细的申报单，如该航空器载有货物。

第三十条 航空器无线电设备

一、各缔约国航空器在其他缔约国领土内或在其他领土上空时，只有在该航空器登记国主管当局已颁发了设置及使用无线电发射设备的执照的情况下，才可以携带此项设备。在该航空器飞经的缔约国领土内使用无线电发射设备，应遵守该国制定的规章。

二、无线电发射设备只准飞行组成员中持有航空器登记国主管当局为此颁发的专门执照的人员使用。

第三十一条 适航证

凡从事国际航行的每一航空器，应备有该航空器登记国颁发或核准的适航证。

第三十二条 人员执照

一、从事国际航行的每一航空器驾驶员及飞行组其他成员，应备有该航空器登记国颁发或核准的合格证书和执照。

二、就在本国领土上空飞行而言，各缔约国对其任何国民持有的由另一缔约国颁发的合格证书和执照，保留拒绝承认的权利。

二、华沙公约

《华沙公约》全称《统一国际航空运输某些规则的公约》，1929 年 10 月 12 日订于波兰华沙，1933 年 2 月 13 日生效，后经多次修改。我国于 1957 年 7 月 20 日加入该公约，1958 年 10 月 18 日对我国生效。该公约主要内容包括航空运输的业务范围、运输票证、承运人的责任、损害赔偿标准等，形成了国际航空运输上的"华沙体系"。

《华沙公约》是统一国际航空运输某些规则的公约，共有 5 章 41 条，现将部分条款介绍如下。

第一章 范围和定义

第一条

（1）本公约适用于所有以航空器运送旅客、行李或货物而收取报酬的国际运输。本公约同样适用于航空运输企业以航空器办理的免费运输。

（2）本公约所指的"国际运输"的意义是：根据有关各方所订的合同，不论在运输中是否有间断或转运，其出发地和目的地是在两个缔约国或非缔约国的主权、宗主权、委任统治权或权力管辖下的领土内有一个约定的经停地点的任何运输。在同一缔约国的主权、宗主权、委任统治权或权力管辖下的领土间的运输，如果没有这种约定的经停地点，对本公约来说不作为国际运输。

（3）几个连续的航空承运人所办理的运输，如果被合同各方认为是一个单一的业务活动，则无论是以一个合同或一系列的合同的形式订立的，就本公约的适用来说，应作为一个单一的运输，并不因其中一个合同或一系列的合同完全在同一缔约国的主权、宗主权、委任统治权或权力管辖下的领土内履行而丧失其国际性质。

第二条

（1）本公约适用于国家或其他公法人在第一条规定的条件下所办理的运输。

（2）本公约不适用于按照国际邮政公约的规定而办理的运输。

第三章 承运人的责任

第十七条

对于旅客因死亡、受伤或身体上的任何其他损害而产生的损失，如果造成这种损失的事故是发生在航空器上或上下航空器过程中，承运人应负责任。

第十八条

（1）对于任何已登记的行李或货物因毁灭、遗失或损坏而产生的损失，如果造成这种损失的事故是发生在航空运输期间，承运人应负责任。

（2）上款所指航空运输的意义，包括行李或货物在承运人保管下的期间，不论是在航空站内、在航空器上或在航空站外降落的任何地点。

（3）航空运输的期间不包括在航空站以外的任何陆运、海运或河运。但是如果这种运输是为了履行空运合同，是为了装货、交货或转运，任何损失应该被认为是在航空运输期间发生事故的结果，除非有相反证据。

第十九条

承运人对旅客、行李或货物在航空运输过程中因延误而造成的损失应负责任。

第二十条

（1）承运人如果证明自己和他的代理人为了避免损失的发生，已经采取一切必要的措施，或不可能采取这种措施时，就不负责任。

（2）在运输货物和行李时，如果承运人证明损失的发生是由于驾驶上、航空器的操作上或领航上的过失，而在其他一切方面承运人和他的代理人已经采取一切必要的措施以避免损失时，就不负责任。

第二十一条

如果承运人证明损失的发生是由于受害人的过失所引起或助成，法院可以按照它的法律规定，免除或减轻承运人的责任。

第二十二条

（1）运送旅客时，承运人对每一旅客的责任以十二万五千法郎为限。如果根据受理法院的法律，可以分期付款方式赔偿损失时，付款的总值不得超过这个限额，但是旅客可以根据他同承运人的特别协议，规定一个较高的责任限额。

（2）在运输已登记的行李和货物时，承运人对行李或货物的责任以每公斤二百五十法郎为限，除非托运人在交运时，曾特别声明行李或货物运到后的价值，并缴付必要的附加费。在这种情况下，承运人所负责任不超过声明的金额，除非承运人证明托运人声明的金额高于行李或货物运到后的实际价值。

（3）关于旅客自己保管的物件，承运人对每个旅客所负的责任，以五千法郎为限。

（4）上述法郎是指含有千分之九百成色的 65.5 毫克黄金的法国法郎。这项金额可以折合成任何国家的货币取其整数。

第二十三条

企图免除承运人的责任，或定出一个低于本公约所规定责任限额的任何条款，都不生效力，但合同仍受本公约规定的约束，并不因此而失效。

第二十四条

（1）如果遇到第十八、第十九两条所规定的情况，不论其根据如何，一切有关责任的诉讼只能按照本公约所列条件和限额提出。

（2）如果遇到第十七条所规定的情况，也适用上项规定，但不妨碍确定谁有权提出诉讼以及他们各自的权利。

第二十五条

（1）如果损失的发生是由于承运人的有意的不良行为，或由于承运人的过失，而根据受理法院的法律，这种过失被认为等于有意的不良行为，承运人就无权引用本公约关于免除或限制承运人责任的规定。

（2）同样，如果上述情况造成的损失是承运人的代理人之一在执行他的职务范围内所造成的，承运人也无权引用这种规定。

第二十六条

（1）除非有相反的证据，如果收件人在收受行李或货物时没有异议，就被认为行李或货物已经完好地交付，并和运输凭证相符。

（2）如果有损坏情况，收件人应该在发现损坏后，立即向承运人提出异议，如果是行李，最迟应该在行李收到后三天内提出，如果是货物，最迟应该在货物收到后七天提出。如果有延误，最迟应该在行李或货物交由收件人支配之日起十四天内提出异议。

（3）任何异议应该在规定期限内写在运输凭证上或另以书面提出。

（4）除非承运人方面有欺诈行为，如果在规定期限内没有提出异议，就不能向承运人起诉。

第二十七条

如果债务人死亡，在本公约规定范围内有关责任的诉讼可以向债务人的权利继承人提出。

第二十八条

（1）有关赔偿的诉讼，应该按原告的意愿，在一个缔约国的领土内，向承运人住所地或其总管理处所在地或签订契约的机构所在地法院提出，或向目的地法院提出。

（2）诉讼程序应根据受理法院的法律规定办理。

第二十九条

（1）诉讼应该在航空器到达目的地之日起，或应该到达之日起，或从运输停止之日起两年内提出，否则就丧失追诉权。

（2）诉讼期限的计算方法根据受理法院的法律决定。

第四章 关于联合运输的规定

第三十一条

（1）对于一部分用航空运输，一部分用其他运输方式联合办理的运输，本公约的规定只适用于符合第一条条件的航空运输部分。

（2）在联合运输中，在航空运输部分遵守本公约的规定条件下，本公约并不妨碍各方在航空运输凭证上列入有关其他运输方式的条件。

三、海牙协定书

1955 年 9 月 28 日订立的《海牙协定书》修改了 1929 年 10 月 12 日在华沙签订的《华

沙条约》中部分的条款，并于 1963 年 8 月 1 日起生效，于 1975 年 11 月 18 日起对我国生效。现摘录部分内容如下，其中所指公约是指《华沙条约》。

第一章　对公约的修改

第一条

在公约第一条内

（1）删去（2）款，改用下文：

"（2）本公约所称国际运输系指：按合同当事人的约定，无论运输中有无间断或有无转运，其出发地点与目的地点系在两个缔约国的领土内，或在一个缔约国领土内而在另一个缔约国或甚至非缔约国的领土内有一约定的经停地点的任何运输。在一个缔约国领土内两地间的运输而在另一个国家的领土内没有约定的经停地点，不是本公约意义上的国际运输。"

（2）删去（3）款，改用下文：

"（3）由几个连续的航空承运人所办理的运输如经合同当事人认为是一个单一的运输业务，则无论它是以一个合同或一系列合同的形式约定的，在本公约的意义上，应视为一个不可分割的运输，并不因其中一个合同或一系列的合同应完全在同一国家的领土内履行而丧失其国际性质。"

第二条

在公约第二条内删去（2）款，改用下文：

"（2）本公约不适用于邮件和邮包的运输。"

第十一条

删去公约第二十二条，改用下文：

在线答题

"第二十二条

（1）载运旅客时，承运人对每位旅客所负的责任以二十五万法郎为限。

如根据受诉法院法律可用分期付款方式赔偿损失时，则付款的本金总值不得超过二十五万法郎。但旅客得与承运人以特别合同约定一较高的责任限度。

（2）在载运登记的行李和载运货物时，承运人的责任以每公斤二百五十法郎为限，除非旅客或托运人在交运包件时，曾特别声明在目的地交付时的利益并缴付必要的附加费。在后一种情况下，除非承运人证明旅客或托运人声明的金额是高于旅客或托运人在目的地交付时的实际利益，承运人应在不超过声明金额的范围内负赔偿责任。

如登记的行李或货物的一部分或行李、货物中的任何物件发生遗失、损坏或延误，用以决定承运人责任限额的重量，仅为该一包件或该数包件的总重量。但如因登记的行李或货物的一部分或行李、货物中的物件发生遗失、损坏或延误以致影响同一份行李票或同一份航空货运单所列另一包件或另数包件的价值时，则在确定责任限额时，另一包件或另数包件的总重量也应考虑在内。

（3）关于旅客自行照管的物件，承运人的责任对每一旅客以五千法郎为限。

（4）本条规定的限额并不妨碍法院按其法律另外加判全部或一部分法院费用及对起诉人所产生的其他诉讼费用。如判给的赔偿金额，不包括诉讼费及其他费用，不超过承运人于造成损失的事故发生后六个月内或已过六个月而在起诉以前以书面向起诉人提出允予承担的金额，则不适用前述规定。

（5）本条所述法郎系指含有千分之九百成色的65.5毫克黄金的货币单位。此项法郎金额可折合为任何国家货币，取其整数。发生诉讼时，此项金额与非金本位的货币的折合，应以判决当日该项货币的黄金价值为准。"

第十二条

公约第二十三条原文改为该条（1）款，并增列（2）款如下：

"（2）本条（1）款不适用于关于遗失或损坏的条款，这一遗失或损坏是由于所运货物的属性或本身质量缺陷所造成的。"

第十三条

在本公约第二十五条内删去（1）、（2）款，改用下文：

"如经证明造成损失系出于承运人、受雇人或代理人故意造成损失或明知可能造成损失而漠不关心的行为或不行为，则不适用第二十二条规定的责任限额；如系受雇人或代理人有上述行为或不行为，还必须证明他是在执行其受雇职务范围内行事。"

第十四条

在公约第二十五条之后加入下条：

"第二十五条　甲

（1）如因本公约所指的损失而对承运人的受雇人或代理人提起诉讼，而该受雇人或代理人能证明他是在其受雇职务范围内行事，他有权引用承运人根据第二十二条所得援引的责任限额。

（2）在此种情况下，承运人及其受雇人和代理人的赔偿总额不得超过上述限度。

（3）如经证明造成损失系出于受雇人或代理人故意造成损失，或明知可能造成损失而漠不关心的行为或不行为，则不适用本条（1）、（2）两款的规定。"

第十五条

在公约第二十六条内删去（2）款，改用下文：

"（2）关于损坏事件，收件人应于发现损坏后，立即向承运人提出异议，如系行李，最迟应在收到行李后七天内提出，如系货物，最迟应在收到货物后十四天内提出。关于延误事件，最迟应在行李或货物交付收件人自由处置之日起二十一天内提出异议。"

第二章　公约经修改后的适用范围

第十八条

经本议定书修改的公约适用于公约第一条所确定的国际运输，但以出发和目的地点须在本议定书的两个当事国的领土内，或在本议定书的一个当事国领土内，而另一国家领土内有一约定的经停地点者为限。

四、蒙特利尔协议有关内容

蒙特利尔协议，是指经美国民用航空委员会批准，只适用于与美国有国际航空运

输关系的航空公司间的特殊协议。蒙特利尔协议是美国民用航空委员会于1966年5月13日，以第E-23680号令批准的该委员会第18900号协议，该协议称航空公司间达成的协议不属于多边条约。1981年中国开辟飞往美国的航线后加入了该协议。现将部分条款摘录如下：

自1966年5月16日起，每一承运人将下列内容列入其承运条件中，包括其提交给任何政府的附有承运条件的运价中：

"承运人应援用1929年10月12日在华沙签订的统一国际航空运输某些规则的公约或者1955年9月28日在海牙签订的议定书修正的该公约所规定的责任限额。但是，根据该公约或者上述议定书修正的该公约第二十二条第一款的规定，承运人同意，在经营该公约或者上述议定书修正的该公约定义下的任何国际航空运输时，按照运输合同的约定，其始发地点、目的地点或约定的经停地点有一个在美利坚合众国，则：

（1）对每一旅客死亡、受伤或其他身体损害所确定的责任限额，包括法律费用，应是75,000美元。但是，在一国提出赔偿要求而该国规定要分开判给法律费用时，则责任限额应是58,000美元，不包括法律费用；

（2）对于因旅客死亡、受伤或其他身体损害提出的任何赔偿要求，承运人不得援引该公约或上述议定书修正的该公约第二十条第一款规定的任何辩护理由。

对于故意造成损害致使旅客死亡、受伤或其他身体损害的任何人提出的赔偿要求，或者是以该人名义或关于该人提出的赔偿要求，本协议的任何规定均不影响承运人的权利和义务。"

拓展阅读

国际航空运输的特点

从运输的基本程序来说，国际空运和国内空运没有太大的不同，但是由于国际空运涉及两个以上的国家，因此国际空运显示了以下特点：

（1）国际空运是按照国际航空法和协议来进行的，因此，处理一些具体问题时要按照国际上通行标准，同时，还要照顾到当事国有关的政策和法令。如上一部分所说的，现在国际航线是在两国政府的双边协议基础上，再经国际民航组织的认定建立的，因此，国际航线是一种双边权益的交换，从而国际空运不同于国内空运，它不能按照一国的政策进行运作，但是也不能完全无视一国的权益完全按照某种国际法则运行。

（2）国际空运是开放性的。国际空运的任务是运载旅客、货物、邮件，目的是取得报酬，这种报酬是由运价来体现的。而在目前的国际空运体系中绝大部分的运价是由国际航空运输协会（IATA）通过会议拟定的，只有少部分是根据双边协议的运价运行的。它对公众是公开的，对承运人来说是平等的，对旅客或托运人来说，它可以利用全世界的航空网旅行或运输货物。

在运价、服务上有着统一公开的标准，对承运人来说按照统一的标准参加国际航空运输的经营和竞争，既给旅客和托运人提供了便利，又通过国际合作拓展了市场。

（3）在国际航线上的竞争受到国际航协的规定和双方政府的双重限制。国际空运的竞争是有限度的。一旦一方政府发现原有的协议损害自己的利益就会修改协议进行干预，因此，国际空运的运行带有国家利益的因素和贸易保护主义的色彩。

（4）国际空运要尊重所在国的主权。国际空运对旅客来说要通过所在国的出入境、海关、检疫等手续，对于货运来说要按照有关国家的进出口规定进行，对于国际航线的国内段，按国际民航公约通称为国内运载权，它属于一国的"排他性特权"，也就是主权。在国际航线的国内段的两点间本国可以从事营业性运输，外国的航空公司不能经营这两点间的运输。

单元三　中国航空运输协会及民用航空法

一、中国航空运输协会

中国航空运输协会（China Air Transpoit Association，CATA）简称中国航协，是依据我国有关法律规定，以民用航空公司为主体，由企事业法人和社团法人自愿参加结成的、行业性的、不以营利为目的，经中华人民共和国民政部核准登记注册的全国性社团法人，成立于 2005 年 9 月 9 日。

中国航空运输协会是民航协会体制改革后成立的第一个民间社会团体，是依据中国民用航空局《关于民航协会改革指导意见》于 2004 年 8 月 24 日开始筹备的，由中国航空集团公司牵头，中国东方航空集团公司、中国南方航空集团公司、海南航空股份公司、上海航空股份公司、中国民用航空学院、厦门航空有限公司、深圳航空有限责任公司、四川航空股份公司九家单位发起设立。2005 年 2 月 8 日，中国航空运输协会经中国民用航空局审核同意，航协筹备成立和拟任领导人人选，民政部于 2005 年 9 月 6 日正式批准了设立申请。

（一）基本宗旨

中国航空运输协会的基本宗旨：遵守宪法、法律法规和国家的方针政策。按照社会主义市场经济体制要求，努力为航空运输企业服务，为会员单位服务，为旅客和货主服务，维护行业和航空运输企业的合法权益，促进中国民航事业健康、快速、持续地发展。

（二）工作目标

中国航空运输协会的工作方针：以党和国家的民航政策为指导，以服务为主线，以会员单位为工作重点，积极、主动、扎实、有效地为会员单位服务，促进提高经济效益，努力创造公平竞争、互利互惠、共同发展的健康和谐的航空运输环境。

中国航空运输协会倡导的精神：诚信服务、创新进取。

中国航空运输协会的目标任务：围绕国家改革发展大局，围绕企业经营的热点、难点，围绕维护会员单位合法权益，积极推进各项工作，坚定地走自立、自主、自律、自我发展的道路，以服务为本，把协会建设成中国航空运输企业之家、会员之家，以创新为源，把协会办成高效率、有信誉，具有国际影响力的先进社团组织。

（三）业务范围

（1）宣传、贯彻党和国家关于民航业的路线方针政策、法律法规、标准制度及有关文件精神。

（2）研究国际国内民航市场发展形势、经济形势和世界动向，探讨航空运输企业建设、改革和发展中的理论与实践问题，在改革开放、发展战略、产业政策、科技进步、市场开拓、技术标准、行业立法等方面，为政府提供信息，并及时向政府有关部门反映会员单位的意见和建议。通过政策性建议，争取政府有关部门的指导和支持，为航空运输企业提供管理咨询等。

（3）根据中国民用航空局的授权、政府部门的委托及会员单位的要求，组织对有关专业人员进行培训和资质、资格认证。

（4）传播国际国内航空运输企业先进文化，组织举办航展、会展。

（5）编辑出版协会刊物，为会员单位及航空理论专家、学者、业内人士提供知识、经验和学术交流平台。

（6）组织国内外培训考察活动，开展会员单位间的业务交流与合作，促进航空运输企业核心竞争力的提高和持续发展。

（7）协调会员单位之间各方面的关系，建立起公平竞争、相互发展的经济关系。

（8）为了祖国的统一，早日实现与台湾直航，积极协助政府主管部门，加强海峡两岸民航界的联系。

（9）督导做好航空销售代理人的自律工作，监督并约束会员单位业务代理的行为规范，反对不正当竞争，维护航空运输企业的合法权益。

（10）在飞机引进、市场准入、基地设置等资源配置方面，为业务主管单位和航空运输企业提供评估报告，作为其决策依据之一。

（11）中国民航总局委托承办的其他业务。

二、民用航空法

民用航空运输业的基本法就是《民用航空法》，在该法律条文中，不仅有关于主权、领土、领空、中国与其他国家在航空问题上的相互关系问题的规定，还有《芝加哥公约》中约定的关于飞机国籍、民用飞机的权利、适航管理、从业人员及航空运输业其他相关部分运行做出的相关规定。根据《民用航空法》的要求，授予国务院民航管理部门对民用航空活动进行管理的权力。《民用航空法》同时也整合了中国承认的大多数国际公约和协定的主要精神。全文共分十六章二百一十四条。由全国人大通过后颁布实施。

第一章：总则。共四条，阐述了制定本法的原因、管理范围（主权）、授权管理部门和目的。特别是第四条中指出"国家扶持民用航空事业的发展，鼓励和支持发展民用航空的科学研究教育事业，提高民用航空科学技术水平。国家扶持民用航空器制造业的发展，为民用航空提供安全、先进、经济、适用的民用航空器"。说明本法制定的依据是目前中国的民用航空还未走向成熟，所以仍需要政策支持。

第二章：民用航空器国籍。共五条，主要对应于《芝加哥公约》第一章的一般原则和第三条航空器的国籍。主要给出了本法适用的航空器的定义、登记范围和一般要求。

第三章：民用航空器权利。共二十四条，主要解释有关民用航空器运行期间的产权关系以及民用航空器管理人出现债务纠纷情况下的债权处理问题。

第四章：民用航空器适航管理。共五条，主要是关于民用航空器在生产和持续运行阶段的基本要求。

第五章：航空人员。共十四条，是对民用航空运行从业人员的一般要求。这类人员不包括不与飞机直接接触和联系的地面保障人员。在本章中尤其关注机组人员的责任和权利。它不仅融入了《芝加哥公约》第五章航空器应具备的条件的内容，同时也包含了与安保有关的公约（《东京公约》《海牙公约》）的内容。

第六章：民用机场。共十七条，阐述了机场的定义、机场的建设和使用要求、机场的运行要求以及为保护民用航空器在机场的安全运行机场所应该采取的措施等。

第七章：空中航行。共二十一条，包括《芝加哥公约》中第五章、第六章的航行要求以及在《芝加哥公约》附件中有关航行的基本要求。

第八章：公共航空运输企业和第九章：公共航空运输。共五十四条，主要是解释作为为公众提供航空服务的企业具有什么权利和责任，公共航空运输企业应该如何运行。条款内容中除对应于《芝加哥公约》中关于国际航空运输的有关内容外，主要内容为"华沙体制"文件规定的内容。

第十章：通用航空。共六条，解释在中华人民共和国境内开展通用航空活动应该遵循规则。

第十一章：搜寻援救和事故调查。共六条是对于民用航空出现紧急情况和灾难问题的基本对策。

第十二章：对地面第三人损害的赔偿责任。共十六条是对"华沙体制"文件中《罗马公约》的一个反映。

第十三章：对外国民用航空器的特别规定。共十一条，本章除声明对本国领空主权的管理权外，第一百七十七条中还规定外国民用航空器的经营人不得经营中华人民

共和国境内两点之间的航空运输。它是对国内运输企业的一个保护，排除了第八和第九航权的赋予权。

第十四章：涉外关系的法律适用。共七条，强调在中国境内的民用航空活动除用本法规范外，中国加入的国际公约具有优先适用性。

第十五章：法律责任。共二十二条，解释违反本法所需要承担的责任，包括民事责任与刑事责任。

第十六章：附则，共三条。

微课：中国航空
运输法规体系

模块小结

本模块主要介绍国际民航组织机构、国家航空法和中国民用航空运输法的内容。

国际民航组织是联合国的一个专门机构，为促进全世界民用航空安全、有序地发展而成立。其主要活动是研究国际民用航空的问题，制定民用航空的国际标准和规章，鼓励使用安全措施、统一业务规章和简化国际边界手续。

航空法是规定领空主权、管理空中航行和民用航空活动的法律规范的总称，是调整民用航空活动及其相关领域中产生的社会关系的法律规范。

中国航空运输协会是依据我国有关法律规定，以民用航空公司为主体，由企事业法人和社团法人自愿参加结成的、行业性的、不以营利为目的，经中华人民共和国民政部核准登记注册的全国性社团法人。

思考与练习

一、填空题

1. _____是规定领空主权、管理空中航行和民用航空活动的法律规范的总称，是调整民用航空活动及其相关领域中产生的社会关系的法律规范。

2. 中国航空运输协会的基本宗旨：_____、_____。

3. _____是全世界所有机场的行业协会，是一个非营利性的组织，其宗旨是加强各成员与全世界民航业组织、机构的合作。

4. _____是国际民航组织认可的一个非营利的组织，是航空运输业中领先的电信和信息技术解决方案的集成供应商。

二、选择题

1. 国际民用航空组织的缩写为（　　）。

    A. SITA   B. ICAO   C. IATA   D. FIFA

2. 国际航空运输协会的缩写为（　　）。

    A. SITA   B. ICAO   C. IATA   D. FIFA

3. 《芝加哥公约》属于国际航空法中的（　　）。

    A. 航空公法   B. 航空私法   C. 航空刑法   D. 航空民法

4. （　　　）是处理在国际航空中承运人和乘客及货主之间的责任的核心。

    A. 《华沙条约》　　　　　　　　B. 《芝加哥公约》

    C. 《东京条约》　　　　　　　　D. 《海牙公约》

5. 《芝加哥公约》的作用是（　　　）。

    A. 处理民用航空有关国家之间及国际关系和事务

    B. 处理在国际航空中承运人和乘客及货主之间的责任

    C. 处理航空器上的犯罪行为

    D. 处理国际航空运输中的价格问题

三、简答题

1. 国际民航组织的权利能力和行为能力主要表现在哪几个方面？

2. 国际机场理事会的发展目标有哪几个方面？

附录1 常见民航公共信息标志图形符号

图形符号	名称	简介
	飞机场 Aircraft	表示民用飞机场或提供民航服务 用于公共场所、建筑物、服务设施、方向指示牌、平面布置图、信息板、时刻表、出版物等
	直升机场 Helicopter	表示直升机运输设施
	方向 Direction	表示方向 用于公共场所、建筑物、服务设施、方向指示牌、出版物等符号方向，视具体情况设置
	入口 Entry	表示入口位置或指明进去的通道 用于公共场所、建筑物、服务设施、方向指示牌、平面布置图、运输工具、出版物等
	出口 Exit	表示出口位置或指明出口的通道 用于公共场所、建筑物、服务设施、方向指示牌、平面布置图、运输工具、出版物等
	楼梯 Stairs	表示上下共用的楼梯，不表示自动扶梯 用于公共场所、建筑物、服务设施、方向指示牌、平面布置图、出版物等

续表

图形符号	名称	简介
	上楼楼梯 Stairs Up	表示仅允许上楼的楼梯，不表示自动扶梯 用于公共场所、建筑物、服务设施、方向指示牌、平面布置图、出版物等
	下楼楼梯 Stairs Down	表示仅允许下楼的楼梯，不表示自动扶梯 用于公共场所、建筑物、服务设施、方向指示牌、平面布置图、出版物等
	向上自动扶梯 Escalators Up	表示供人们使用的上行自动扶梯 设置时可根据具体情况将符号改为其镜像
	向下自动扶梯 Escalators Down	表示供人们使用的下行自动扶梯 设置时可根据具体情况将符号改为其镜像
	水平步道 Moving Walkway	表示供人们使用的水平运行的自动扶梯
	电梯 Elevator；Lift	表示公用的垂直升降电梯 用于公共场所、建筑物、服务设施、方向指示牌、平面布置图、出版物等
	残疾人电梯 Elevator for Handicapped Persons	表示供残疾人使用的电梯
	残疾人 Access for Handicapped Persons	表示残疾人专用设施

续表

图形符号	名称	简介
	洗手间 Toilets	表示有供男女使用的洗漱设施 根据具体情况，男女图形位置可以互换
	男性 Male	表示专供男性使用的设施，如男厕所、男浴室等 用于公共场所、建筑物、服务设施、方向指示牌、平面布置图、运输工具、出版物等
	女性 Female	表示专供女性使用的设施，如女厕所、女浴室等 用于公共场所、建筑物、服务设施、方向指示牌、平面布置图、运输工具、出版物等
	售票 Ticketing	表示出售飞机票、候补机票、汽车票的场所
	办理乘机手续 Check-in	表示旅客办理登机卡和交运手提行李等乘机手续的场所
	出发 Departures	表示旅客离港及送客的地点 设置时可根据具体情况将符号改为其镜像
	中转联程 Connecting Flights	表示持联程客票的旅客办理中转手续、候机场所
	托运行李检查 Baggage Check	表示对登机旅客交运的行李进行检查的场所

续表

图形符号	名称	简介
	安全检查 Security Check	表示对乘机旅客进行安全检查的通道
	行李提取 Baggage Claim Area	表示到达旅客提取交运行李的场所
	行李查询 Baggage Inquiries	表示机场、宾馆帮助旅客查找行李的场所（不代表失物招领）
	卫生检疫 Quarantine	表示由口岸卫生检疫机关对出入境人员、交通工具、货物、行李、邮包和食品实施检疫查验、传染病监测、卫生监督、卫生检验的场所
	边防检查 Immigration	表示对涉外旅客进行边防护照检查的场所
	动植物检疫 Animal and Plant Quarantine	表示由口岸动植物检疫机关对输入、输出和过境动植物及其产品和其他检疫物实施检疫的场所
	海关 Customs	表示进行海关检查的场所
	候机厅 Waiting Hall	表示供人们休息、等候的场所，如车站的候车室、机场的候机厅、医院的候诊室等 用于公共场所、建筑物、服务设施、方向指示牌、平面布置图、出版物等

续表

图形符号	名称	简介
	头等舱候机室 First Class Lounge	表示持头等舱客票的旅客候机的场所
	登机口 Gate	表示登机的通道口 根据具体需要变换数字
	行李手推车 Baggage Cart	表示供旅客使用的行礼手推车的存放地点 用于公共场所、建筑物、服务设施、方向指示牌、平面布置图、信息板、出版物等
	育婴室 Nursery	表示带婴儿旅客等候的专用场所
	商店 Shopping Area	表示出售各种商品的商店或小卖部
	结账 Settle Accounts	表示用现金或支票进行结算的场所。如售票付款处、超重行李付款处及宾馆、饭店的前台结账处、商场等场所的付款处等 用于公共场所、建筑物、服务设施……
	宾馆服务 Hotel Service	表示查询、预订旅社、饭店的场所
	租车服务 Car Hire	表示提供旅客租车服务的场所

续表

图形符号	名称	简介
	地铁 Subway Station	表示地铁车站及设施
	停车场 Parking Lot	表示停放机动车辆的场所
	航空货运 Air Freight	表示办理航空货运的场所
	货物检查 Freight Check	表示机场货运处对托运货物进行安全检查的场所
	货物交运 Freight Check-in	表示交运货物的场所 设置时可根据具体情况改为其镜像
	货物提取 Freight Claim	表示领取托运货物的场所 设置时可根据具体情况改为其镜像
	货物查询 Freight Inquiries	表示机场帮助货主查找货物的场所
	旅客止步 Passenger No Entry	表示非工作人员在此止步

续表

图形符号	名称	简介
	禁止吸烟 No Smoking	表示该场所不允许吸烟
	禁止携带托运武器及 仿真武器 Carrying Weapons and Emulating Weapons Prohibited	表示禁止携带和托运武器、凶器及仿真武器 本符号不能单独使用
	禁止携带托运易燃及 易爆物品 Carrying Flammable, Explosive Materials Prohibited	表示禁止携带和托运易燃、易爆及其他危险品，本符号不能单独使用
	禁止携带托运剧毒物 品及有害液体 Carrying Poison Materials，Harmful Liquid Prohibited	表示禁止携带和托运剧毒物品、有害液体物品 本符号不能单独使用
	禁止携带托运放射性 及磁性物品 Carrying Radioactive， Magnetic Materials Prohibited	表示禁止携带和托运放射性物质和超过规定的磁性物质

附录2 国内主要城市及 机场三字代码

省（自治区、直辖市、特别行政区）	地区名称	三字代码	机场名称
安徽	合肥	HFE	合肥新桥国际机场
安徽	黄山	TXN	黄山屯溪国际机场
北京	北京	PEK	北京首都国际机场
福建	福州	FOC	福州长乐国际机场
福建	厦门	XMN	厦门高崎国际机场
甘肃	嘉峪关	JGN	嘉峪关机场
甘肃	兰州	LHW	兰州中川国际机场
广东	广州	CAN	广州白云国际机场
广东	珠海	ZUH	珠海金湾国际机场
广西	桂林	KWL	桂林两江国际机场
广西	南宁	NNG	南宁吴圩国际机场
贵州	贵阳	KWE	贵阳龙洞堡国际机场
海南	海口	HAK	海口美兰国际机场
海南	三亚	SYX	三亚凤凰国际机场
河北	石家庄	SJW	石家庄正定国际机场
河南	郑州	CGO	郑州新郑国际机场
黑龙江	哈尔滨	HRB	哈尔滨太平国际机场
湖北	武汉	WUH	武汉天河国际机场
湖南	长沙	CSX	长沙黄花国际机场
吉林	长春	CGQ	长春龙嘉国际机场

续表

省（自治区、直辖市、特别行政区）	地区名称	三字代码	机场名称
江苏	南京	NKG	南京禄口国际机场
江西	南昌	KHN	南昌昌北国际机场
辽宁	沈阳	SHE	沈阳桃仙国际机场
内蒙古	包头	BAV	包头东沙机场
宁夏	银川	INC	银川河东国际机场
青海	西宁	XNN	西宁曹家堡国际机场
山东	青岛	TAO	青岛流亭国际机场
山东	济南	TNA	济南遥墙国际机场
山西	太原	TYN	太原武宿国际机场
陕西	西安	XIY	西安咸阳国际机场
上海	浦东	PVG	上海浦东国际机场
上海	虹桥	SHA	上海虹桥国际机场
四川	成都	CTU	成都双流国际机场
天津	天津	TSN	天津滨海国际机场
西藏	拉萨	LXA	拉萨贡嘎国际机场
新疆	乌鲁木齐	URC	乌鲁木齐地窝堡国际机场
云南	昆明	KMG	昆明长水国际机场
浙江	杭州	HGH	杭州萧山国际机场
重庆	重庆	CKG	重庆江北国际机场
香港	香港	HKG	香港国际机场
澳门	澳门	MFM	澳门国际机场
台湾	台北	TPE	台湾桃园国际机场

附录3 国际主要城市及机场三字代码

机场三字代码	地区名称	所属国家和地区
AKL	奥克兰	新西兰
AMS	阿姆斯特丹	荷兰
ATH	雅典	希腊
AUH	阿布扎比	阿拉伯联合酋长国
BCN	巴塞罗那	西班牙
BER	柏林	德国
BKK	曼谷	泰国
BOM	孟买	印度
BRN	伯尔尼	瑞士
BRU	布鲁塞尔	比利时
BSB	巴西利亚	巴西
BSL	巴塞尔	瑞士
BUD	布达佩斯	匈牙利
BUE	布宜诺斯艾利斯	阿根廷
CBR	堪培拉	澳大利亚
CCU	加尔各答	印度
CHI	芝加哥	美国
CPH	哥本哈根	丹麦
CPT	开普敦	南非
DXB	迪拜	阿拉伯联合酋长国
FRA	法兰克福	德国
HEL	赫尔辛基	芬兰
HNL	夏威夷	美国
ICN	首尔	韩国

续表

机场三字代码	地区名称	所属国家和地区
LAX	洛杉矶	美国
LED	圣彼得堡	俄罗斯
LIS	里斯本	葡萄牙
LON	伦敦	英国
MAD	马德里	西班牙
MAN	曼彻斯特	英国
MEL	墨尔本	澳大利亚
MEX	墨西哥城	墨西哥
MIL	米兰	意大利
NYC	纽约	美国
TYO	东京	日本
OSA	大阪	日本
OSL	奥斯陆	挪威
PAR	巴黎	法国
PFN	巴拿马城	巴拿马
REK	雷克雅未克	冰岛
RIO	里约热内卢	巴西
ROM	罗马	意大利
SEZ	塞舌尔	塞舌尔群岛
SFO	旧金山	美国
SIN	新加坡	新加坡
SYD	悉尼	澳大利亚
WAS	华盛顿	美国
YVR	温哥华	加拿大
YYZ	多伦多	加拿大
ZRH	苏黎世	瑞士

附录 4　中华人民共和国民用航空安全保卫条例

《中华人民共和国民用航空安全保卫条例》于 1996 年 7 月 6 日中华人民共和国国务院令第 201 号发布，根据 2011 年 1 月 8 日国务院令第 588 号《国务院关于废止和修改部分行政法规定的决定》修订。

第一章　总则

第一条　为了防止对民用航空活动的非法干扰，维护民用航空秩序，保障民用航空安全，制定本条例。

第二条　本条例适用于在中华人民共和国领域内的一切民用航空活动以及与民用航空活动有关的单位和个人。

在中华人民共和国领域外从事民用航空活动的具有中华人民共和国国籍的民用航空器适用本条例；但是，中华人民共和国缔结或者参加的国际条约另有规定的除外。

第三条　民用航空安全保卫工作实行统一管理、分工负责的原则。

民用航空公安机关（以下简称民航公安机关）负责对民用航空安全保卫工作实施统一管理、检查和监督。

第四条　有关地方人民政府与民用航空单位应当密切配合，共同维护民用航空安全。

第五条　旅客、货物托运人和收货人以及其他进入机场的人员，应当遵守民用航空安全管理的法律、法规和规章。

第六条　民用机场经营人和民用航空器经营人应当履行下列职责：

（一）制定本单位民用航空安全保卫方案，并报国务院民用航空主管部门备案；

（二）严格实行有关民用航空安全保卫的措施；

（三）定期进行民用航空安全保卫训练，及时消除危及民用航空安全的隐患。

与中华人民共和国通航的外国民用航空企业，应当向国务院民用航空主管部门报送民用航空安全保卫方案。

第七条　公民有权向民航公安机关举报预谋劫持、破坏民用航空器或者其他危害民用航空安全的行为。

第八条　对维护民用航空安全做出突出贡献的单位或者个人，由有关人民政府或者国务院民用航空主管部门给予奖励。

第二章　民用机场的安全保卫

第九条　民用机场（包括军民合用机场中的民用部分，下同）的新建、改建或者扩建，应当符合国务院民用航空主管部门关于民用机场安全保卫设施建设的规定。

第十条　民用机场开放使用，应当具备下列安全保卫条件：

（一）设有机场控制区并配备专职警卫人员；

（二）设有符合标准的防护围栏和巡逻通道；

（三）设有安全保卫机构并配备相应的人员和装备；

（四）设有安全检查机构并配备与机场运输量相适应的人员和检查设备；

（五）设有专职消防组织并按照机场消防等级配备人员和设备；

（六）订有应急处置方案并配备必要的应急援救设备。

第十一条　机场控制区应当根据安全保卫的需要，划定为候机隔离区、行李分检装卸区、航空器活动区和维修区、货物存放区等，并分别设置安全防护设施和明显标志。

第十二条　机场控制区应当有严密的安全保卫措施，实行封闭式分区管理。具体管理办法由国务院民用航空主管部门制定。

第十三条　人员与车辆进入机场控制区，必须佩带机场控制区通行证并接受警卫人员的检查。

机场控制区通行证，由民航公安机关按照国务院民用航空主管部门的有关规定制发和管理。

第十四条　在航空器活动区和维修区内的人员、车辆必须按照规定路线行进，车辆、设备必须在指定位置停放，一切人员、车辆必须避让航空器。

第十五条　停放在机场的民用航空器必须有专人警卫；各有关部门及其工作人员必须严格执行航空器警卫交接制度。

第十六条　机场内禁止下列行为：

（一）攀（钻）越、损毁机场防护围栏及其他安全防护设施；

（二）在机场控制区内狩猎、放牧、晾晒谷物、教练驾驶车辆；

（三）无机场控制区通行证进入机场控制区；

（四）随意穿越航空器跑道、滑行道；

（五）强行登、占航空器；

（六）谎报险情，制造混乱；

（七）扰乱机场秩序的其他行为。

第三章　民用航空营运的安全保卫

第十七条　承运人及其代理人出售客票，必须符合国务院民用航空主管部门的有关规定；对不符合规定的，不得售予客票。

第十八条　承运人办理承运手续时，必须核对乘机人和行李。

第十九条　旅客登机时，承运人必须核对旅客人数。

对已经办理登机手续而未登机的旅客的行李，不得装入或者留在航空器内。

旅客在航空器飞行中途中止旅行时，必须将其行李卸下。

第二十条 承运人对承运的行李、货物，在地面存储和运输期间，必须有专人监管。

第二十一条 配制、装载供应品的单位对装入航空器的供应品，必须保证其安全性。

第二十二条 航空器在飞行中的安全保卫工作由机长统一负责。

航空安全员在机长领导下，承担安全保卫的具体工作。

机长、航空安全员和机组其他成员，应当严格履行职责，保护民用航空器及其所载人员和财产的安全。

第二十三条 机长在执行职务时，可以行使下列权力：

（一）在航空器起飞前，发现有关方面对航空器未采取本条例规定的安全措施的，拒绝起飞；

（二）在航空器飞行中，对扰乱航空器内秩序，干扰机组人员正常工作而不听劝阻的人，采取必要的管束措施；

（三）在航空器飞行中，对劫持、破坏航空器或者其他危及安全的行为，采取必要的措施；

（四）在航空器飞行中遇到特殊情况时，对航空器的处置做最后决定。

第二十四条 禁止下列扰乱民用航空营运秩序的行为：

（一）倒卖购票证件、客票和航空运输企业的有效订座凭证；

（二）冒用他人身份证件购票、登机；

（三）利用客票交运或者捎带非旅客本人的行李物品；

（四）将未经安全检查或者采取其他安全措施的物品装入航空器。

第二十五条 航空器内禁止下列行为：

（一）在禁烟区吸烟；

（二）抢占座位、行李舱（架）；

（三）打架、酗酒、寻衅滋事；

（四）盗窃、故意损坏或者擅自移动救生物品和设备；

（五）危及飞行安全和扰乱航空器内秩序的其他行为。

第四章 安全检查

第二十六条 乘坐民用航空器的旅客和其他人员及其携带的行李物品，必须接受安全检查；但是，国务院规定免检的除外。

拒绝接受安全检查的，不准登机，损失自行承担。

第二十七条 安全检查人员应当查验旅客客票、身份证件和登机牌，使用仪器或者手工对旅客及其行李物品进行安全检查，必要时可以从严检查。

已经安全检查的旅客应当在候机隔离区等待登机。

第二十八条 进入候机隔离区的工作人员（包括机组人员）及其携带的物品，应当接受安全检查。

接送旅客的人员和其他人员不得进入候机隔离区。

第二十九条 外交邮袋免予安全检查。外交信使及其随身携带的其他物品应当接受安全检查；但是，中华人民共和国缔结或者参加的国际条约另有规定的除外。

第三十条 空运的货物必须经过安全检查或者对其采取的其他安全措施。货物托运人不得伪报品名托运或者在货物中夹带危险物品。

第三十一条 航空邮件必须经过安全检查。发现可疑邮件时，安全检查部门应当会同邮政部门开包查验处理。

第三十二条 除国务院另有规定的外，乘坐民用航空器的，禁止随身携带或者交运下列物品：

（一）枪支、弹药、军械、警械；

（二）管制刀具；

（三）易燃、易爆、有毒、腐蚀性、放射性物品；

（四）国家规定的其他禁运物品。

第三十三条 除本条例第三十二条规定的物品外，其他可以用于危害航空安全的物品，旅客不得随身携带，但是可以作为行李交运或者按照国务院民用航空主管部门有关规定由机组人员带到目的地后交还。

对含有易燃物质的生活用品实行限量携带。限量携带的物品及其数量由国务院民用航空主管部门规定。

第五章 罚则

第三十四条 违反本条例第十四条的规定或者有本条例第十六条、第二十四条第一项、第二十五条所列行为，由民航公安机关依照《中华人民共和国治安管理处罚条例》有关规定予以处罚。

第三十五条 违反本条例的有关规定，由民航公安机关按照下列规定予以处罚：

（一）有本条例第二十四条第四项所列行为的，可以处以警告或者 3 000 元以下的罚款。

（二）有本条例第二十四条第三项所列行为的，可以处以警告、没收非法所得或者 5 000 元以下罚款。

（三）违反本条例第三十条第二款、第三十二条的规定，尚未构成犯罪的，可以处以 5 000 元以下罚款、没收或者扣留非法携带的物品。

第三十六条 违反本条例的规定，有下列情形之一的，民用航空主管部门可以对有关单位处以警告、停业整顿或者 5 万元以下的罚款；民航公安机关可以对直接责任人员处以警告或者 500 元以下的罚款：

（一）违反本条例第十五条的规定，造成航空器失控的；

（二）违反本条例第十七条的规定，出售客票的；

（三）违反本条例第十八条的规定，承运人办理承运手续时，不核对乘机人和行李的；

（四）违反本条例第十九条的规定的；

（五）违反本条例第二十条、第二十一条、第三十条第一款、第三十一条的规定，对收运、装入航空器的物品不采取安全措施的。

第三十七条　违反本条例的有关规定，构成犯罪的，依法追究刑事责任。

第三十八条　违反本条例规定的，除依照本章的规定予以处罚外，给单位或者个人造成财产损失的，应当依法承担赔偿责任。

第六章　附则

第三十九条　本条例下列用语的含义：

"机场控制区"，是指根据安全需要在机场内划定的进出受到限制的区域。

"候机隔离区"，是指根据安全需要在候机楼（室）内划定的供已经安全检查的出港旅客等待登机的区域及登机通道、摆渡车。

"航空器活动区"，是指机场内用于航空器起飞、着陆以及与此有关的地面活动区域，包括跑道、滑行道、联络道、客机坪。

第四十条　本条例自发布之日起施行。

参考文献

[1] 乔亮. 机场标志物识别与维护 [M]. 北京：中国民航出版社，2015.

[2] 黄永宁，张晓明. 民航概论 [M]. 4 版. 北京：旅游教育出版社，2019.

[3] 张晓明. 民航旅客运输 [M]. 3 版. 北京：旅游教育出版社，2016.

[4] 刘让贤，晏初宏，宋斌，等. 航空概论 [M]. 北京：航空工业出版社，2013.

[5] 赵廷渝，朱代武，杨俊. 飞行员航空理论教材 [M]. 2 版. 成都：西南交通大学出版社，2012.

[6] 杨莉，沈海军. 航空航天概论 [M]. 北京：航空工业出版社，2011.

[7] 梁曼，黄贻刚. 空中交通管制基础 [M]. 北京：中国民航出版社，2013.

[8] 李永. 民航基础知识教材 [M]. 2 版. 北京：中国民航出版社，2005.

[9] 刘得一，张北宁，杨新湮. 民航概论 [M]. 3 版. 北京：中国民航出版社，2011.